动物学野外实习

黄夏子　李　荔　主编

清華大学出版社
北　京

图书在版编目（CIP）数据

动物学野外实习 / 黄夏子，李荔主编 . -- 北京：清华大学出版社，2025. 2.

ISBN 978-7-302-67965-3

Ⅰ. Q95-45

中国国家版本馆 CIP 数据核字第 2025KR9387 号

责任编辑：辛瑞瑞　孙　宇
封面设计：钟　达
责任校对：李建庄
责任印制：沈　露

出版发行：清华大学出版社
网　　址：https://www.tup.com.cn，https://www.wqxuetang.com
地　　址：北京清华大学学研大厦 A 座　　**邮　　编**：100084
社 总 机：010-83470000　　**邮　　购**：010-62786544
投稿与读者服务：010-62776969，c-service@tup.tsinghua.edu.cn
质量反馈：010-62772015，zhiliang@tup.tsinghua.edu.cn
印 装 者：三河市龙大印装有限公司
经　　销：全国新华书店
开　　本：185mm × 260mm　　**印　　张**：16.25　　**字　　数**：337 千字
版　　次：2025 年 4 月第 1 版　　**印　　次**：2025 年 4 月第 1 次印刷
定　　价：78.00 元

产品编号：096320-01

编委会

主　编　黄夏子　深圳大学

　　　　　李　荔　深圳大学

编　委（以姓氏拼音排序）

　　　　　邓　利　深圳大学

　　　　　黄　瑛　深圳大学

　　　　　黄夏子　深圳大学

　　　　　李　荔　深圳大学

　　　　　陆　锋　深圳大学

前言

动物学野外实习是学生从理论认知走向实践索证的重要环节。通过开展野外实习，学生可以进一步巩固物种鉴定的方法，实地了解动物的习性和生境，掌握标本采集和制作方法，熟悉野外调查工作方法。同时，通过动物学野外实习，也能增强学生对动物多样性和生态环境的保护意识，培养和提高学生的科学素养和社会责任感。

动物学野外实习教材对学生的野外实践活动具有重要的参考指导价值。在野外实习准备阶段，学生通过对教材的学习可提前熟知实习内容，做好充分准备；在实习过程中，学生可通过查阅教材进一步熟悉标本的采集及动物的鉴别等知识。因此，动物学野外实习教材必须具有科学性、系统性、实用性及可读性。

深圳大学生命与海洋科学学院的动物学野外实习教师团队经过多年的教学实践，积累了大量的图片和影像资料，对实习内容和实习对象有了更深刻的认识，在之前所出版的《动物学野外实习指导》的基础上，对教材的内容进行了更新和拓展。同时，随着信息技术的不断发展和教学形式的改变，本书以“数纸融合”的形式对内容进行呈现：以纸质教材为核心，建立云端信息资料库，通过线上数字资源对纸质图书内容进行补充和更新，实现纸质教材和多形态数字资源的充分融合，使教材形式更能体现时代性和可扩展性，充分满足野外实习教学中使用教材的可及性和便利性需求。

本书从动物学野外实习的前期准备工作到实习考核等进行了较全面的阐述，尤其针对华南地域特色，重点介绍了华南地区常见野生动物的野外识别、标本采集与制作方法，并以深圳滨海为特色，较为全面地介绍了深圳东部海域常见无脊椎动物。

本书由黄夏子和李荔统筹组织，编写委员会成员通力合作完成。具体编写分工为：第一章由邓利编写，第二章由陆锋编写，第三章和第六章由黄夏子编写，第四章和第五章由黄瑛编写，第七章由李荔编写。

本书可供生物科学相关专业的本科学生在野外实习期间使用，也可为生物学相关专业研究生、生物科学工作者、中小学生物教师及动物学爱好者提供阅读参考。

本书编写人员虽均长期工作于教学和科研一线，但鉴于知识和能力所限，书中缺点与错误在所难免，特别是随着 DNA 测序技术的飞速发展，促进基因组学和分子系统学的进一步发展，分子数据驱动的系统分类学发展加速，物种系统发育关系可能被重构，因此物种的分类学地位可能会发生变化。对于发生变动的分类信息，我们将不定时地在云端信息资料库上进行说明与更新。恳请同行专家及广大读者批评指正！

黄夏子　李　荔

2025 年 4 月

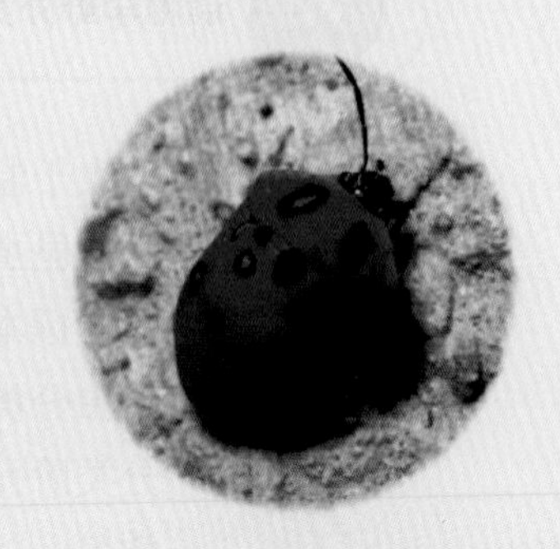

目 录

第一章 动物学野外实习概论……1

第一节 实习目的与要求……1

一、实习目的……1

二、实习方式……2

三、实习用品……2

四、实习记录与实习报告……2

五、实习考核……3

六、实习的组织工作及注意事项……3

第二节 野外实习中的安全防护……5

一、防雷击……5

二、防蛇咬……5

三、防溺水……6

四、防蜂蜇虫叮……6

五、防摔伤……6

六、防中暑、感冒、腹泻等……6

第三节 陆生动物实习方法……7

一、实习地点的选择……7

二、实习方法……7

第二章 昆虫实习……9

第一节 昆虫的采集和标本制作……9

一、采集工具……9

二、采集方法……12

三、采集地点和环境选择……13

四、采集昆虫的注意事项……15

五、昆虫干制标本的制作……15
六、浸制昆虫标本的制作……18
七、昆虫标本的标签……19
第二节　昆虫分类学基础知识……20
一、分类阶元……20
二、学名……20
三、分类特征……21
四、分类检索表……21
五、昆虫分类的主要特征描述……22
第三节　部分昆虫介绍……27
一、原尾目（Protura）……27
二、石蛃目（Archaeognatha）……27
三、衣鱼目（Zygentoma）……28
四、双尾目（Diplura）……28
五、弹尾目（Collembola）……29
六、蜉蝣目（Ephemeroptera）……29
七、蜻蜓目（Odonata）……30
八、蜚蠊目（Blattodea）……33
九、螳螂目（Mantodea）……34
十、啮目（Psocodea）……35
十一、直翅目（Orthoptera）……36
十二、䗛目（Phasmida）……39
十三、等翅目（Isoptera）……40
十四、革翅目（Dermaptera）……40
十五、同翅目（Homoptera）……40
十六、半翅目（Hemiptera）……44
十七、广翅目（Megaloptera）……49
十八、蛇蛉目（Raphidioptera）……50
十九、鞘翅目（Coleoptera）……50
二十、长翅目（Mecoptera）……55
二十一、脉翅目（Neuroptera）……56
二十二、毛翅目（Trichoptera）……57
二十三、鳞翅目（Lepidoptera）……57
二十四、双翅目（Diptera）……64
二十五、膜翅目（Hymenoptera）……67

第三章 鱼类实习…… 72
第一节 鱼类标本的采集、处理及制作……72
一、鱼类标本的采集及处理……72
二、鱼体的观察、测量及记录……72
三、鱼类标本的制作及保存……74
第二节 鱼类系统分类简介……74
软骨鱼类（Chondrichthyomorphi）……74
软骨鱼纲（Chondrichthyes）……74
硬骨鱼类（Teleostomi）……75
一、肉鳍鱼纲（Sarcopterygii）……75
二、辐鳍鱼纲（Actinopterygii）……75
第三节 常见硬骨鱼类……76
淡水鱼类……76
一、鲤形目（Cypriniformes）……76
二、鲇形目（Siluriformes）……80
三、鳉形目（Gyprinodontiformes）……81
四、合鳃目（Synbranchiformes）……82
五、鲈形目（Perciformes）……82
海水鱼类……83
一、海鲢目（Elopiformes）……83
二、鳗鲡目（Anguilliformes）……84
三、鲱形目（Clupeiformes）……84
四、鲇形目（Siluriformes）……86
五、仙女鱼目（Aulopiformes）……86
六、鲻形目（Mugiligormes）……86
七、银汉鱼目（Atheriniformes）……87
八、颌针鱼目（Beloniformes）……87
九、刺鱼目（Gasterosteiformes）……88
十、鲉形目（Scorpaeniformes）……88
十一、鲽形目（Pleuronectiformes）……89
十二、鲀形目（Teraofontiformes）……90
十三、鲈形目（Perciformes）……91

第四章　两栖动物实习……100

第一节　两栖动物的观测……100

一、两栖动物的活动规律……101

二、两栖动物的观测方法……101

第二节　两栖动物的形态特征及测量方法……102

第三节　两栖动物的分类概况及常见物种……104

一、蚓螈目（Gymnophiona）……105

二、有尾目（Urodela）……105

三、无尾目（Anura）……107

第五章　爬行动物实习……119

第一节　爬行动物的生态习性……119

一、生境与习性……119

二、食性……120

第二节　爬行动物识别的形态学基础及野外调查……120

一、爬行动物的外部形态术语……120

二、野外调查与识别……123

第三节　爬行动物的分类概况及常见物种……124

一、龟鳖目（Testudines）……124

二、有鳞目（Squamata）……125

第六章　鸟类实习……135

第一节　鸟类识别的形态学基础……135

一、鸟类的头部结构……135

二、鸟类的颈、躯干和四肢……136

三、鸟类的尾部结构……137

第二节　野外识别鸟类的方法……137

一、根据形态特征识别鸟类……137

二、根据羽色识别鸟类……138

三、根据行为特征识别鸟类……139

四、根据叫声识别鸟类……139

五、根据生境识别鸟类……140

六、根据取食方式识别鸟类……141

七、根据季节识别鸟类……141

第三节 鸟类的观察与记录…… 142
一、鸟类观察的准备工作…… 142
二、鸟类观察的注意事项…… 143
第四节 鸟类种群数量调查统计方法…… 143
一、样线法…… 143
二、样点法…… 144
第五节 野外常见鸟类的分类与特征…… 144
鸟类的生态类群…… 145
一、游禽…… 145
二、涉禽…… 145
三、猛禽…… 145
四、攀禽…… 145
五、陆禽…… 146
六、鸣禽…… 146
华南地区常见鸟类…… 146
一、雁形目（Anseriformes）…… 146
二、鸡形目（Galliformes）…… 149
三、䴙䴘目（Podicipediformes）…… 150
四、鹈形目（Pelecaniformes）…… 150
五、鲣鸟目（Suliformes）…… 154
六、鹰形目（Accipitriformes）…… 155
七、鹤形目（Gruiformes）…… 157
八、鸻形目（Charadriiformes）…… 158
九、鸽形目（Columbiformes）…… 165
十、鹃形目（Cuculiformes）…… 167
十一、鸮形目（Strigiformes）…… 168
十二、雨燕目（Apodiformes）…… 169
十三、佛法僧目（Coraciiformes）…… 170
十四、犀鸟目（Bucerotiformes）…… 171
十五、啄木鸟目（Piciformes）…… 172
十六、隼形目（Falconiformes）…… 172
十七、雀形目（Passeriformes）…… 173

第七章　滨海无脊椎动物实习……192

第一节　潮汐和潮间带……192

一、潮汐概述……192

二、潮间带概述……193

第二节　滨海无脊椎动物标本的采集和制作方法……193

一、不同生态环境下滨海动物标本的采集方法……193

二、海滨动物标本的制作方法……194

第三节　深圳东部海域常见滨海无脊椎动物……196

海绵动物门（Spongia）……196

寻常海绵纲……196

刺胞动物门（Cnidaria）……197

一、水螅纲（Hydrozoa）……197

二、钵水母纲（Scyphozoa）……198

三、珊瑚纲（Anthozoa）……198

扁形动物门（Platyhelminthes）……200

涡虫纲（Turbellaria）……200

环节动物门（Annelida）……201

多毛纲（Polychaeta）……201

软体动物门（Mollusca）……203

一、多板纲（Polyplacophora）……203

二、腹足纲（Gastropoda）……204

三、双壳纲（Bivalvia）……222

四、头足纲（Cephalopoda）……229

节肢动物门（Arthropoda）……231

一、颚足纲（Maxillopoda）……232

二、软甲纲（Malacostraca）……234

三、肢口纲（Merostomata）……240

棘皮动物门（Echinodermata）……240

一、海星纲（Asteroidea）……241

二、蛇尾纲（Ophiuroidea）……241

三、海胆纲（Echinoidea）……242

四、海参纲（Holothuroidea）……243

参考文献……245

致　谢……247

第一章

动物学野外实习概论

第一节　实习目的与要求

一、实习目的

动物学野外实习概论
拓展资源

动物学野外实习是高等院校生物学相关专业实践教学的重要组成部分，是动物学课程教学的一个重要组成部分，野外实习更是掌握和巩固动物学课堂教学的基础理论和基本实验技能的重要环节。野外实习更是学生从课堂走进大自然、了解大自然、热爱大自然并将理论与实践相结合的过程。

1. 通过实习，巩固课堂所学动物学理论知识。实习过程中对种类繁多、千姿百态的动物进行野外实地观察、记录，经分析整理，进一步了解动物的形态结构、生态习性和数量动态等，从而认识生物有机体的多样性和复杂性，以及与环境的相关性与统一性，从而进一步验证、巩固充实课堂教学内容，并加深对理论知识的理解。

2. 通过实习，在实践中将知识转化成能力。学生在实习过程中学习野外工作方法，学习动物标本的采集、制作和分类鉴定方法，将理论与实践相结合，促进知识转化成能力，特别是提升动物学野外工作能力。

3. 通过实习，强化生态保护意识和社会责任感。实习过程中认识生物之间的相互关系，了解自然界作为一个整体，动物是其中的组成部分，动物的形态结构、生理功能、生活习性和环境条件息息相关，不能孤立地认识动物，不能片面地看待自然界，促使学生建立整体观、生态观，增强学生的生态保护意识，认识生态文明建设的重要性，增强社会责任感，为实现人与自然和谐共生、推动全球可持续发展贡献智慧与力量。

4. 通过实习，提升专业认同度。实习过程中了解动物科学对教学与科研工作的重要性，培养学生热爱大自然的同时，提高对生物多样性及合理开发自然资源的认识。若有条件，安排学生参观考察相关生产单位，了解动物科学与社会经济建设、人民生活的关系，从而提升学生对生物科学相关专业的热爱与认同。

5. 通过实习，提升大学生的综合素养。动物学野外工作有多种潜在危险，野外实习可培养学生自觉遵守纪律的习惯；同时，由于野外工作非常辛苦，野外实习还可培养学生吃苦耐劳的品质和团结协作的精神。

二、实习方式

1. 野外工作

在指导老师的带领和指导下，前往野外考察，在野外对动物及其生活环境进行观察、记录（包括笔记、拍照等），进行标本采集并对标本进行必要的初步处理等。

2. 室内工作

校对和完善野外实习记录；整理所采集的动物标本；进行初步鉴定和标本制作。

三、实习用品

1. 观察及拍摄设备

包括望远镜、放大镜、数码相机、摄像机、解剖镜和显微镜等。

2. 采集工具

网具：昆虫网、手抄网。

夹具：不同型号的捕鼠夹。

挖掘工具：军用锹、铲。

3. 标本制作工具

剪刀、镊子、昆虫针、大头针、三级板、展翅板、标签、毒瓶、标本盒等。

4. 药品及浸制标本用具

甲醛、乙醇、乙酸乙酯；广口瓶、离心管、注射器及大小针头。

5. 测量和记录用品

温度计、采水器、钢卷尺、电子秤等。

6. 急救药品

一般治疗药品、消毒药品、蛇药片及抗蛇毒血清、纱布、药棉及绷带等。

7. 个人用具

长袖衣裤、水壶、雨具、手电筒及必要的文具、记录本、铅笔等。

8. 参考书

实习指导书、分类学参考书和动物图谱等。

四、实习记录与实习报告

（一）实习记录

野外实习记录是实习的重要环节之一，野外记录也是原始的科学资料，是野外考察和科学研究的重要部分。实习过程中必须重视记录工作。野外记录一般按每日进行，记录可包含但不限于如下几个方面：

1. 记录实习日期、时间、天气状况，以及实习地点的自然环境，如地形、植被等。

2. 观察到的各种自然现象，应及时记录，以免遗忘。

3. 记录的内容可以包括个人的观察、教师的讲解、同学的分享以及当地居民的相关描述等。

4. 记录在调查过程中遇到的各种动物的种类、数量和生境等。

5. 拍照或拍摄短视频记录一些难以用文字表述的情况。

（二）实习报告

野外实习结束后，每位学生都必须认真整理实习总结，撰写实习报告。实习报告的内容可包含以下几方面：

1. 专业方面的收获

（1）所学习掌握的调查研究方法；

（2）认识的动物种类及其主要特征和分类地位；

（3）以所采集到的主要类群如昆虫纲动物为例，编写分目或分科检索表；

（4）动物与环境之间的相互关系；

（5）动物与人类活动的相互影响。

2. 思想方面的收获

（1）对祖国大自然的热爱，对生物多样性、环境保护、生态安全的认识，对生态文明建设的认识，以及对可持续发展、对人与自然和谐共生重要性的认识等。

（2）对从事生物科学研究工作的体会，以及在艰苦条件下，克服困难，开展工作，取得的成绩与收获。

（3）自我评价：就自己在实习过程中的表现进行评价。

3. 结论与体会

总结实习的主要收获，包括对实习的意见和建议等。

五、实习考核

1. 动物标本：考核的依据包括标本采集的代表数量、制作标本的规范性，以及辨认标本的能力等。

2. 检索表：考核依据包括检索表编制的科学性和规范性。

3. 动物学实习报告：考核依据报告所阐述问题的完整性、科学性和逻辑性。

六、实习的组织工作及注意事项

为了保证野外实习能够安全、顺利进行并达到预期的效果，必须做好组织工作，严格遵守实习纪律。

（一）组织形式

由有威望的教师任领队，负责实习期间的整体领导工作。野外实习工作团队可分设教学及后勤、文体等组，各组在领队的统一领导下开展工作，各司其职。

1. 教学组

由领队及其他实习指导教师组成。负责实习日程的安排调配，具体指导学生实习、讨论以及总结工作。根据指导教师人数，将学生分成若干实习小组。

2. 后勤组

由实验中心教师或负责学生工作的教师和学生组成。根据实习日程的安排，负责实习工具的准备，实习仪器、药品的保管和供应，以及实习期间食宿、交通等工作。

3. 文体组

由学生组成。负责实习期间开展必要的文娱、体育活动。

各组在领队的统一领导下，既要明确分工，又要互相配合，以确保实习任务的完成。

（二）实习纪律

1. 加强组织性和纪律性，服从领队教师的统一领导。严格遵守野外实习纪律，听从指挥。做到令行禁止，未经许可，不得擅自离队自由活动，不得擅自离开实习驻地，不得无故缺席、迟到或早退。

2. 野外实习期间，安全第一。高度重视野外实习期间的安全，包括交通安全、治安安全、野外工作安全等。在野外观察、采样等活动中不得有任何冒险行为。禁止单独行动，不得离队擅自闯入森林。严禁在河流、湖泊等地游泳，不准在地势危险处拍照。严禁携带火种进山。在驻地不准私用明火，不得违章使用电器。个人证件及贵重物品要注意妥善保管，防止丢失。

3. 自觉遵守大学生行为准则，遵守社会公德，讲文明礼貌。不在公共场所喧哗、起哄，不吸烟，不饮酒。

4. 自觉遵守实习驻地和实习单位规章制度，尊重当地人们生活习惯，与当地群众建立良好关系，积极维护大学生形象。

5. 发扬艰苦奋斗和集体主义精神，充分展现团队协作精神。实习中要吃苦耐劳、团结互助、友好协作，积极完成各项实习任务。

6. 要爱护文物和生物资源，不准在文物上刻画甚至毁坏文物，不许私自采集标本，采集前需经带队指导老师同意，采集标本要有计划性，要科学、依规。不准滥捕动物，不准随意折、摘和损坏农作物、苗木和花卉。

7. 根据要求严格完成实习笔记及工作记录。

8. 爱护实习用具及仪器，注意保管保养，防止丢失损坏。

9. 在实习驻地要有礼貌，遵守就餐和住宿规定，用餐时不浪费食物，注意房间卫生，爱护财物，注意节约水电。

（三）注意事项

1. 增强安全意识，了解野外工作可能发生的各种安全风险，充分做好安全防范。确保在安全的条件下开展野外实习，做好安全事故预案，确保能够及时、科学处理安全事故。

2. 实习过程中，应尽量安静、有序地活动，以免惊走动物，影响观察，并保持注意力和警觉性，以获得较好的野外考察效果。

3. 野外活动期间，严禁穿短裤和裙子，以减少意外受伤的可能性。尽量穿灰、蓝或草绿色等隐蔽色彩的服装，不要穿颜色太鲜艳或易被动物发现的衣服，特别是红色、白色等，以免影响观察。

4. 观察时，教师走在前面，教师讲解时要认真听取并做必要的记录。

5. 发现鸟巢或其他数量有限的动物，应加以保护，以便其他组的同学也有机会进行观察。

6. 所采集标本应及时进行测量和处理。

第二节　野外实习中的安全防护

一、防雷击

在户外遇到雷雨，总体原则是在具备条件的情况下，迅速到附近干燥房屋内避雨。户外防雷要注意以下五点：

1. 不要停留在山顶、山脊或建筑物顶部。

2. 不要停留在水边（江、河、湖、海、塘、渠等）、游泳池和洼地。

3. 不要停留在铁门、铁栅栏、金属晒衣绳、架空金属体以及铁路轨道附近。

4. 不要在大树、电线杆、广告牌及各类铁塔下避雨。这些物体相当于引雷装置，如果身体接触它们，很可能会被雷击。

5. 应迅速躲入附近干燥房屋，或有防雷保护的建筑物内，或有金属壳体的各种车辆及船舶内。不具备这些躲避条件时，应立即双脚并拢下蹲，头部向前弯曲，降低自己的高度，以减少跨步电压带来的危害。

二、防蛇咬

野外活动时候，特别是在蛇可能较多出现的生境中，要穿长衣长裤和高帮鞋子，把裤脚绑紧，尽量避免皮肤裸露。尽量人手一竿，进入草丛或森林前先打草以达到驱赶效果。进入森林采集时，师生必须戴草帽，以防竹叶青等毒蛇袭击。

万一发生蛇咬事故，保持冷静，按以下步骤合理处置：

1. 尽可能快速判断是毒蛇还是无毒蛇，从咬伤处蛇留下的牙痕也可大概分辨，无毒蛇的牙痕通常两排，细小且浅。最好立即拍照，拍摄到蛇的高清照片有利于到达医院后能够快速准确辨别毒蛇种类，从而得到及时适当的处理。

2. 迅速用绳子或布带在伤口近心端一侧的关节上方结扎，不要太紧也不要太松，以阻断静脉回流但又不阻断动脉搏动为宜。结扎要迅速，在咬伤后 5 分钟内完成，越快越好，每隔 15 min 放松 1 ~ 2 min，以免肢体因长时间血液循环受阻而坏死。在医院注射抗蛇毒血清后，方可去掉结扎。

3. 排毒或减毒。用双氧水消毒剂冲洗伤口，若没有消毒剂，可使用清水冲洗。若发现有伤口毒牙残留，应迅速消毒镊子等工具，将其取出。有吸吮器更好，避免直接以口吸出毒液，若口腔有伤口可能引起中毒。

4. 服用蛇药。若带有蛇药，可立即依说明书服用。然后送医院治疗。

5. 若被金环蛇、银环蛇等毒液含神经型毒素的蛇咬伤，发生呼吸困难或昏迷的重症患者，除了及时呼叫救护车，还需要就地采用人工呼吸等急救措施。

三、防溺水

在野外工作中，尤其是汗流浃背时，人们可能有跳入溪涧一洗为快的冲动，但在不清楚野外溪涧、河流、湖泊水深情况下，加之山区水温偏低易引起抽筋，从而有可能发生溺水的危险。实习纪律有严格规定，禁止在河流、湖泊等野外水域游泳。

四、防蜂蛰虫叮

不可随意无组织捅捣蜂窝，也不可徒手抓蜂类、蚁类昆虫和蜈蚣、蝎类等动物。若被蜂、蚁、蜈蚣、蝎类等动物咬伤，取蛇药片捣烂，加水调成糊状后敷在伤口处，并多饮水以帮助排毒。

若被蚂蟥叮咬，不可强拉，应向蚂蟥身体上滴 75% 乙醇，使其自行脱落。或用手拍打被叮咬处周围的皮肤，也能够让蚂蟥脱落。然后及时用 75% 乙醇消毒伤口并止血。

五、防摔伤

在野外观察动物或采集标本过程中，应注意脚下安全。不可只顾观察或追捕蝴蝶等动物而全然不顾脚下，更不可不顾危险，贸然攀爬悬崖或树木。

若有碰裂或刺裂的伤口，先用酒精消毒，若创口较小，直接用创可贴；若创口较大，应采用医用绷带包扎，然后及时送往医院治疗。

六、防中暑、感冒、腹泻等

在天气炎热的时候在野外工作，要注意防晒，适当的涂抹防晒霜并使用遮阳伞或者遮阳帽来进行防晒，要及时补充水分，不能等到感觉非常口渴了才喝水。尤其要避免长时间日晒，否则可能会导致中暑的风险增加。

野外实习归来后，不要图一时之快冲冷水澡甚至冷水洗头。若被淋雨，应尽快赶回驻地冲热水澡，有条件的话服用红糖鲜姜水（姜糖水），以驱寒暖体。

在野外实习期间，要注意饮食卫生，以避免肠胃感染导致腹泻等。

在实习的准备工作中，一定要注意准备上述各种安全防护所需的药物和物资，以防万一，做到有备无患。

第三节 陆生动物实习方法

一、实习地点的选择

查阅相关文献，了解实习地区的自然地理状况，再通过现场调查，对实习地区进行全面了解。实习地点选择需要综合考虑以下多个方面的条件：

1. 多样而典型的自然景观，一般应包括森林、湖泊或水库、河流、开阔地和农田。
2. 动物的种类及数量较为丰富。
3. 人为干扰较少。
4. 交通便利。
5. 能解决实习师生的食宿问题。

在较为理想的动物学实习地点，最好建立固定的实习点，建立实习基地，一方面有利于教师在不同季节进行全面深入考察，积累资料，以便修改完善实习指导，同时还有利于完善设备，甚至建立简易实验室，提高实习教学条件，从而不断提高野外实习质量。

二、实习方法

1. 了解实习地的自然地理概况

野外工作的首要任务，就是要了解工作地区的自然地理概况，包括植被的类型、分布和水源等。这些都是动物栖息和生存的条件，与动物的种类、分布及数量有着密切的关系。只有了解实习地区的环境，才能使观察从开始就有明确的目标和严密的计划，从而获得的资料才具有较高的科学价值。

在对整个工作环境有了大体了解的基础上，就要进一步深入观察不同生境内的地形、植被、动物的隐蔽所、食物条件和活动的痕迹等。了解局部环境条件的特点，对进一步认识动物生活与环境的适应关系具有重要意义。

2. 实习地区的动物名录

最好能够获得实习地区的主要动物种类信息，尤其是常见的脊椎动物，按分类阶元顺序编写成动物名录。

3. 野外考察及采样

根据不同的动物类型，采取不同的考察和采样方法。

陆生动物实习一般安排在昆虫多样性丰富、鸟类处于繁殖季节的时候。

每天的实习程序应根据动物的日常活动规律安排，如鸟类在日出和日落前后活动性较强，所以在清晨及傍晚观察为宜。爬行动物及两栖类动物多在晚上活动，宜在晚上观察、采集。兽类多在夜间活动，一般只能根据其足迹、洞穴、粪便等分析判断其活动情况，也可设置红外相机进行记录。中午应适当休息，午后和晚间整理观察记录、处理及鉴定标本。

在野外观察时，不放过任何机会，要以敏锐的观察力去观察周围的一切，并做详细的记录。当观察到某种现象或其他需要做记录的情况时，应尽可能立即记录。在不得已的情况下，也应在观察的当天，趁记忆犹新的时候，进行回忆并记录。每次记录都应写上时间及地点，凡属别人提供的信息，应注明来自同学、教师还是受访者。

具体观察、采样以及标本制备方法在后续章节展开介绍。

第二章

昆虫实习

第一节　昆虫的采集和标本制作

昆虫纲隶属节肢动物门，是动物界第一大纲，其数量约占整个动物界的4/5。昆虫的种类繁多，生活史复杂，水、陆、空环境都有其分布。昆虫学的基础知识是动物学课程必须掌握的内容，而昆虫标本的采集和制作是昆虫学理论联系实际的必需环节，也是动物学野外实习的主要内容。

昆虫实习拓展资源

一、采集工具

1. 采集袋

用于装载各种小型采集用具和昆虫标本。昆虫采集袋一般有两种，一种是肩背式，一种是腰围式。前者能携带多种采集用具，后者能携带的采集用具有限，但更便于采集工具的随取随用。采集时可同时准备两种采集袋，由学生分别携带。

2. 采集网

采集网是采集昆虫的最常用工具，网的形状和构造因用途不同也不完全一样，可分为四种类型。

（1）捕网

网袋一般用珠罗纱制成，主要用来采集蝶、蛾、蜻蜓等在空中飞翔的昆虫，因为珠罗纱做的网袋通风、轻便、阻力小、挥动起来速度快，所以对于飞行迅速的昆虫需用这种网捕捉（图 2-1-1A）。捕网在制作时需要注意，网袋的长度最好使捕到网中的昆虫不易再逃脱，并且容易取出来，一般要长于网框圈直径的一倍；网袋的底部要略圆些，若网的底部太尖细，则较大虫体不易装入毒瓶，且容易损坏附肢。制作网框和连接网柄与网框的方法较多，如用螺丝套紧连接起来、将网框铝皮管焊接在网框上；或以钢条或弹簧作网箍，用螺丝直接拧在网柄套管上等；网框还可用螺丝、套管做成顺折、双折或拧成几个小圈，这样携带起来就非常方便。

（2）扫网

扫网专门用于在灌草丛、树丛中捕捉隐藏在枝叶下的昆虫，因而需要用较结实的白布或亚麻布制作网袋，同时网框、网柄都要选择较坚固的材料，才能耐受较大的阻力（图 2-1-1B）。

（3）水网

用于采集水生昆虫。水网可根据水域的深浅、水草的稠密以及所要采集的水生昆虫类群来选择网的规格和形式。一般来说，制作水网的材料要坚固耐用，耐水浸、耐腐蚀。通常是由铜纱、铝纱、马尾毛、尼龙丝或亚麻布制作而成。网柄要根据需要适当放长些，材料要坚实、不易变形（图 2-1-1C）。

（4）刮网

在树皮、朽木以及墙壁等建筑物上采集昆虫时，一般使用刮网，刮网可用粗铝丝作为支架，前面连接一段有弹性的钢条，再缝上底部留有开口的白布网袋，底端可接一个小瓶，使用时用网口紧贴在树干或其他物体上，刮入网中的昆虫可集中在小瓶中以便挑选（图 2-1-1D）。

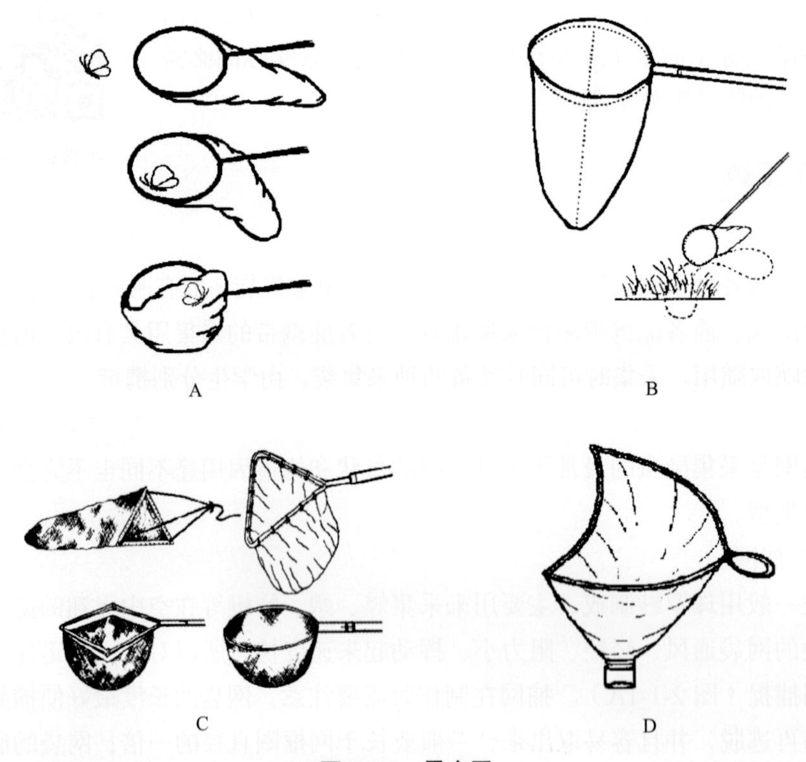

图 2-1-1　昆虫网

A. 捕网；B. 扫网；C. 水网；D. 刮网

3. 流动式诱虫灯

这是一种利用昆虫的趋光性而设计的采集工具。诱虫灯的设计要求光源射程远，使诱来的昆虫容易集中且不易再逃脱。常见的诱虫灯有箱式诱虫灯、悬挂式诱虫灯以及幕帐流动式诱虫灯，不同种类的昆虫对不同光源的趋光性不同，除了常规的自镇流水银汞灯之外，还可选用紫外线或黑光灯作为光源（黑光灯在吸引水生昆虫的效果方面更好）。

4. 筛虫笼

用铁丝编织成眼孔大小不同的三个框子，用木材连在一起，装在一个上下开口的布袋中，底部绑有一个用来收集昆虫的小瓶。使用时，将藏有昆虫的碎叶片从口袋的上开口装入上层的铁丝框上，提起来抖动，昆虫即被筛出，落在下面的小瓶中。

5. 振虫布

由十字形的竹制支架将一块 1 m×1 m 的方白布撑开构成，用于击落法。振虫布可用雨伞或遮阳伞撑开代替。

6. 毒瓶

对用于制作标本的昆虫（鳞翅目、蜻蜓目等翅较大且已损坏的昆虫除外），采到后需迅速放入毒瓶（图 2-1-2）将其毒杀，以防其逃跑或挣扎导致肢体损伤。一般在瓶内由下往上依次放置由乙酸乙酯浸润的棉花和滤纸。也可使用 50 mL 的离心管制作毒瓶，将餐巾纸揉成团后，光滑面朝外，塞入离心管，压实（图 2-1-2B）。乙酸乙酯是目前使用最广泛的毒剂，对人体基本无害，但因其具有挥发性，并且能溶解塑料，制作标本时应将标本倒在纸上，待虫体上的乙酸乙酯挥发后再进行标本制作。

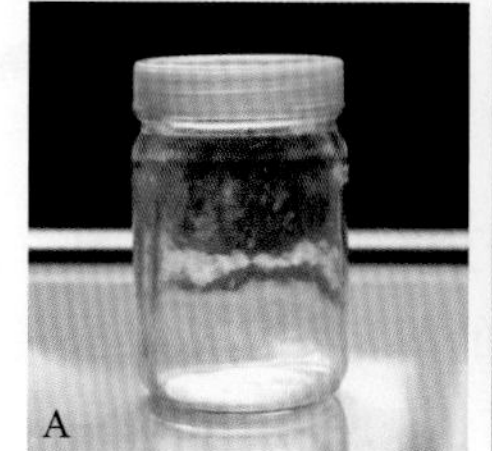

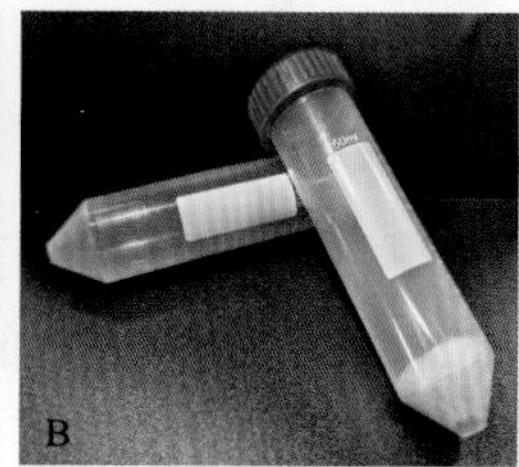

图 2-1-2 毒瓶

处死不同体型的昆虫需使用不同的毒瓶，同时，毒瓶中一次放入的昆虫不宜过多，以避免昆虫在挣扎中损坏瓶中的其他标本。为了防止瓶内昆虫互相碰撞，可在瓶内放些凌乱的纸条以隔开虫体。

7. 三角纸袋

用于采集途中临时存放鳞翅目和蜻蜓目的昆虫。其制作方法是用 1 张长宽比接近 3 ∶ 2 的长方形纸片，按照图 2-1-3 所示的顺序（A、B、C、D）进行折叠。纸张大小视昆虫体型而定。

8. 挖土采集工具

在野外采集中，除了地面和空中飞翔的昆虫，还应注意土中、砖头、石块下、树洞以及泥沙中的昆虫。在土中及其他一些隐蔽场所，可以采到许多在地面和空中不易采到的种类，特别是无翅种类以及在腐殖质或土壤中生活的种类。常用的工具有铁钯、铁铲、铁锥、采集刀等。

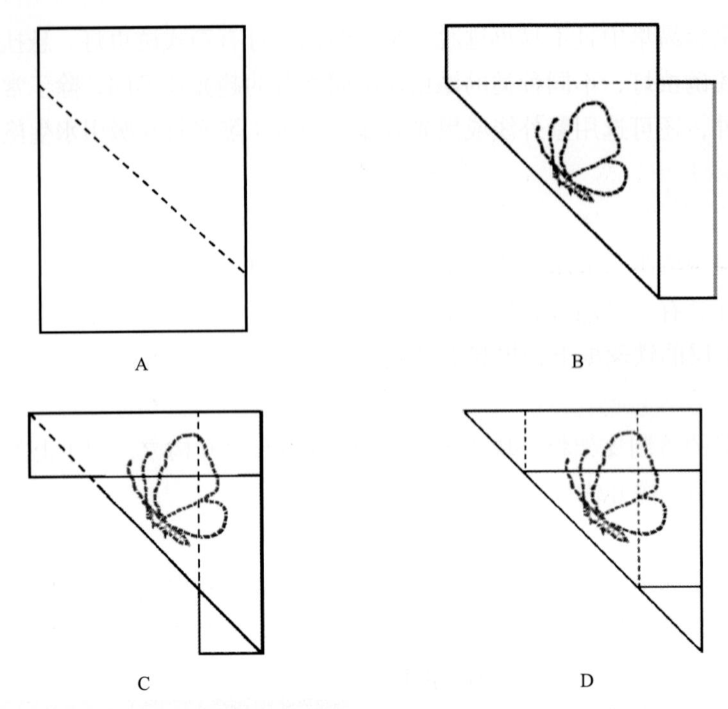

图 2-1-3　三角纸袋的折叠方法

9. 昆虫剪刀夹

昆虫剪刀夹是用于夹取昆虫的工具，由便于抓握的手柄连接上开合式透明圆球组成，能在不伤害昆虫的前提下实现轻松夹取。该类工具也适用于采集分泌毒液或刺激性物质的昆虫。

10. 昆虫标本盒

用于存放及展示制作完成的标本（图 2-1-4）。标本盒中放入适量干燥剂及防腐剂以延长存放时间。

图 2-1-4　昆虫标本盒

11. 其他必备的采集工具

另外还有刀、剪、锯、镊子等。这些用具都是采集时必不可少的，要随身携带，以备应用。每次外出采集前都要仔细检查上述用具是否携带完备，有无损伤、破旧、丢失，以免使用时缺少，影响工作。

二、采集方法

1. 观察法

要采集到需要的标本，必须了解昆虫的生活习性及活动场所。在野外采集昆虫时，首先要找到昆虫的生活场所，随时眼看、耳听，寻找虫子存在的迹象，然后在附近的植物上、砖石下、泥土中、腐烂植物下、树皮下、树洞里、动物的粪便下等地方全面搜索，常常可以发现很多种类的昆虫。

2. 击落法

震击是很好的采集方法，可依据许多昆虫有假死性的特点，猛然震击寄主植物，使其自行落下采集到它们。有些昆虫虽无假死性，但趁早上或晚上温度较低、昆虫不活动，或当昆虫专心捕食时，趁其不备，猛然震动寄主植物，将其击落。使用击落方法时可配合振虫布、雨伞、网等工具，放置于植物下方收集掉落的昆虫。在黄昏或中午炎热时，可用击落法采集到金龟子、锹甲、象甲、叶甲、椿象、蚜虫、蓟马等昆虫。

3. 引诱法

许多昆虫有趋食性、趋光性、趋异性。利用昆虫的这些天然习性，便可采集到许多种类的昆虫。如利用大多数昆虫成虫的趋光性，可使用诱虫灯来采集昆虫（图 2-1-5）。

图 2-1-5 利用昆虫趋光性进行灯诱

4. 网捕法

在捕捉空中飞翔的昆虫时，要使用珠罗纱做的网，捕捉时要敏捷轻快。采集时要握紧网柄，网面要迎面对着飞翔或停止的昆虫，下网的速度要视所捕昆虫的动态而定。然后用网迎头一兜，急速将网口转折过来，使网底叠到网口上方，入网昆虫便不会逃掉。

昆虫入网后，可用一只手握住网底上方，另一只手揭开毒瓶盖，并将毒瓶送入网底，使所采到的昆虫进入瓶中，随即将毒瓶口紧贴网袋取出，盖上瓶盖。

为保持鳞翅类标本翅上的鳞片不受损伤，捕入网中时，可先在网外用拇指和食指将蛾、蝶类标本的胸部轻捏一下，使其窒息。较大型种类也可在其胸部注入少许乙醇，使其迅速死亡。有螯针等能伤害人体的蜂类，以及有臭腺的蝽类等昆虫，捕入网中后，可用镊子或昆虫剪刀夹取出，或将有虫的网底一起塞入毒瓶内，经杀死后再取出来。

若想捕捉隐藏在杂草及灌木丛中的昆虫，可边走边用扫网在上方左右、上下地摆动扫捕。扫几网后，便将集中在网底的昆虫倒入毒瓶中杀死，然后倒在白纸或白布上挑选。如用扫网做密度调查时，便可选用底部开口连接着透明胶管的网袋，按照预先设计好的规定，每扫几网后换一次胶管再扫。

要采集水生昆虫，就要选用各种用途的水生昆虫采集网。

三、采集地点和环境选择

昆虫种类繁多，生活习性各异，对于我国南方而言，一年四季均可采集，但由于昆虫的发生期和植物生长季节大致是相符的，每年晚春至秋末是昆虫活动的适宜季节，也是一年中采集昆虫的最佳时期。对于一年发生一代的昆虫，应在发生期内采集。采集的季节，主要根据自己的目的和需要来决定。温暖晴朗的天气昆虫活动相对频繁，而阴冷有风的天气，昆虫大多蛰伏不动，不易采到。一天之间采集的时间也要根据不同的昆虫种类而定。日行性昆虫，多自上午 10 时至下午 3 时活动最盛。夜行性昆虫一般在日落前后及夜间才能采到。

如作为昆虫种类及分布的调查采集标本，不但要采集到数量较多的个体，还要考虑到不同地区及各种环境的代表性。作为区系调查采集昆虫标本，应考虑到采集地区的自然条件、气候及生态类型等。到大面积森林区采集昆虫，要注意到纵深与外围的种类区别。外围阳光充足，灌木草丛生长茂盛，植被复杂，昆虫种类多；森林内部阴湿，植被比较简单，昆虫种类较少，但有些喜阴暗潮湿的种类也可在此采到。

1. 地面和土中的昆虫

除了寄生在动物身上的虱目、食毛目以及幼期完全水生的襀翅目、蜉蝣目、蜻蜓目等少数昆虫外，其他各目几乎都可在地面和土中采到，地面的环境极其广泛复杂，可采到各种昆虫，在土中可挖到多种鳞翅目昆虫的蛹、鞘翅目昆虫的幼虫及蚂蚁和白蚁。

2. 植物上的昆虫

采集植物上昆虫的线索包括：植物枝干有无枯萎现象；有无枯心白穗；有无卷叶、缀叶现象；枝叶上有无畸形、变色；叶片有无缺刻破洞；枝叶上有无虫瘿；果实、种子有无蛀食痕迹；地上有无昆虫的粪便；枝叶上有无刺吸式口器昆虫排泄的蜜露等。另外，要留意在植物枝条、叶片上拟态的昆虫。

3. 水里的昆虫

水域也是昆虫生存的重要环境，无论是静水、流水或温泉，甚至是一些小水坑、积水的树洞都值得注意采集。鞘翅目中的龙虱、牙甲、豉甲等；半翅目中的划蝽、仰蝽等也只有在水生环境才能采到；蜻蜓目、毛翅目、广翅目、蜉蝣目昆虫的幼期都为水生。

4. 动物身体上的昆虫

少部分昆虫寄生在动物或人体上生活，吸食血液，如虱目；或嚼食其皮毛，如食毛目。另外，双翅目、鞘翅目、半翅目中的少数种类，也寄生在动物体内生活，如马胃蝇、羊鼻蝇、牛皮蝇可寄生在动物体内。在鼠类及蝙蝠的身上及其巢中，可采到一些稀有种类，如革翅目的蝠螋，专门生活在蝙蝠洞中。另外，在动物的粪便、尸体下面可采到粪金龟、葬甲、隐翅虫等甲虫。

5. 昆虫身上的昆虫

昆虫本身也有许多为寄生性或捕食性种类，因此可以将一些种昆虫作为采集另一些种昆虫的指示目标，例如有蚜虫的地方就有蚂蚁、瓢虫、食蚜蝇、寄生蜂等昆虫；蜂类身上可采到捻翅目昆虫。

6. 垃圾及各种腐烂物质中的昆虫

有不少双翅目的蝇类，专喜在垃圾堆及各种腐烂物质中产卵和繁殖后代，鞘翅目的拟步甲和隐翅虫等生活在枯枝落叶及腐烂物质中；在朽木中可采到金龟子、叩甲、拟步甲的幼虫和蛹；朽树皮下有大量的扁甲、伪瓢虫等昆虫生活；有些瓢虫、叶甲等也喜欢在树洞中的朽木屑中过冬。

四、采集昆虫的注意事项

采集调查人员要将普遍采集与重点深入相结合。采到昆虫后，最好能当时就细心观察，对其生活习性、寄主、环境、场所进行记录和分析，这样不仅能积累丰富的采集经验，而且能增加鉴别昆虫种类的能力。

昆虫的腿、翅和触角等极易损坏，应格外加以保护，若损坏了这些鉴别种类时所必需的特征，便失去了所采标本的价值。凡是不同日期、不同环境、不同海拔高度、不同寄主上采来的昆虫，都要求分开存放，分别编号记录。

外出采集应随身携带记录本或使用手机便签软件，凡是能观察到的事项，都尽量记录下来，包括采集地点、采集时间（日期）、采集人、生态环境、种群数量估计等。在浸泡后会有脱色的昆虫标本，在野外要记录体色。只有完整的和具有详细记录的标本，才是有价值和有用的标本。

标本采集中，每种昆虫标本都要采集一定的数量，但是，采集者应当有可持续发展的意识，避免滥采标本。即使是害虫，也不应将其赶尽杀绝，因为任何物种都占据一定的生态位，同样是维持生态平衡的一员。

五、昆虫干制标本的制作

1. 制作昆虫的工具

（1）昆虫针

昆虫针主要是对虫体和标签起支持固定的作用。目前市售的昆虫针主要由不锈钢制成，针的顶端镶以塑料制成的小针帽，便于手捏移动标本（图 2-1-6）。按针的长短粗细，昆虫针分为几种类型，可根据虫体大小分别选用。

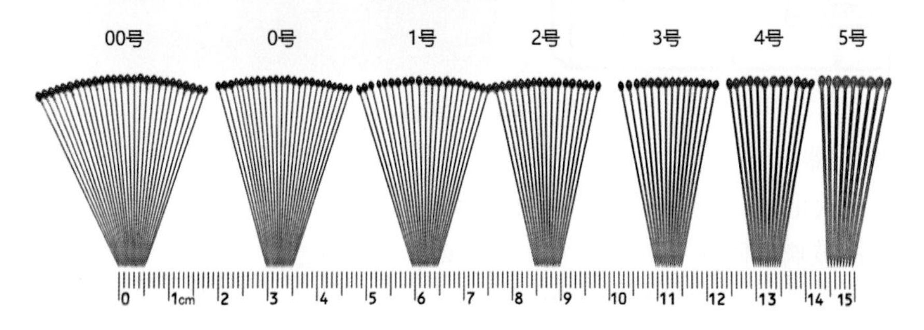

图 2-1-6 昆虫针

目前通用的昆虫针有 7 种，即 00、0、1、2、3、4、5 号。按以上编号，针的粗度依次增加，00 号针最细，5 号针最粗，一般 3 号和 4 号使用频率最高。

（2）展翅板

展翅板用于展开鳞翅目、蜻蜓目等昆虫翅膀，底部是一整块木板，上面钉两块可活动的木板，两板微向中间倾斜，中间留一适当缝隙，缝隙底板上装有软木（图 2-1-7）。其用法是用昆虫针将昆虫插在展翅板缝隙底板的软木上，把翅展开，用大头针和纸条把翅压住，直到虫体干燥为止。

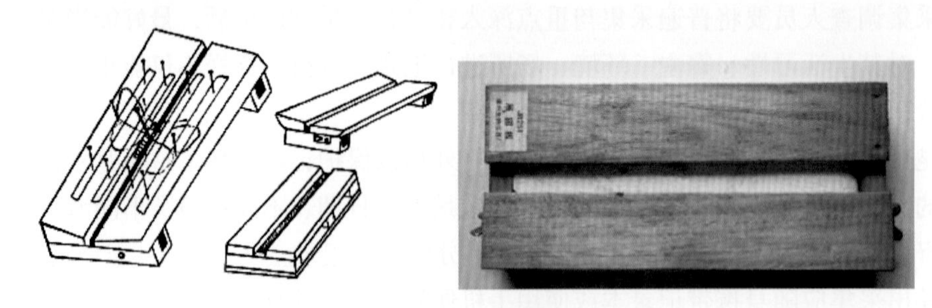

图 2-1-7 展翅板

（3）三级台

通常用木制成，也可用硬质泡塑制作，长 65 ~ 90 mm，宽 24 ~ 30 mm，高度分为三级，第一级 8 mm、第二级 16 mm、第三级 24 mm，每级中央有一个与 5 号昆虫针粗细相等，上下贯通的孔。三级台用于矫正昆虫针上的昆虫和标签位置，即把各个昆虫标本及其标签在昆虫针上的位置调整在一致的高度上。用法是将较小的昆虫标本放于最高一级上，较大的昆虫放在第二级上，然后分别用昆虫针穿通昆虫身体，针的上部留出全针长度的 1/4，通过三级台上的小孔，将针尖直抵三级台的底面。最底一级用于确定昆虫标本的背部及第二个标签的高度，第二级用于确定第一个标签的高度（图 2-1-8）。

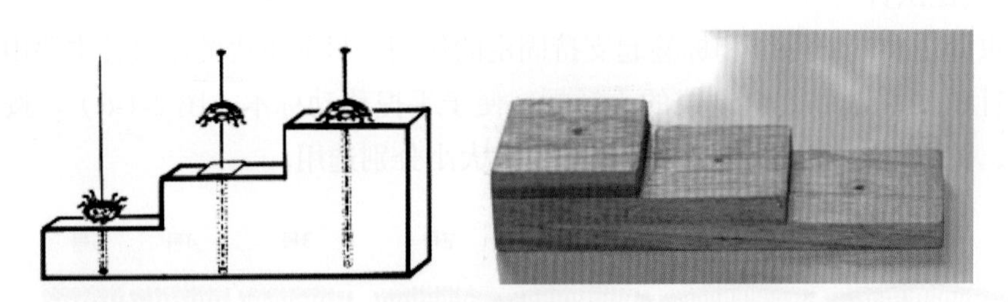

图 2-1-8 三级台

（4）软化器

软化器是软化已经干燥的昆虫标本的玻璃容器，由中间有孔的玻璃板隔成上下两部分。容器底部铺一层湿沙，沙中可加少量石碳酸防霉。隔板上放置被处理的干燥昆虫（图 2-1-9）。软化的时间，夏季需要 3 ~ 4 天，冬季需要 8 ~ 10 天。已经干燥的昆虫，经软化后，再制成标本时就不易损伤了。也可以使用密封的塑料盒、铁盒等作为软化容器。

图 2-1-9 软化器

（5）注射器

准备几种大小不同的医用注射器。

2. 制作过程与方法

昆虫的干制标本制作方法比较简单，用昆虫针把虫体插起来，就成为长久保存的标本。在教学、科研、科普展览等方面有重要应用。采集的标本如果虫体已干硬，应放在软化器内进行软化，以免在制作过程中其触角、附肢等发生断折和脱落。

软化后的昆虫或是新采回来的昆虫，用昆虫针插制起来。昆虫针应根据标本的大小而选择粗细合适的来使用。针插昆虫的位置有严格的规定：多数昆虫（鳞翅目、蜻蜓目、膜翅目等）插在中胸；鞘翅目昆虫插在右鞘翅的左上角，针正好穿过中足与后足之间；半翅目、同翅目昆虫插在中胸小盾片的偏右方，双翅目昆虫插在中胸中央偏右一些（图 2-1-10）。针要从虫体背部垂直插入，标本在昆虫针上的位置，应使针上部留出全针长度的 1/4。插好后用镊子整理触角、翅、足等保持其自然形态。

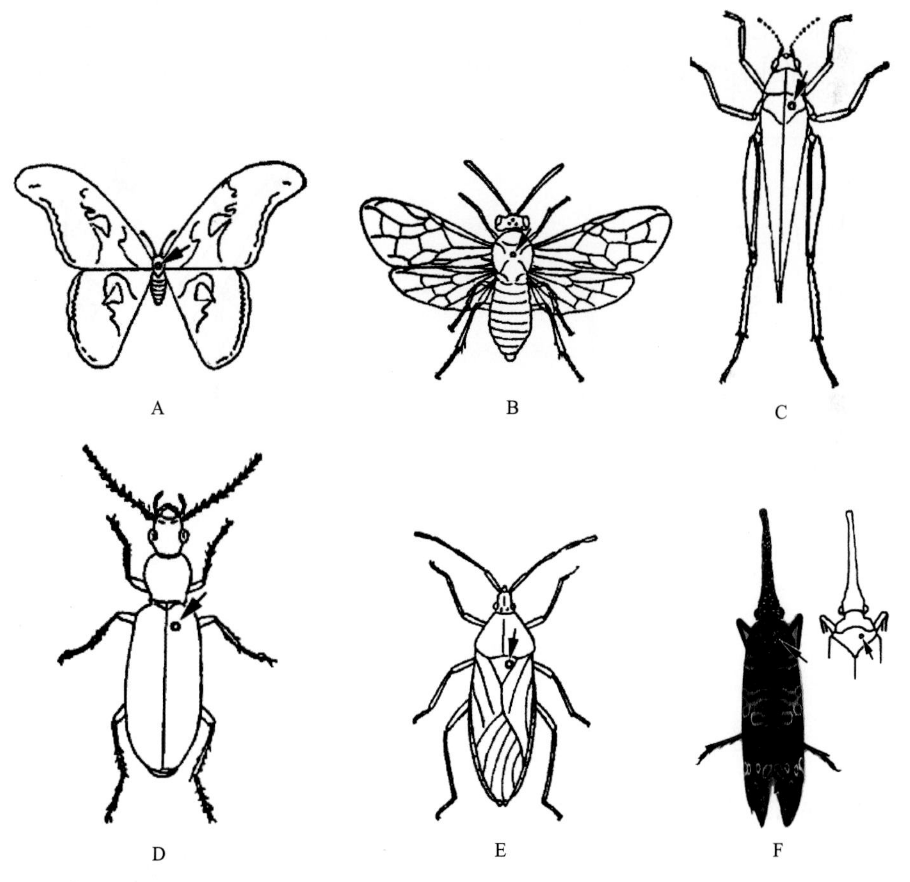

图 2-1-10　不同昆虫的针插位置示意图

A. 鳞翅目；B. 膜翅目；C. 直翅目；D. 鞘翅目；E. 半翅目；F. 同翅目（注：箭头所指为插针位置）

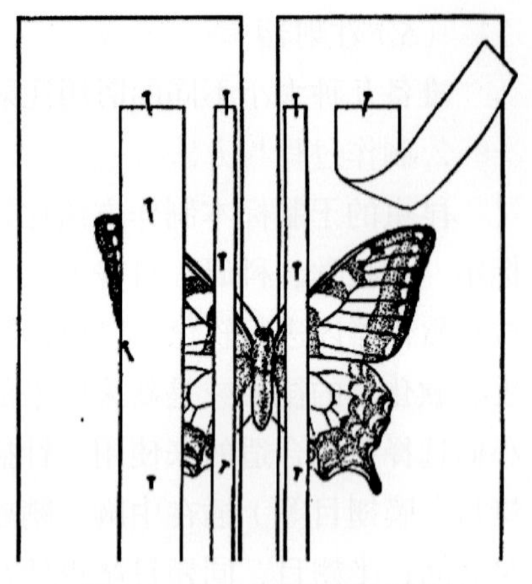
图 2-1-11　鳞翅目昆虫展翅

无论哪一类昆虫，都应该放在三级台上，将标本在针上的位置调整到统一的高度。然后经过整形和干燥，以便保存。

鳞翅目、蜻蜓目等须经过展翅（图 2-1-11）。将针上的昆虫标本插在展翅板的软木上，展开翅膀，使翅膀与左右的木板同高，把纸条压在翅膀的基部，用大头针把纸条钉好。整理翅膀，使其左右对称，最后在近翅端的地方也用纸条压住并钉好。一般经过 10 天左右，标本就完全干燥了。已经干燥的昆虫，就可以从展翅板上取下，保存在标本盒中。

微小的昆虫较难以用针插的方式制作标本，一般是昆虫在毒瓶中被杀死后，用三角纸点胶来制作。三角纸是用卡片纸做成底边约为 5 mm，高约为 11 mm 的小三角形，顶点涂些胶水，把昆虫粘住，再用昆虫针穿过三角纸基部，在三角纸的下边插上一个用卡片纸作成的小标签（图 2-1-12）。这样做成的标本，即可放在标本盒中保存。

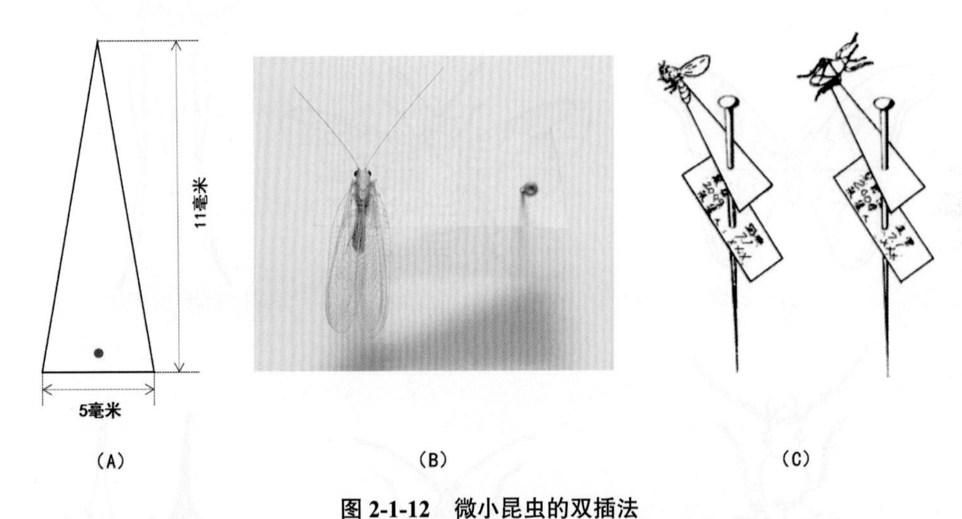

图 2-1-12　微小昆虫的双插法

A. 三角纸片尺寸参考；B，粘贴标本示例；C. 标本与标签

六、浸制昆虫标本的制作

一般保存完全变态昆虫的卵、幼虫、蛹，不完全变态的若虫及无翅亚纲昆虫都采用液浸法，并装入玻璃管或各种大小广口瓶中。饱食的标本幼虫应饥饿 1 ~ 2 天，待消化排净粪便再作处理。保存液具有杀死、固定和防腐的作用，为了更好地使昆虫保持原来的形状和色泽，保存液常需用几种化学药剂混合起来，混合时注意，要让使标本容易收缩的药液和使标本易膨胀的药液配合，如醋酸有使组织膨胀的特性，可抵消

乙醇、铬酸等产生的收缩效果。要使标本易软化的药液和使标本易硬化的药液配合，如甘油有滋润性，可以抵消酒精、福尔马林的硬化特性。要使渗透性快的药液和渗透慢的药液配合，如冰醋酸渗透性强，可以克服铬酸渗透慢的缺点，常用的保存液有下列几种。

1. 乙醇浸泡保存液

乙醇保存液以 70% ~ 75% 浓度最好，为防止标本发脆变硬，可先用低浓度乙醇浸泡 24 小时，再移入 75% 的乙醇保存液中。或可以加入 0.5% ~ 1% 甘油保持虫体柔软。

2. 福尔马林浸泡保存液

由福尔马林（含甲醛 40%）1 份，水 17 ~ 19 份配制而成。其浸泡的标本不易腐烂，大量保存比较经济，但缺点是气味难闻。不宜浸泡附肢长的标本（如蚜虫），否则容易使附肢脱落。

3. 醋酸、福尔马林、乙醇混合保存液

由乙醇（90%）15 mL，福尔马林（含甲醛 40%）5 mL，冰醋酸 1 mL，蒸馏水 30 mL 配制而成。

4. 醋酸、福尔马林、白糖混合保存液

由冰醋酸 5 mL，福尔马林 5 mL，白糖 5 g，蒸馏水 100 mL 配制而成。

七、昆虫标本的标签

昆虫标本上的标签，是一个标本最原始的记录，相当于一个标本的身份证。制作好的昆虫标本，要及时插上标签，将自采集地点起的各种事项都要记载下来。这些项目如单靠脑力记忆，数量太多，日久难免遗忘或混淆，故需要写清楚标签。初制作好的标本，就要立即插上两个标签：上面的一个标签写上采集地点（省、县和镇）、海拔高度、采集时间（年、月、日）；下面的一个写采集人姓名。经过研究查对，已经过前人鉴定有学名的和经过系统研究出中文名称的昆虫标本，下面要再加上写有中文名、学名及鉴定人姓名的第三个标签；经过研究，前人还未发现过的新种，在标本下面还要加上新种或新亚种标签。

新种标签是用三种不同的颜色来代表等级：在新种标本中挑选最为典型的一个，定位正模标本，下面要插上红色标签；通常再选与正模标本完全同样，但性别不同的一个作为配模，下面标签是蓝色的；如有更多的同样标本，应再选出一些来，作为副模，下面的标签应是黄色的。

昆虫标本上的标签，插在虫体下方。第一个标签在昆虫针上的位置，相当于三级台第二级的高度；第二个标签相当于三级台第一级的高度；定名或模式标签紧贴标本盒底。

标签是用比较坚硬、表面光滑的白纸，排版印刷成长 1.5 cm、宽 1.0 cm 的黑框，里面印有地点、年、月、日、采集人等字样，以便将来填写具体地点、时间、姓名。

标签上的字要用绘图墨水书写清楚，防止日后褪色或不易识别。浸泡在液体标本瓶中的标签要用质量较好、经过长久浸泡后不致损坏的光面纸，长 2.5 cm、宽 1.5 cm。浸泡在液体里的标签，一定要用碳素墨水或软铅笔书写以免字体褪落。

标本一定要有标签，没有标签的标本无论制作得多么完整美观，均会失掉科学的价值和用途。制作好的针插标本要随时编号登记，使用时才方便查找。

第二节　昆虫分类学基础知识

一、分类阶元

昆虫隶属于动物界节肢动物门昆虫纲。纲以下的分类和其他动物一样，采用一系列的阶元，首先以血缘的亲疏分为若干目，目以下分科，科下分属，属下分种，而以种为分类的基本阶元。

为详尽起见，在纲、目、科、属下还设亚级，如亚纲（subclass）、亚目（subordo）、亚科（subfamily）、亚属（subgenus）。也有在目、科上加 super 级，如总目（superordo）、总科（superfamily）。科或亚科和属之间亦可加族级。必要时种以下增设亚种、变型、生态型等。现以飞蝗为例，其分类地位与系统排列如下：

纲　昆虫纲（Insecta）

亚纲　有翅亚纲（Pterygota）

总目　直翅总目（Orthopteroides）

目　直翅目（Orthoptera）

亚目　蝗亚目（Locustodea）

总科　蝗总科（Locustoidea）

科　蝗科（Locustidae）

亚科　飞蝗亚科（Locustinae）

属　飞蝗属（*Locusta*）

种　飞蝗（*Locusta migratoria*）

亚种　东亚飞蝗（*Locusta migraforia manilensis*）

注：（1）亚种：由于地理隔离，不同种群间基因交流降低，各自向不同方向演化，有相当大的趋异，但相互间仍能杂交，未达到种间隔离的级别，就定为亚种。

（2）变种：在早期的分类学实践中应用较多，用变种描述与模式标本不符合的个体。

（3）生态型：同一基因型在不同生态条件下产生的不同表现型称生态型。

二、学名

学名是国际通用表示种的名称，用拉丁文或拉丁化文字组成，每一物种都有一个学名。拉丁化文字是指拉丁文以外的其他种文字，其字尾按拉丁文语法来书写。种的学名包括一个属名和一个种名，后面一般附上定名人的姓氏或其缩写。属名首字母必须大写，种名全部小写，定名人姓氏的首字母也要大写，在种名后边有时还有亚种名也应全部小写。书写时，属名、亚属、种名和亚种名用斜体表示，定名人用正体表示。如遇到定名人有括号则表示该种在归属上有所变动，与最开始发表时候所在的属级阶元不同。例如：

深圳拟黑麻蝇：*Beziella shenzhenensis* Fan

属名　种名　定名人

东亚飞蝗：*Locusta migraforia manilensis* (Meyen)

属名　种名　亚种名　定名人

三、分类特征

分类中可以选择的特征主要包括以下几方面。

1. 形态学特征

形态学特征是分类学中最常用、最基本的特征，除体长、体宽、颜色等一般的外部形态外，还用到一些特殊构造（如外生殖器、各种腺体等）、内部形态（如消化道、神经系统等解剖学特征）、胚胎学特征及胚后发育特征等。

2. 生物学和生态学特征

包括生境和寄主、食物、季节变异、寄生物、寄主反应、求偶和其他行为隔离机制及其他行为类型。

3. 地理学特征

主要包括一般的生物地理分布格局、种群的同域 - 异域关系等。

4. 生理学和生物化学特征

包括代谢因子、血清、蛋白质和其他生化差异等。

5. 细胞学特征

细胞核、精子以及其他细胞学的特征等。

6. 分子生物学特征

核酸序列和蛋白质的氨基酸序列等特征，如核糖体 RNA、线粒体细胞色素氧化酶等基因序列。

四、分类检索表

检索表分连续式检索表和两项式检索表两种。

两项式检索表：在一个号码中包括两条对应特征的条文，需要鉴定的昆虫某特征不属于上条即属于下条，然后根据所属条文后面指出的号码继续查下去，直至查出结果。下面以双翅目、鳞翅目、鞘翅目、直翅目 4 个目为代表，相当于用了 4 种昆虫（n=4）

来看检索表的编制：

（一）两项式

$$N=n-1=4-1=3\text{（条）}$$

1. 有翅两对，后翅正常 …………………………………………………………… 2
有翅一对，后翅特化为平衡棒 ……………………………… 双翅目（Diptera）
2. 口器虹吸式，体被鳞片 ……………………………… 鳞翅目（Lepidoptera）
口器非虹吸式，体不被鳞片 ………………………………………………… 3
3. 前翅是鞘翅 ………………………………………………… 鞘翅目（Coleoptera）
前翅非鞘翅，为覆翅 ………………………………… 直翅目（Orthoptera）

（二）连续式

$$N=2\times(n-1)$$

如果现有 4 种昆虫，则检索表的项（N）共有：$N=2\times(n-1)=2\times(4-1)=6$（条）

1.（6）有翅两对
2.（3）口器为虹吸式，体被鳞片 ……………………… 鳞翅目（Lepidoptera）
3.（2）口器非虹吸式，体不被鳞片
4.（5）前翅鞘翅 ………………………………………… 鞘翅目（Coleoptera）
5.（4）前翅非鞘翅，为覆翅 ……………………… 直翅目（Orthoptera）
6.（1）有翅一对，后翅为平衡棒 ………………………… 双翅目（Diptera）

五、昆虫分类的主要特征描述

（一）口器

口器是昆虫的取食器官，由头壳的上唇、舌及头部 3 对附肢特化成的上颚、下颚及下唇构成。昆虫的食性不同，取食方式也各异，经过长期适应，形成了各种类型的口器。一般可分为取食固体食物的咀嚼式口器和吸吮液体的吸收式口器。吸食方式有虹吸式、刺吸式、舐吸式、刮吸式、捕吸式、锉吸式等。咀嚼式口器为最原始类型，其他口器均从咀嚼式演化而来（图 2-2-1）。

1. 咀嚼式口器（biting mouthparts）

其结构特征主要如下。

上唇（labrum）：1 个。位于唇基的下面，内壁柔软具毛和味觉器称内唇。上唇有帮助食物进口的功用。

上颚（mandible）：1 对。位于上唇的下面，棕褐色，上颚特别发达且坚硬，内侧有齿。用来切碎和咀嚼食物。

下颚（maxilla）：1 对。位于上颚的下面，其外侧各有 1 个下颚须，具有味觉与嗅觉功能。下颚可用来抱持食物和帮助上颚咀嚼食物。

下唇（labium）：1 对。位于下颚后面、后头孔下方的一个片状构造，形成口前腔的后壁，主要起托挡食物的作用。结构与下颚相似，由前颏、后颏、侧唇须、中唇舌和下唇须等 5 个部分构成。

2. 刺吸式口器（piercing-sucking mouthparts）

不同种类的具有刺吸式口器昆虫的口器构造有一定差异。以蝉科昆虫为例，其刺吸式口器的结构特点主要如下。

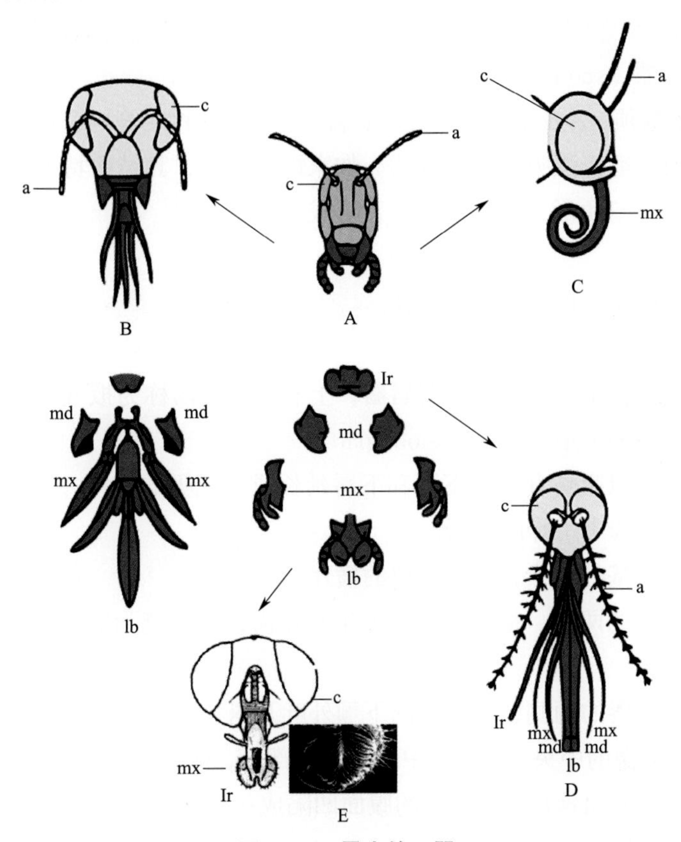

图 2-2-1 昆虫的口器

A. 蝗虫的咀嚼式口器；B. 嚼吸式口器；C. 虹吸式口器；D. 刺吸式口器；E. 舐吸式口器
a：触角；c：复眼；lb：下唇；lr：上唇；md：上颚；mx：下颚

上唇：为一个三角形的骨片。

上颚：特化为较细的口针，端部有倒刺，主要起刺入寄主组织的作用。

下颚：内颚叶特化为较细弱的口针，内侧具 2 条纵槽，两下颚口针嵌合时形成 2 条细管，粗的为食物道，细的为唾道。

下唇：延长，形成包被与保护口针的喙。

舌（ligula）：位于口针基部。

3. 虹吸式口器（siphoning mouthparts）

为鳞翅目成虫所特有的口器，其结构特征如下。

上唇：为 1 条狭窄的横片，位于唇基前和口器的基部。

上颚：除少数原始蛾类外均已退化。

下颚：两个外颚叶极度延长，其内壁各有 1 条纵沟，相互嵌合成细长的吸管，液体食物由吸管串吸入口中，不用时即卷于头下方。用时可伸长深入花中，通过毛细作用吸入花蜜或水滴等液体食物。

下唇：退化成三角形小片，下唇须发达。

舌：退化。

4. 舐吸式口器（sponging mouthparts）

除上唇、下颚须、舌及下唇外，其余上颚、下颚及下唇须等均退化，下唇特别发达，末端特化成唇瓣，适于舐吸半液体食物。如家蝇的口器，其结构特征如下：

上唇：为一长三角形，内壁凹陷与舌形成食物道。

上颚：退化。

下颚：本身退化，但下颚须仍存在。

舌：在上唇的下方。

下唇：发达。其末端特化为 1 对唇瓣，上有很多环沟称为拟气管。

5. 嚼吸式口器（biting-sucking mouthparts）

上颚发达，用以咀嚼食物，下颚和下唇延长成为吮吸的结构，适于吸取花蜜或其他液体食物。如蜜蜂中工蜂的口器。

上唇：位于唇基的前缘，是一简单的横片。

上颚：位于头的两侧，呈匙状，内侧生有锯齿，其功能为磨碎花粉粒，调蜡以及帮助喂养幼虫等。

下颚：位于下唇的两侧，有发达的下颚外叶及退化的下颚须。

下唇：位于下颚的中央，是口器中最特化的部分，有 1 对下唇须和两侧唇舌及一中唇舌，中唇舌和下唇须延长，中唇舌的腹面凹陷成一纵槽、末端膨大成匙形的中唇瓣。

（二）足

昆虫足的基本构造由基节、转节、腿节、胫节、跗节及前跗节构成（图 2-2-2）。

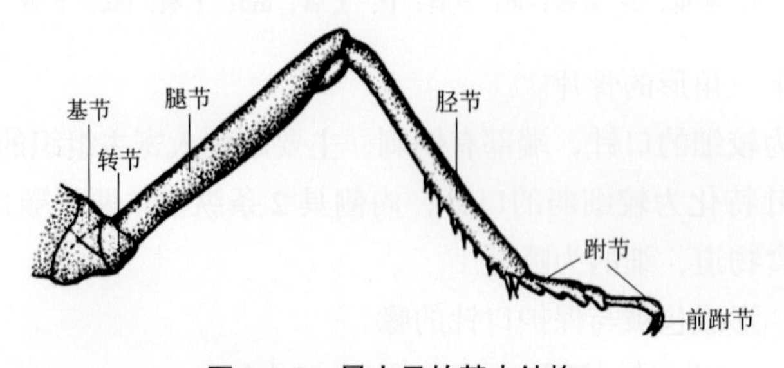

图 2-2-2 昆虫足的基本结构

昆虫的足有如下类型：

1. 步行足（walking leg）

腿节、胫节和跗节均细长，适于步行。如蜚蠊、椿象等的足。

2. 跳跃足（jumping leg）

腿节特别膨大，胫节细长，适于跳跃。如多种直翅目昆虫如蝗虫、蟋蟀等的后足。

3. 捕捉足（grasping leg）

基节延长，腿节的腹面有槽。胫节可折嵌在腿节的槽内，形似折刀，适于捕食其他昆虫。如螳螂的前足。

4. 开掘足（digging leg）

胫节宽扁有齿，适于掘土。如蝼蛄的前足。

5. 游泳足（swimming leg）

胫节和跗节均扁平，边缘具长毛，适于游泳。如龙虱等水生昆虫的后足。

6. 抱握足（clasping leg）

跗节特别膨大，其上有吸盘状的构造，交配时用以抱握雌性。如雄性龙虱的前足。

7. 携粉足（pollen-carrying leg）

胫节宽扁，两边有长毛相对环抱，形成花粉篮，第一跗节膨大，内侧具有数排横列的硬毛，用以刷刮附着在体上的花粉。如工蜂的后足。

8. 攀握足（clinging leg）

又叫攀缘足、攀登足、把握足等，各节较短粗，胫节端具指状突，与跗节及呈弯爪状的前跗节构成一个钳状构造，适于握持毛发，如虱的足。

（三）触角

触角由三节组成，依次为柄节（scoape）、梗节（pedicel）及鞭节（flagellum），鞭节又分许多亚节，在各类型触角中鞭节变化最大。昆虫的触角有多种类型，见图 2-2-3。

图 2-2-3 昆虫的触角类型

a. 丝状；b. 刚毛状；c. 念珠状；d. 锯齿状；e. 梳齿状；f. 羽状；g. 棍棒状；h. 锤状；i. 环毛状；j. 鳃片状；k. 膝状；l. 具芒状

丝状：整个触角细长如丝，鞭节各节粗细大致相似。如蝗虫或蟋蟀的触角。

刚毛状（或鞭状）：触角短，基部 1 ~ 2 节较粗，鞭节纤细，整个触角似刚毛状。如蜻蜓的触角。

念珠状：鞭节各节形圆而大小相似，相连像一串念珠。如白蚁的触角。

锯齿状：鞭节各节向一侧突出，略成三角形。如叩头虫或芫菁的触角。

梳齿状：鞭节各节向一侧突出，呈细枝状，形似梳齿。如叶甲的触角。

羽状：鞭节各节向两侧突出，形似鸟羽。如大蚕蛾的触角。

棍棒状：鞭节的端部数节渐膨大，下部若干节形成一很长的棍棒。如蝶类的触角。

锤状：类似棍棒状，但端部数节突然膨大成锤状。如郭公虫的触角。

环毛状：鞭节各节生有一圈细毛，愈近基部的愈长，如雄性蚊类的触角。

鳃片状：鞭节端部数节呈片状，迭合在一起形似鱼鳃。如鳃金龟的触角。

膝状：触角第一节特别长，与其余部分间折成一角度，状似膝。如蜜蜂或胡蜂的触角。

具芒状：触角粗短，一般仅三节，第一、二节短小，第三节粗而长，上有针状的触角芒。如蝇类的触角。

（四）翅

1. 翅的结构

缘和角：将其平展时，靠近头部的一边称前缘（costal margin），靠近尾部的一边称后缘或内缘（inner margin），在前缘与后缘之间的边称外缘（outer margin）。翅基部的角叫肩角（humeral angle），前缘与外缘的夹角叫顶角（apical angle），外缘与内缘的夹角叫臀角（anal angle）。

翅的分区：新翅类的昆虫为了适应翅的折叠与飞行，翅上常有 3 条褶线将翅面分为 4 区。翅基部具有腋片的三角形区域称腋区（axillary region）；腋区外边的褶称基褶（basal fold）；从腋区的外角发出的臀褶（vannal fold）和轭褶（jugal fold）将翅面腋区以外的部分分为三区：臀前区（remigium）、臀区（vannal region）及轭区（jugal region，轭区在多数昆虫中退化，仅见于蜉蝣目等原始类群）。一般以臀前区最发达，但直翅类昆虫后翅的臀区则更为发达。

翅脉（vein）：是翅的两层薄壁间纵横分布的条纹，由气管部位加厚而成，对翅表起着支架的作用，翅脉也是神经、气管以及血液出入的通路。翅脉分为不同的类型，如纵脉与横脉、凸脉与凹脉、副脉、闰脉与系脉等。

2. 翅的类型

昆虫翅的类型依形状、质地等不同而有多种类型。

膜翅：翅膜质，薄而透明，翅脉明显可见。如蜂类、蝉和蜻蜓的前后翅，蝇类的前翅，甲虫、蝗虫和蝽的后翅等。

鞘翅：鞘翅目昆虫的前翅全部角质化，见不到翅脉，坚硬如鞘，不用于飞行，只用来保护背部和后翅。

半鞘翅：半翅目昆虫的前翅基半部角质化，端半部仍为膜质，有翅脉。

覆翅：直翅目、螳螂目等昆虫的前翅质地坚韧如皮革，有翅脉，已不用于飞行，平时覆盖在体背侧面和后翅上，如蝗虫和螳螂等的前翅。

鳞翅：翅的质地为膜质，但翅上有许多鳞片，如蝶和蛾类的翅。

平衡棒：双翅目昆虫的后翅退化成很小的棒状构造，称为平衡棒。

毛翅：翅的质地为膜质，但翅面和翅脉上被有许多毛，如石蛾的翅。

缨翅：蓟马类昆虫的前后翅狭长如带，膜质透明，翅脉退化，在翅的周缘有很多缨状的长毛。

第三节 部分昆虫介绍

一、原尾目（Protura）

原尾目是昆虫纲中最原始的一目，通称蚖（yuán）或原尾虫（注：现原尾目为原尾纲。广义的昆虫现指六足总纲，包含原尾纲、弹尾纲、双尾纲和昆虫纲）。身体细长如梭，体型微小，原始无翅。全长在 2 mm 以下。头部卵形或梨形，前端略狭细。口器陷入头部，属内颚式。无触角。无复眼和单眼，背面近两侧有 1 对假眼，为原尾虫特有的感觉器官。胸部 3 节，前胸背板短小，仅为中、后胸背板的 1/3 ～ 1/2。每节有胸足 1 对。前胸足较长，向头前伸出。腹部分 12 节，最后 1 节称为尾节，无尾须。生殖孔位于第 11 节腹面后缘中央。在腹部前 3 节的腹面，各生 1 对腹足，足节有 2 节或 1 节。胸、腹部毛序的变化是鉴定种类的重要依据。成虫一般为半透明，幼虫早期为乳白色，后期逐渐与成虫的颜色接近。

始蚖科（Protentomidae）

某种新康蚖（*Neocondeellum* sp.） 体长 1.2 ～ 1.5 mm，白色至浅褐色，外观似鞘翅目昆虫幼虫（图 2-3-1）。栖息于腐殖质较多的湿润土壤中、石块下或树皮里，以植物根系上的附生真菌为食。

图 2-3-1 某种新康蚖

二、石蛃目（Archaeognatha）

石蛃目昆虫原始无翅。尾部除有 1 对长尾须外，还有 1 根中尾丝，又名缨尾，原属缨尾目，后从缨尾目中独立成石蛃目。体柔软，长形，体表常有鳞片。有单眼，复眼大，左右眼通常在体中线处相接。触角长，丝状。口器外生，咀嚼式。腹部 11 节，第 2 ～ 9 有成对的刺突。变态类型为表变态。

石蛃科（Machilidae）

图 2-3-2　某种跳蛃

某种跳蛃（*Pedetontus* sp.）　原始无翅。体长 10 ~ 16 mm。体呈浅棕色，背板具黑色鳞片。复眼隆起，为棕色。第 2、3 胸足具基节刺突（图 2-3-2）。通常昼伏夜出，多活动于林下落叶层、阔叶树干、石壁等地方。

三、衣鱼目（Zygentoma）

衣鱼目昆虫原始无翅，尾部具 1 对长尾须及 1 根中尾丝，原属缨尾目，后从缨尾目中独立成衣鱼目。体长 4 ~ 20 mm，狭长而扁平，体表常覆有鳞片。触角长，丝状。复眼小而左右远离或退化，口器外生，咀嚼式。足的基节和腹节上常有刺突。跗节 2 ~ 3 节，爪 2 ~ 3 个。雌性有产卵器。

衣鱼科（Lepismidae）

图 2-3-3　灰衣鱼

灰衣鱼（*Ctenolepisma longicaudata*）　原始无翅。体长 10 ~ 12 mm。头大、体密被银色鳞片。无单眼，具复眼，两复眼左右远离。头部、胸部和腹部边缘具棘状毛束。腹部第 1 节背面具梳状毛 3 对，腹面具梳状毛 2 对（图 2-3-3）。雄性生殖器较短。生活室内，取食书籍、衣物等。

四、双尾目（Diplura）

双尾目昆虫原始无翅，通称虮（bā）。体呈白色或棕褐色，细长而扁平。头呈圆形或椭圆形。无复眼和单眼。触角念珠状，多节。口器咀嚼式，陷入头内（内口式）。胸部 3 节，前胸小，中、后胸较大。有 3 对胸足，构造简单，跗节不分节。腹部 11 节，第 1 ~ 7 节腹节腹面各有 1 对针突。腹部第 11 节具有 1 对分节的尾须或单节尾铗（注：现双尾目为双尾纲，为广义上的昆虫）。

康虮科（Campodeidae）

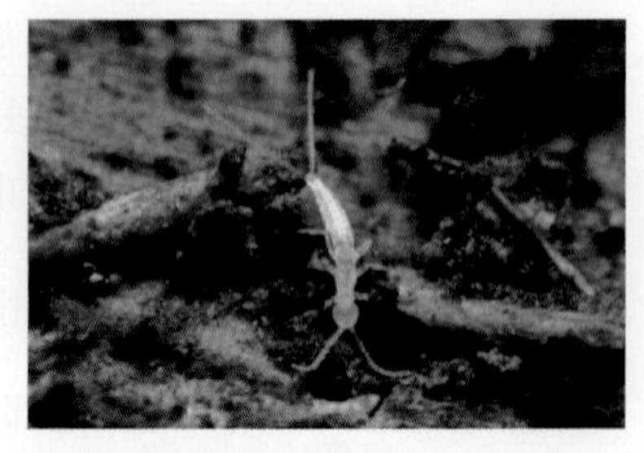
图 2-3-4　康虮科某种

体色多为白色至浅黄色，通常身体非常柔软，两根尾须通常较长，与长长的触角首尾呼应。体长一般 5 ~ 10 mm（不含触角和尾须的长度）（图 2-3-4）。多生活在腐殖质较好的森林土壤表层以及腐烂的树叶层中，有时也可见于朽木内，在一些洞穴中也可以见到其踪迹。

五、弹尾目（Collembola）

弹尾目昆虫通称为䖴（tiào）、跳虫或弹尾虫，是一类小型至微型的节肢动物，体长 1.0 ~ 3.0 mm。跳虫体型各异，一般为长纺锤形或球形。体色各异，体表具刚毛和感觉毛。触角一般分 4 节，少数 5 或 6 节。内颚式口器，多为咀嚼式，少数刺吸式。多数类群于第 4 节腹面具特殊的附肢——弹器。弹器可分为弹器基、齿节和端节 3 部分，不同类群或有一定程度的退化。弹器平时折叠收纳于腹部，可通过击打地面使虫体进行跳跃，能够帮助跳虫躲避敌害或是长途迁徙。跳虫生活于阴暗、潮湿、有机质丰富的土壤层至低矮灌木丛，主要以土壤中的植物残体和菌丝为食，是土壤生态系统中的消费者和分解者。目前世界已知弹尾虫 4 目 40 科 9200 余种，中国已知 4 目 20 科 700 余种。（注：弹尾目现为弹尾纲，为广义上的昆虫）

长角䖴科（Entomobryidae）

该科在跳虫中相对较大，体长 1 ~ 8 mm；体长形，触角较长，有些种类甚至超过体长；体通常长有许多长毛；体色多为暗淡的灰色、白色、黄色和黑色；善于跳跃（图 2-3-5）。长角䖴科是野外最容易遇到的跳虫类群，常生活在阴暗的林下落叶、树皮、真菌、土壤表层等处，有些种类甚至出现于人类的居所中。

图 2-3-5 长角䖴科某种

六、蜉蝣目（Ephemeroptera）

蜉蝣目昆虫成虫身体细长，柔软。头部灵活，复眼大，单眼 3 个；触角短，刚毛状；口器退化。翅膜质，有较密的网状脉，休息时竖立在背面；前翅大，呈三角形；后翅小或无。尾须细长多节，有些种类有中尾丝。蜉蝣稚虫多生活于清冷的溪流、江河上中游及湖沼中，因对水质特别敏感，所以常把其稚虫作为监测水体污染的指示生物之一。成虫有趋光性。

1. 四节蜉科（Baetidae）

哈氏二翅蜉（*Cloeon harveyi*） 雄成虫体长 5 mm，雌成虫体长 6 ~ 7 mm。雄成虫腹部背板第 1 节及第 7 ~ 9 节红棕色，第 2 ~ 3 节及第 5 ~ 6 节具清晰的三角形斑点（第 5 节斑点有时非常小）；腹部腹板至少在第 7 ~ 9 节具成对的纵向微红色条纹（第 8 ~ 9 节的条纹有时愈合）；阳茎桥中部具圆锥状突起。雌成虫腹部腹板花纹较雄成虫明显；前翅亚前缘区及翅痣区明显着色。老熟稚虫下颚须

图 2-3-6 哈氏二翅蜉（雄性）

及爪较为细长，下颚须 3 节几乎等长；爪基部具细齿（图 2-3-6）。成虫全年均有发生，稚虫生活于静水中。

2. 蜉蝣科（Ephemeridae）

斑蜉（*Ephemera spilosa*） 成虫体长 11 ~ 15 mm；整体淡黄色，胸部颜色略深。前足腿节端部和胫节基部及端部色深。后足基节仅具 1 枚斑点。前翅具多处斑纹；后翅无斑点。腹部背板第 1 节无斑纹，背板第 2 节具 1 对深色斑点，背板及腹板第 4-9 节各具 1 对深色纵纹，其中背板第 4 节的纵纹常不明显。尾丝 3 根，淡黄色（图 2-3-7）。稚虫穴居性，多发现于山地溪流。

图 2-3-7 斑蜉（雄性）

七、蜻蜓目（Odonata）

该目物种成员多数为中、大型昆虫，头大且转动灵活，两对翅膜质透明，翅多横脉，翅前缘近翅顶处常有翅痣。腹部细长，雄性交合器生在腹部第 2、3 节腹面。全世界均有分布，尤以热带地区为多。全世界已知 6000 余种，我国记载 951 种（张浩淼，2018）。绝大多数稚虫水生，许多蜻蜓 1 年 1 代，有的种类却要经过 3 ~ 5 年才能完成 1 代。蜻蜓是重要的益虫，稚虫靠吃水中小动物（包括蚊虫的孑孓）长大，成虫在飞行中捕捉大小适宜的昆虫（蝇类、小型蛾类、叶蝉等）为食。

（一）差翅亚目（Anisoptera）

俗称蜻蜓。后翅基部比前翅基部稍大，翅脉也稍有不同。休息时四翅展开，平放于两侧。稚虫短粗，具直肠鳃，无尾鳃。该亚目包括 11 科，我国华南地区有蜻科（Libellulidae）、蜓科（Aeshnidae）、春蜓科（Gomphidae）、伪蜻科（Corduliidae）、大伪蜻科（Macromiidae）等物种分布，以蜻科和蜓科较常见。

1. 蜻科（Libellulidae）

黄蜻（*Pantala flavescens*） 体长 49 ~ 50 mm，腹长 32 ~ 33 mm，后翅 39 ~ 40 mm。雄性复眼上方为红褐色，下方为蓝灰色，面部黄色；胸部呈黄褐色，翅透明，后翅基方稍染黄褐色；腹部背面为红色，具黑褐色斑，其中第 8 ~ 10 节中央具较大的黑色斑。雌性身体主要呈黄褐色；完全成熟后翅稍染褐色；腹部为土黄色，腹面为随年纪增长逐渐覆盖白色粉霜（图 2-3-8）。栖息于海拔 3500 m 以下的各类静水环境，包括季节性水塘、渗流地、沟渠和水稻田。

晓褐蜻（*Trithemis aurora*） 体长 33 ~ 35 mm，腹长 22 ~ 24 mm，后翅 27 ~ 29 mm。雄性身体呈紫红色；翅脉为紫红色，后翅基方具甚大的褐色斑。雌性黄色具黑色条纹；后翅基方具黄褐色斑（图 2-3-9）。栖息于海拔 2000 m 以下的湿地和流速缓慢的河流。

狭腹灰蜻（*Orthetrum sabina*） 体长 47 ~ 51 mm，腹长 34 ~ 37 mm，后翅 33 ~ 35 mm。雄性复眼绿色，面部黄色；胸部黄色具黑色细纹，翅透明；腹部黑色具黄色和白色条纹，第 1 ~ 3 节膨大显著，第 7 ~ 9 节稍微膨大。雌性与雄性较相似但腹部较粗（图 2-3-10）。栖息于海拔 2500 m 以下的各类池塘、水库、沟渠、水稻田和流速缓慢的溪流。

图 2-3-8 黄蜻

图 2-3-9 晓褐蜻（雄性）

图 2-3-10 狭腹灰蜻

2. 蜓科（Aeshnidae）

斑伟蜓（*Anax guttatus*） 体长 78 ~ 86 mm，腹长 58 ~ 64 mm，后翅 52 ~ 55 mm。复眼呈绿色，面部为黄色，额无显著的“T”形斑；胸部呈绿色，足为黑色，翅基方红褐色，翅透明，雄性后翅亚基部具琥珀色斑；腹部呈黑色具黄白色斑点，雄性第 2 腹节主要为蓝色，雌性此节色彩变异较大，呈蓝色、深绿色或者黄绿色（图 2-3-11）。栖息于海拔 1500 m 以下的池塘、沼泽和溪流中流速缓慢的宽阔水域。

3. 春蜓科（Gomphidae）

霸王叶春蜓（*Ictinogomphus pertinax*） 体长 68 ~ 72 mm，腹长 49 ~ 54 mm，后翅 40 ~ 45 mm。雄性面部呈黑色具黄斑，上唇具 1 对黄斑，额横纹甚阔，侧单眼后方具角状突起，后头黄色；胸部为黑色，背条纹与领条纹不相连，具肩前上点和肩前下条纹，合胸侧面第 2 条纹和第 3 条纹完整；腹部为黑色，第 2 ~ 9 节具黄斑。雌性与雄性相似（图 2-3-12）。栖息于海拔 1500 m 以下的池塘、河流和溪流。

图 2-3-11 斑伟蜓

图 2-3-12 霸王叶春蜓

（二）均翅亚目（束翅亚目）（Zygoptera）

该亚目的昆虫色常艳丽，俗称豆娘。头部横宽，两复眼远离。前后翅的形状和脉序相似。翅基狭窄（缢缩）形成翅柄。休息时一般四翅斜立于体背。稚虫体细长，腹末有 3 个尾鳃，尾鳃是呼吸器官，常呈叶片状，也有呈囊状或其他形状。我国华南地区有蟌科（Coenagrionidae）、色蟌科（Calopterygidae）、溪蟌科（Euphaeidae）、扇蟌科（Platycnemididae）、鼻蟌科（Chlorocyphidae）、山蟌科（Megapodagrionidae）、扁蟌科（Platystictidae）及丝蟌科（Lestidae）等的物种分布。

1. 蟌科（Coenagrionidae）

褐斑异痣蟌（*Ischnura senegalensis*） 体长 28 ~ 30 mm，腹长 21 ~ 24 mm，后翅 13 ~ 16 mm。雄性面部黑色，具蓝色和绿色斑纹；胸部背面呈黑色，具黄绿色肩前条纹，侧面为黄绿色；腹部主要为黑色，第 8 ~ 9 节具蓝斑。雌性多型，身体黄绿色或淡蓝色具黑色条纹，未成熟时胸部有时橙黄色（图 2-3-13）。栖息于海拔 2500 m 以下水草茂盛的池塘、水稻田和流速缓慢的溪流周边。

图 2-3-13　褐斑异痣蟌（雄性）

2. 色蟌科（Calopterygidae）

华艳色蟌（*Neurobasis chinensis*） 体长 56 ~ 60 mm，腹长 45 ~ 48 mm，后翅 32 ~ 35 mm。雄性面部、胸部和腹部呈铜绿色具金属光泽；前翅透明，后翅正面大面积为金属绿色，端部为黑色，背面深铜色。雌性身体呈金属绿色具黄色条纹；前翅透明，后翅琉白，翅结处具小白斑，具白色的伪翅痣（图 2-3-14）。栖息于海拔 1500 m 以下的溪流和河流。

图 2-3-14　华艳色蟌

3. 溪蟌科（Euphaeidae）

方带溪蟌（*Euphaea decorata*） 体长 37 ~ 42 mm，腹长 28 ~ 32 mm，后翅 25 ~ 27 mm。雄性面部呈黑色；胸部为黑色具甚细的褐色条纹，前翅透明，后翅亚端部具 1 个甚大的黑带；腹部为黑色。雌性黑褐色具黄色条纹，翅前缘染有褐色，在后翅中更显著（图 2-3-15）。栖息于海拔 1500 m 以下的山区溪流。

图 2-3-15　方带溪蟌

4. 扇蟌科（Platycnemididae）

黄狭扇蟌（*Copera marginipes*） 体长 34 ~ 39 mm，腹长 28 ~ 31 mm，后翅 16 ~ 20 mm。雄性面部呈黑色具黄色条纹；胸部黑色具黄色条纹，足黄色，胫节稍微膨大；腹部为黑色，第 8 节末端至第 10 节及肛附器白色，上肛附器短。雌性未成熟时为白色，成熟以后有较多色型；胫节未膨大

图 2-3-16　黄狭扇蟌（雄性）

（图 2-3-16）。栖息于海拔 1500 m 以下的湿地、河流和溪流。

5. 鼻蟌科（Chlorocyphidae）

三斑阳鼻蟌（*Heliocypha perforata*） 体长 28 ~ 31 mm，腹长 17 ~ 20 mm，后翅 23 ~ 24 mm。雄性头顶和后头各具 1 对蓝色斑点；胸部呈黑色，合胸脊具 1 个较短的三角形紫红色斑，脊两侧具 1 对较短的蓝斑，合胸侧面具 3 条宽阔的蓝色条纹；前翅透明，末端 1/3 褐色，后翅端方 1/2 黑褐色，具 2 列闪烁紫色光泽的翅窗，翅痣黑色；足的胫节内缘白色；腹部黑色，第 1 ~ 9 节具蓝色斑点。雌性黑褐色具黄色条纹（图 2-3-17）。栖息于海拔 1000 m 以下的溪流、沟渠和河流。

图 2-3-17 三斑阳鼻蟌（雄性）

（三）间翅亚目（Anisozygoptera）

该亚目昆虫的特征介于差翅亚目与均翅亚目之间，翅基部不呈柄状，后翅大于前翅。世界上只有 4 种，是古老的孑遗物种。

八、蜚蠊目（Blattodea）

蜚蠊目昆虫俗称蟑螂，该目昆虫身体较扁平，呈长椭圆形；头小，三角形，常被宽大的盾形前胸背板盖住，口器为咀嚼式；触角为丝状；复眼发达，单眼退化。足多刺毛，跗节有 5 节。翅长或短，前翅革质，后翅膜质，脉翅多分支。第 10 背板雌雄均显著，特称为肛上板，第 11 节及尾节仅存革质之痕迹。腹面观多数可见 8 节或 9 节，尾须多节。若虫在发育中翅芽不反转。雌性产卵管短小，藏于第 7 腹板的里面。雄性外生殖器复杂，常不对称，掩盖在有 1 对或 2 对腹刺的第 9 节腹板。

1. 蜚蠊科（Blattidae）

澳洲大蠊（*Periplaneta australasiae*） 体长 22 ~ 35 mm，大型蜚蠊，身体呈深褐色，雌雄体型相似，但雌性体稍宽于雄性。前胸背板较大、梯形，中部有大块黑斑，背板周缘为黑色，后缘黑色较宽。雌雄性的翅均较发达，其长均超过腹部末端，翅赤褐色，前缘室淡黄色。足赤褐色（图 2-3-18）。除在热带和亚热带外，它们在室外不易生存，在室外，常见于剥落的树皮下以及腐烂的植物内等。

图 2-3-18 澳洲大蠊

2. 硕蠊科（Blaberidae）

东方水蠊（*Opisthoplatia orientalis*） 体长 25 ~ 35 mm。体呈黑色，盾形；胸部前方弧形前缘具显眼的黄白色长条状斑纹，因此又被称作金边地鳖；腹部两侧为红棕色；翅膀退化（图 2-3-19）。若虫可在水下穿梭潜行。成虫夜晚常在树干上活动，平时躲藏在朽木下、石缝或树皮缝中。

图 2-3-19 东方水蠊

3. 姬蠊科（Ectobiidae）

德国小蠊（*Blattella germanica*） 为家居最常见的蟑螂种类之一，体型小，体长 11 mm 左右。头部呈淡黄褐色，前胸背板上有两条黑色纵向条纹。前翅狭长，淡黄褐色。尾须色淡，伸于翅的两侧（图 2-3-20）。在家居常见蟑螂中，以德国小蠊体型最小、繁殖最快和适应能力最强。

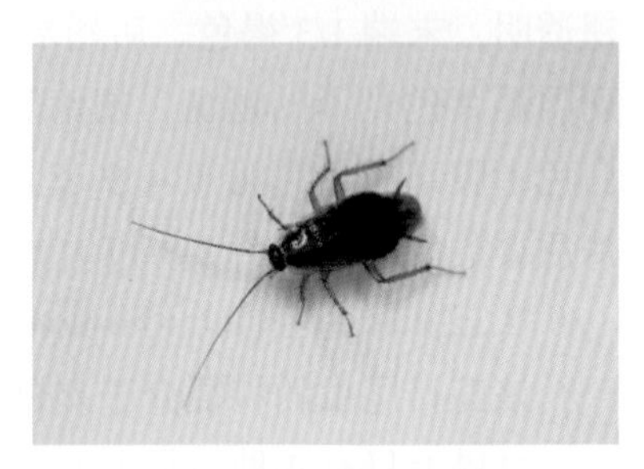
图 2-3-20 德国小蠊

九、螳螂目（Mantodea）

螳螂目昆虫俗称螳螂，该目在昆虫体中型至大型，体细长，体色多为绿色和褐色；头呈三角形，活动自如；复眼突出，具 3 个三角形分布的单眼；触角为丝状，较长；口器咀嚼式，上颚强劲；前足捕抓足，镰刀状，腿节和胫节有倒钩的小刺，用于捕捉猎物；前翅皮质，后翅膜质，休息时后翅叠于背上；腹部肥大，有 1 对尾须。除极寒地带外，螳螂广布于世界各地，为典型的捕食性昆虫，若虫和成虫均以小型昆虫等为食，在美洲甚至有捕食蜂鸟的记录。

1. 螳科（Mantidae）

广斧螳（*Hierodula patellifera*） 亦称巨斧螳、宽腹螳螂，体粗壮，体长 42 ~ 61 mm，体绿色或褐色。前胸背板向两侧扩展，侧缘具细齿。前足基节具 3 ~ 5 个三角形疣突，通常基部两枚相距甚远。前胸腹板色彩多变，常于基部具红褐色带斑（图 2-3-21）。活跃于各种树林、灌丛、草地、农田、以及公园等城区环境。

图 2-3-21 广斧螳

棕静螳（*Statilia maculata*） 亦称棕污斑螳，体长 31 ~ 58 mm，体色多为浅棕色至深棕色。复眼卵圆形。雌雄翅均发达。前足腿节基部具一片大黑斑，前足胫节内侧具一显著的眼斑。前足胫节具 5 ~ 7 枚外列刺（图 2-3-22）。

图 2-3-22 棕静螳

中华大刀螳（*Tenodera sinensis*） 体较修长，体长 70 ~ 80 mm，体色有褐色和绿色两个色型。前胸背板两侧扩展较少，沟后区长于前足基节。前足各节无扩展，腿节具 4 根中刺，4 根外列刺（图 2-3-23）。常在田野、灌丛等较空旷的生境出现。

2. 侏螳科（Nanomantidae）

图 2-3-23 中华大刀螳

齿华螳（*Sinomantis denticulata*） 亦称多齿华柔螳，体扁平，长约 30 mm。体淡黄色至浅绿色，有时近透明，少部分个体散布淡褐色不规则斑纹。后头略突出，近复眼处具瘤状突起。复眼侧观近卵圆形。前胸背板较短，中部两侧扩展较明显，沟后区长约为前区的 1.5 倍；中央隆起线、侧隆线及侧缘具较明显的细齿。翅近透明，超出腹端，前翅较阔。前足腿节具 4 根外列刺，前足胫节具 9 根外列刺。尾须较长，略扁（图 2-3-24）。

格氏透翅螳（*Tropidomantis gressitti*） 亦称海南透翅螳，体呈淡绿至黄绿色，体长 20 ~ 23 mm。后头略突出，近复眼处具一圆形瘤状突起。前胸背板较隆起，略呈椭圆形，两侧扩展较不明显，中央屋脊状。前后翅均超出腹端。前足腿节上缘较直，具 3 根中刺，4 根外列刺，外列刺较长。前足胫节具 8 ~ 10 根外列刺（图 2-3-25）。有很强的的趋光性，夜晚常被房屋灯光吸引飞进屋内。

图 2-3-24 齿华螳

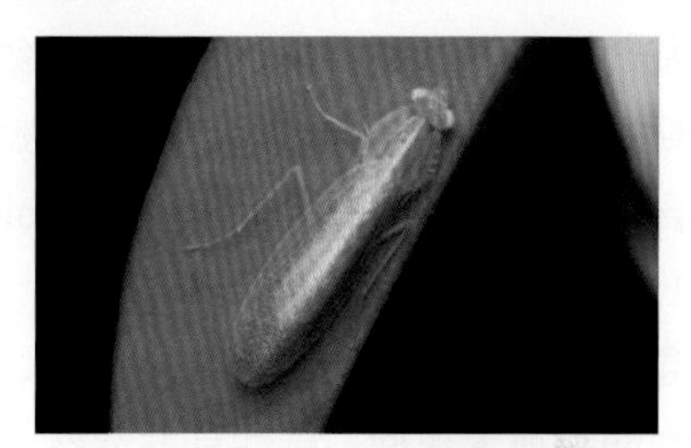

图 2-3-25 格氏透翅螳

十、啮目（Psocodea）

啮目昆虫通称为啮虫，体长多为 1 ~ 10 mm，为小型昆虫。头大，活动自如。口器咀嚼式。后唇基膨大。触角长，13 ~ 50 节，呈丝状。复眼大而突出，左右远离。足细长，跗节 2 ~ 3 节。腹部 9 ~ 10 节，第 1 节退化，无尾须。前胸细。具无翅型、小翅型、短翅型和长翅型的种类。翅膜质，多数种类静止时呈屋脊状叠盖于背上。翅脉相对简单，一条或数条翅脉常极为弯曲。啮虫为渐变态昆虫，一般若虫的龄期为 6。

大多数啮虫生活于野外的树上、岩石上、土壤表层和地表的枯枝落叶层中，多数种类以真菌的孢子、苔藓等低等植物为食，有些种类也会取食地衣；部分种类生活于室内，取食仓储、图书档案和一些动植物标本；少数种类为肉食性，存在种内自相残杀的现象。

啮科（Psocidae）

壶形触啮（*Psococerastis urceolaris*） 大型啮虫，体长约 4 mm，翅端可达 6.5

mm。触角黄褐色，胸部为红色，背面具淡褐色斑；前后翅透明，翅斑、脉及痣斑褐色至黑褐色，但痣斑基半及后缘红色（图 2-3-26）。若虫喜欢群聚于石壁、树干、电线杆上，以苔藓类为食，若遇到骚扰会分散开来，隔一段时间后又会聚集在一起，成虫一般独行。

图 2-3-26 壶形触啮

十一、直翅目（Orthoptera）

直翅目昆虫头下口式，口器咀嚼式。上颚发达，强大而坚硬。触角长而多节，多数种类触角为丝状，有的长于身体，有的较短；少数种类触角为剑状或锤状。复眼发达，大而突出，单眼一般 2 ~ 3 个，少数种类缺单眼。前胸特别发达，可活动，前胸背板发达，常向背面隆起呈马鞍形，中、后胸愈合。前翅为革质，后翅为膜质。一般产卵器发达。多数种类具发音器和听器。

（一）螽斯亚目（Tettigoniodea）

其触角为丝状，超过 30 节。触角的长度大于或等于身体的长度。听器位于前足胫节基部内侧。产卵器发达，呈刀或剑状，跗节 3 ~ 4 节。本亚目分 4 总科，常见的为螽斯总科（Tettigonioidea）和蟋蟀总科（Grylloidea），另有鸣螽总科（Hagloidea）（仅含 1 科）和蟋螽总科（Gryllacridoidea）（包含 4 科）。

1. 螽斯总科（Tettigonioidea）

螽斯附节 4 节，产卵器为马刀形、剑形或镰刀形，尾须短而硬。翅一般发达，但也有短翅型或无翅型。雄性具发音器，少数种类的雌性也具发音器。

长翅纺织娘（*Mecopoda elongata*） 螽斯科（Tettigoniidae）。体长 50 ~ 75 mm，体褐色或绿色。头顶、前胸背板两侧及前翅的折叠地方黄褐色。头短而圆阔，复眼卵形，褐色，位于触角两侧。后足发达，比前足和中足长；腿节成锤状，并有粗且凹的缺刻；下缘有 1 排刺，其末端两侧各有 1 根刺。前足胫节靠基部有 1 个长卵形窝状的听器。翅发达，前翅约为其体长 2 倍。雄性下生殖板末端有三角形缺刻，雌性产卵器长，但比其身体稍短，成军刀形，末端尖锐（图 2-3-27）。栖息于凉爽阴暗的草丛中。成虫于夏、秋季间出现。鸣声如“轧织、轧织”声。

柯氏翡螽（*Phyllomimus klapperichi*） 螽斯科（Tettigoniidae）。中小型螽斯，体长 20 ~ 30 mm。头部呈锥形，全身通绿，前翅背面具散布的浅白色至淡黄色条纹，形似叶脉，整体拟态一片树叶，善于伪装，难被发现（图 2-3-28）。常见于草丛、树叶间。

异舰掩耳螽（*Elimaea paranautica*） 螽斯科（Tettigoniidae）。体侧扁的中型螽斯，体长约 25 mm。头及前胸狭小，前翅狭长超过腹端，翅脉多呈方格状，前足听器闭合（图 2-3-29）。栖息于林地环境或农田。

图 2-3-27　长翅纺织娘

图 2-3-28　柯氏翡螽

图 2-3-29　异舰掩耳螽

2. 蟋蟀总科（Grylloidea）

蟋蟀总科即广义的蟋蟀，除了蟋蟀科（Gryllidae），还包含了鳞蟋科（Mogoplistidae）、蛉蟋科（Trigonidiidae）等不那么像蟋蟀的类群。蟋蟀的发音与螽斯总科相似，但音锉和刮器的位置颠倒，仅雄性具有发音器。产卵器为针状或矛状，尾须长而软。

南方油葫芦（*Teleogryllus mitratus*）　蟋蟀科（Gryllidae）。为大型蟋蟀，体长 18 ~ 29 mm，体色为棕色，头部圆形，复眼间有白色八字眉形斑纹，前胸背板两侧下缘呈白色，雌、雄体型相近，产卵管长约 25 mm（图 2-3-30）。常栖息草丛或石下，隐密性高，雄性夜晚鸣叫。

锤须奥蟋（*Ornebius fuscicerci*）　鳞蟋科（Mogoplistidae）。为中小型蟋蟀，体长 8 ~ 10 mm，胸长，头部及前胸背板为褐色，具微弱的光泽，前胸背板周边有弧形的白色斑纹，翅膀短小，橙色，腹背具白色横带（图 2-3-31）。

图 2-3-30　南方油葫芦

图 2-3-31　锤须奥蟋（雄性）

（二）蝗亚目（Acridodea）

本亚目昆虫营地上生活，触角比身体短，30 节以下，一般为鞭状。听器位于第 1 腹节两侧。跗节 3 节，产卵器短，凿形，卵产在土中。

1. 蝗科（Acrididae）

疣蝗（*Trilophidia annulata*）　中型蝗虫，雄性体长 11 ~ 17 mm，雌性 15 ~ 26 mm，体黄褐色或暗灰色，体上有许多颗粒状突起。两复眼间有 1 个粒状突起。前胸背板上有 2 个较深的横沟，形成 2 个齿状突。前翅长，超过后足胫节中部。后足腿节粗短，有 3 个暗色横斑。后足胫节有 2 个较宽的淡色环纹（图 2-3-32）。

棉蝗（*Chondracris rosea*）　大型蝗虫，雄性体长 50 ~ 65 mm、雌性 75 ~ 87 mm。体色为鲜艳的绿色，头、胸具凹凸不平的瘤斑，复眼下方具 1 条黄色纵纹，触角为淡褐色，各足胫节外侧为红褐色，后足腿节强壮善于弹跳（图 2-3-33）。栖息于平地至低海拔山区。

图 2-3-32　疣蝗

图 2-3-33　棉蝗

2. 锥头蝗科（Pygomorphidae）

短额负蝗（*Atractomorpha sinensis*）　中小型蝗虫，雄性体长 20 ~ 25 mm，雌性 34 ~ 42 mm。体色绿色或黄褐色；头尖，向前突出，侧缘具黄色瘤状小突起；各足颜色与体色同，后足腿节较粗；翅狭长，超过腹端，翅端尖，后翅透明略带粉红色或红色（图 2-3-34）。栖息于平地至低海拔山区的草丛，以植物茎叶为食，习性灵敏，擅跳跃。

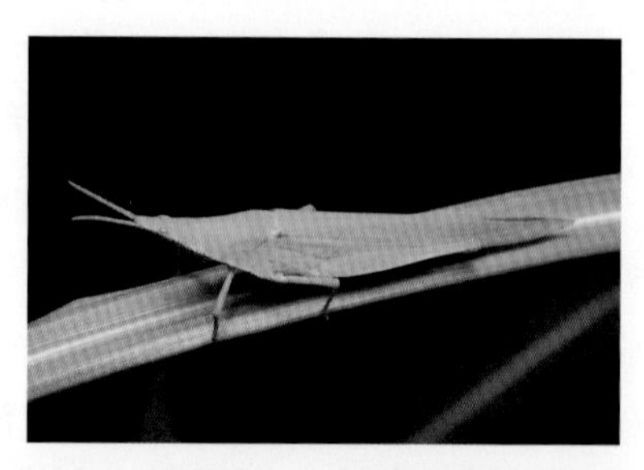

图 2-3-34　短额负蝗

3. 蚱科（Tetrigidae）

二刺羊角蚱（*Criotettix bispinosus*）　雄性体长 8 ~ 9 mm，雌性 9 ~ 11 mm。体型小。复眼突出，近球形。触角为丝状，着生于复眼下缘之间。前胸背板略呈屋脊形，后角向下，顶圆形。前翅位于身体的两侧，长卵形，后翅折叠在前胸背板的下面，到达前胸背板端部或伸出。前、中足腿节下缘几直。后足腿节长为宽的 3 倍，上侧中隆线具细齿。体色为黄褐至黑褐色（图 2-3-35）。

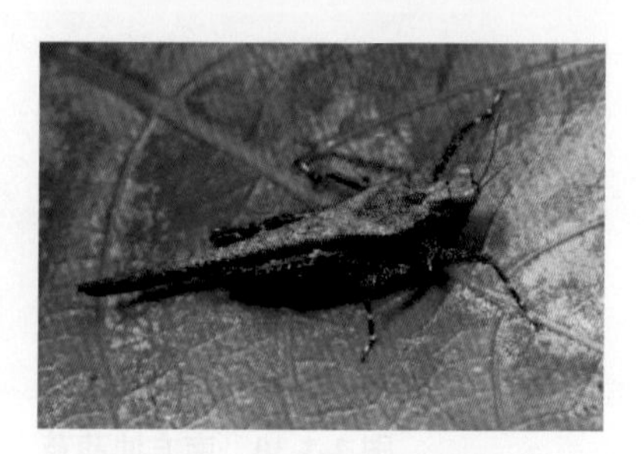

图 2-3-35　二刺羊角蚱

（三）蝼蛄亚目（Gryllotalpodea）

本亚目昆虫营土中生活，触角 30 节以上，但短于身体，前足开掘足。跗节 2 ~ 3 节，听器位于前足胫节，无发音器，产卵器退化。本亚目仅 1 个总科——蝼蛄总科（Gryllotapoidea），包含一个科，即蝼蛄科 Gryllotalpidae。

蝼蛄科（Gryllotalpidae）

东方蝼蛄（*Gryllotalpa orientalis*）　体长 30 ~ 35 mm，灰褐色，全身密布细毛。头为圆锥形，触角为丝状。前胸背板为卵圆形。前翅呈灰褐色，较短，仅达腹部中部。后翅呈扇形，较长，超过腹部末端。腹末具 1 对尾须。前足为开掘足，后足胫节背面内侧有 4 个距（图 2-3-36）。昼伏夜出，具有强烈的趋光性。掘穴而居，喜欢在河边潮湿的土地或经常灌溉的农田生活，会对农业种植造成危害。

图 2-3-36 东方蝼蛄

十二、䗛目（Phasmida）

䗛（xiū）目昆虫通称为竹节虫，因此也称竹节虫目，为中型或大型昆虫，体长可达 33 cm。体色多变，常见种类多以绿色和褐色为主。头小，口器为咀嚼式，前胸小，中胸和后胸长。分为有翅或无翅，有翅种类翅多为两对。前翅膜质，多狭长，横脉众多，脉序成细密的网状，翅平展时似干枯叶片。几乎所有的种类均具极佳的拟态。大部分种类身体细长，模拟植物枝条；少数种类身体宽扁，呈鲜绿色，模拟植物叶片。翅宽扁，脉序排成叶脉状，腹部及腿节、胫节亦扁平扩张。由于形似竹节，当六足紧靠身体时，更像竹节，得名竹节虫。

1. 杆䗛科（Bacillidae）

索康瘦䗛（*Macellina souchongia*） 雄性体长 58 ~ 66 mm，雌性体长 80 ~ 93 mm。雄性体瘦长，头部至臀节具 1 条粗黑色中条纹，黑线两侧具橙褐色纵纹，腹部腹面亦呈橙褐色。雌性具绿色型和褐色型，体修长且光滑，外形近似雄性，但体型更粗（图 2-3-37）。栖息于山坡灌丛、林地边缘地带等环境，寄主植物有细齿叶柃和金锦香等。

图 2-3-37 索康瘦䗛（雄性）

2. 长角棒䗛科（Lonchodidae）

棉管䗛（*Sipyloidea chlorotica*） 体长 73 ~ 91 mm，体型修长，体呈褐色，具暗色斑纹（图 2-3-38）。栖息于海拔 100 ~ 850 m 的山地树林，寄主植物主要为貂皮樟，受惊时会展翅，试图吓退敌人，并释放出有如西洋参味道的刺激性物质。雄性罕见，以孤雌生殖方式繁殖为主。

图 2-3-38 棉管䗛

3. 䗛科（Phasmatidae）

圆粒短肛䗛（*Ramulus rotundus*） 体长 106 ~ 118 mm，体色具两种，为褐色和绿色。全身布满圆形颗粒，腹部较少（图 2-3-39）。栖息于草丛、灌丛和树林，食性广，寄主植物有苎麻、锈毛莓、羊蹄甲和菝葜等。雄性罕见，以孤雌生殖方式繁殖为主。

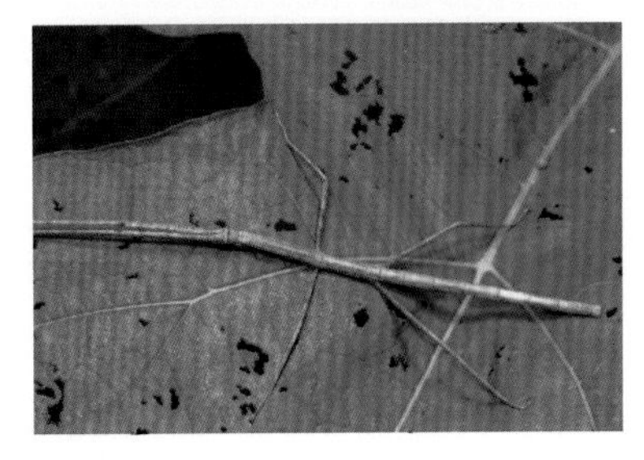
图 2-3-39 圆粒短肛䗛

十三、等翅目（Isoptera）

等翅目昆虫统称白蚁，体小至中型。触角为念珠状。前后翅均为膜质，大小、形状及脉序相似。多型性，通常集体生活，有复杂的社会分工。工蚁体色多为白色、黄色和褐色，无翅，头圆，触角长。兵蚁类似工蚁，但头大，上颚发达。繁殖蚁有两种类型：一类为白色，无翅或仅有翅芽；另一类为有翅的雄蚁和雌蚁（注：2007 年，等翅目撤销，归入蜚蠊目）。

白蚁科（Termitidae）

黄翅大白蚁（*Macrotermes barneyi*） 有翅成虫俗称“大水蚁”。大工蚁体长 6 ~ 6.5 mm，头为深棕色，胸、腹部呈浅棕黄色。头介于圆、方之间，头几乎垂直于腹轴，触角 17 节，第 2 ~ 4 节大致相等。前胸背板约相当于头宽之半，前缘翘起，腹部膨大如橄榄形。小工蚁体长 4.2 ~ 4.4 mm，体色较大工蚁浅，其余形态同大工蚁（图 2-3-40）。

图 2-3-40 黄翅大白蚁

十四、革翅目（Dermaptera）

革翅目昆虫统称蠼螋（qú sōu），为中小型昆虫，略扁。头偏宽，触角为丝状，无单眼，咀嚼式口器。前胸背板发达，方形或长方形。体表革质，有光泽，多为黑色或褐色。有翅或无翅，有翅则前翅特化为极小的革翅；后翅大，膜质，呈扇形或半圆形，休息时纵横折叠在前翅下。腹端有强大尾铗状尾须，不分节。喜栖息于土石、树皮杂草中，杂食性或肉食性。成虫有保护卵和若虫的习性。

球螋科（Forficulidae）

慈螋（*Eparchus insignis*） 体长 8 ~ 10 mm，尾狭长约 4 mm。体型狭小，呈暗褐红色或暗黑色。复眼大而突出，后翅露出部分具 1 对黄斑。腹部两侧有明显瘤突，尾铗细长，接近基部上缘有一大而光滑的瘤状突起，雌虫尾铗直而简单（图 2-3-41）。常栖息于树木缝隙间，或潮湿的地面环境，杂食性，昼伏夜出，具趋光性。

图 2-3-41 慈螋

十五、同翅目（Homoptera）

本目昆虫体小至大型。刺吸式口器从头部腹面后方生出，喙 1 ~ 3 节，多为 3 节。触角短，呈刚毛状、线状或念珠状。前翅质地均匀，为膜质或革质，休息时常呈屋脊状放置，有些蚜虫和雌性蚧壳虫无翅，雄性蚧壳虫后翅退化呈平衡棒；雌性常有发达的产卵器（注：近年来基于形态和分子的支序分析表明，传统的同翅目是并系群，同翅目现已并入半翅目）。

（一）蝉亚目（Cicadomorpha）

蝉亚目昆虫的喙着生在前足基节前面，触角为刚毛状，前翅有明显的爪片，跗节3节，活泼善跳，飞翔能力强。

1. 蜡蝉科（Fulgoridae）

蜡蝉科触角在复眼下方，基部两节呈球形。额常向前延伸，后翅臀部有网状脉。

斑衣蜡蝉（*Lycorma delicatula*）　俗称“花姑娘”“椿蹦”“花蹦蹦”“灰花蛾”等。不同龄期体色变化较大，小龄若虫时，体为黑色，具有许多小白点；大龄若虫通红的身体上有黑色和白色斑纹。成虫体长14 ~ 20 mm，前翅为革质，基部约2/3为淡褐色，翅面具有20个左右的黑点，端部约1/3为深褐色。后翅为膜质，基部鲜红色，具有7 ~ 8个黑点，端部黑色。体、翅表面附有白色蜡粉。头角向上卷起，呈短角突起（图2-3-42）。

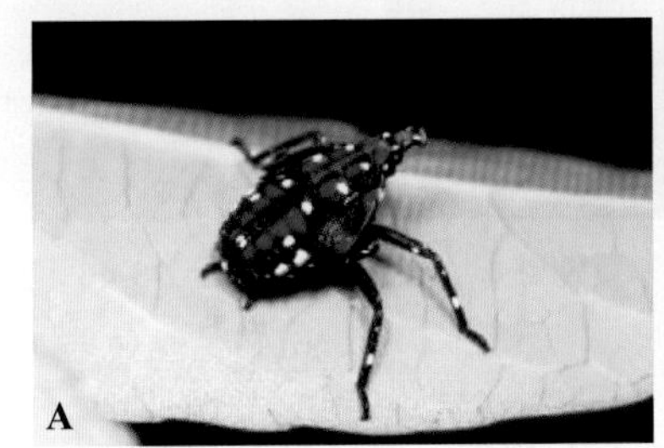

图2-3-42　斑衣蜡蝉

A. 若虫；B. 成虫

龙眼鸡（*Pyrops candelaria*）　别称长鼻蜡蝉。体长20 ~ 23 mm，头突15 ~ 18 mm，翅展70 ~ 81 mm，头背面呈褐色，微带有绿色光泽，头上有向前上方弯曲的圆锥形突起，头腹面散布着不规则的白点。复眼为黑褐色。触角短小。中胸背板前方有4个锥形的黑褐色斑。前翅底色为烟褐色，脉纹网状呈绿色并镶有黄边，使全翅呈现墨绿至黄绿色，后翅为黄色，顶角有褐色区。足为黄褐色（图2-3-43）。主要危害龙眼，此外还危害荔枝、乌桕、黄皮和桑树等植物。

图2-3-43　龙眼鸡

2. 蝉科（Cicadidae）

体中至大型，是同翅目中体型最大的一类昆虫，有些种类体长超过50 mm。触角短，自头前方伸出，单眼3个，呈三角形排列。前足腿节膨大，下喙具刺，若虫蜕下的皮称“蝉蜕”，若虫被真菌寄生则形成“蝉花”，均可入中药。

黄蚱蝉（*Cryptotympana mandarina*）　成虫体长40 ~ 48 mm，翅展125 mm。全

身黑色，具金属光泽。复眼淡赤褐色。头的前缘中央及颊上方各有黄褐色斑 1 块。中胸背板宽大，中央有黄褐色“X”形隆起。前、后翅透明，前翅前缘淡为黄褐色（图 2-3-44）。

黄蟪蛄（*Platypleura hilpa*） 体长 16 ~ 18 mm，体色多为淡黄褐色；前翅花纹斑驳，有金黄色鳞毛；后翅中部为深褐色，前后明黄色，十分显眼。雌雄外观近似，雄蝉腹瓣为淡褐色，且身体腹面具白粉。雌蝉腹部第 7 腹板后有明显的产卵管（图 2-3-45）。

安蝉（*Chremistica ochracea*） 别称薄翅蝉。体长 20 ~ 23 mm，有绿色型和褐色型个体。头部略呈三角形状，眼睛长在头部两端，复眼大，呈淡褐色。两眼间具单眼 3 颗，为红色。头部前缘有 1 条明显的黑色边线（图 2-3-46）。若虫生长于地底，以树根或有机物为食。

图 2-3-44 黄蚱蝉

图 2-3-45 黄蟪蛄

图 2-3-46 安蝉

3. 沫蝉科（Cercopidae）

体长通常 5 ~ 20 mm。后足胫节有 1 ~ 2 个侧刺，有 2 横列端刺。后足基节短而呈锥状。若虫一般隐藏在自身分泌的一团泡沫中，既可防止干燥，又可避敌，故有吹泡虫或泡沫虫之称。一团泡沫中有 1 到多个若虫，最后一次蜕皮后，沫蝉即离开泡沫四处活动，成虫不形成泡沫。

东方丽沫蝉（*Cosmoscarta abdominalis*） 体长 14 ~ 17 mm。头及前胸背板呈紫黑色具光泽。复眼黑褐色，单眼浅黄色。小盾片呈桔黄色，前翅黑色，翅基或翅端部网状脉纹区之前各有 1 条桔黄色横带。其中，翅基的一条极阔，近三角形；翅端之前的 1 条较窄，呈波状。腹节呈桔黄色或桔红色或血红色，侧板及腹板的中央有时为黑色（图 2-3-47）。

图 2-3-47 东方丽沫蝉

4. 叶蝉科（Cicadellidae）

体长 3 ~ 15 mm。单眼 2 个，少数种类无单眼。后足胫节有棱脊，棱脊上有 3 ~ 4 列刺状毛。后足胫节刺毛列是叶蝉科最显著的识别特征。本科已知 20000 余种，我国记载 2000 余种。有些种类的叶蝉不仅危害农作物，而且还传播植物病毒。

大青叶蝉（*Cicadella viridis*） 体长 7 ~ 11 mm。头部正面呈淡褐色，两颊微青，在颊区近唇基缝处左右各有 1 块小黑斑。触角窝上方、两单眼之间有 1 对黑斑。复眼为绿色。前胸背板呈淡黄绿色。小盾片呈淡黄绿色，中间横刻痕较短，不达边缘。前翅呈绿色带有青蓝色泽，前缘淡白，端部透明，翅脉为青黄色，具有狭窄的淡黑色边缘。胸、腹部腹面及足为橙黄色（图 2-3-48）。在世界各地广泛分布。大青叶蝉最多可年生 5 代。主要危害多种植物的叶、茎，使其坏死。此外，还可传播病毒。

图 2-3-48　大青叶蝉

5. 飞虱科（Delphacidae）

飞虱科体长 2 ~ 9 mm，多呈灰白色或褐色，前胸常呈衣领状，中胸为三角形，后足胫节有 2 条大刺，端部有 1 个可动的距（距与刺的区别在于距的基部与体壁连接处可活动）。后足胫节端部有 1 个大距是本科最显著的识别特征。本科有许多种类是经济植物的害虫。

索特纹翅飞虱（*Cemus sauteri*）　体长约 5 mm，前翅近翅端有 1 条宽型的弧状纹，内透空有 2 条黑褐色斜斑，翅脉呈灰白色，有密生黑色细斑点（图 2-3-49）。

图 2-3-49　索特纹翅飞虱

（二）木虱亚目（Psyllomorpha）

木虱亚目为小型昆虫，活泼善跳。触角有 10 节，呈丝状，末端分叉，着生在复眼的前方。单眼 3 个；喙 3 节，自前足基节间生出。跗节 2 节，后足基节有疣状突起，胫节端部有刺。若虫多有蜡腺，可分泌蜡质保护物，有的形成虫瘿，有的产生蜜露，常有蚂蚁伴随。成虫和若虫均刺吸植物的汁液，农林害虫。我国华南地区常见的种类有华卵痣木虱（*Macrohomotoma sinica*）等。

同木虱科（Homotomidae）

华卵痣木虱(*Macrohomotoma sinica*)　体长 4 ~ 5 mm，翅展 8 ~ 10 mm。体为黄褐色至暗褐色。头部下倾，微缩；复眼半球形，呈深褐色或红色，单眼淡红；头顶平，为黄褐色。小盾片呈黑色，其角突钝圆；足黄色，前足胫节褐色，各足胫节末端具 1 圈较粗的刚毛，前翅透明，卵形而端尖（图 2-3-50）。

图 2-3-50　华卵痣木虱

（三）蚜亚目（Aphidomorpha）

蚜亚目昆虫是小型多态昆虫，同种间有无翅型和有翅型。触角 3 ~ 6 节，有原生和次生两种不同的感觉器。趾节 2 节，第 1 节很短，腹部常有腹管，末节背板和腹板分别形成尾片和尾板。如有翅，则前翅比后翅大，前翅有翅痣。

蚜科（Aphididae）

图 2-3-51 桃粉大尾蚜

体长 1 ~ 7 mm，但多数体长约 2 mm。有时被蜡粉，但缺蜡片。触角 3 ~ 6 节，少数 5 节，罕见 4 节，触角次生感觉圈为圆形，罕见椭圆形，末节端部常长于基部。眼大，有多个小眼面，常有突出的 3 个小眼面。部分种类是经济植物的主要害虫，可传播许多种植物病毒，造成更大的危害，如桃粉大尾蚜（*Hyalopterus persikonus*）（图 2-3-51）。

（四）粉虱亚目（Aleyrodomorpha）

本目昆虫触角有 7 节，其中第 2 节膨大。跗节 2 节，等大。雌性和雄性均有翅，翅上有白色蜡粉。若虫、成虫腹部末端背面均有管状孔，用以刺吸植物汁液，是多种木本植物及温室中栽培植物的主要害虫。

粉虱科（Aleyrodidae）

黑刺粉虱（*Aleurocanthus spiniferus*） 成虫体长 0.95 ~ 1.35 mm，体、翅均为紫褐色，前翅周缘有 7 个白斑，后翅为淡褐色，无斑。体表薄覆白色蜡粉，腹红色。卵呈香蕉形，长 0.21 ~ 0.26 mm，附于叶背。幼虫黑色，共 3 龄，躯体周围分泌白色的蜡质物。蛹为椭圆形，背脊两侧具 19 对黑刺，周缘有 10 对（雄）或 11 对（雌）黑刺，周围附有白色绵状蜡质边缘。若虫定居寄主叶背刺吸汁液，并排泄“蜜露”，导致烟煤病的发生，枝叶上覆盖一层煤污状黑霉，使树势减退，芽叶稀瘦（图 2-3-52）。我国各主要产茶省都有分布，以长江中、下游受危害较重。

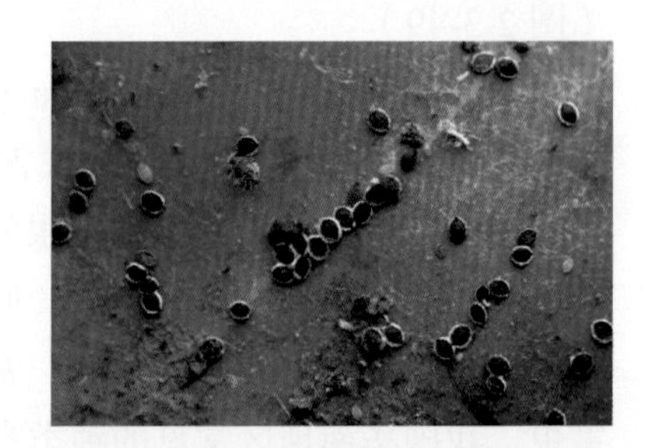
图 2-3-52 黑刺粉虱（若虫）

十六、半翅目（Hemiptera）

半翅目昆虫统称蝽或椿象，身体扁平，背面平坦，呈六角形或椭圆形，体壁较坚硬。翅 2 对，前翅为半鞘翅，后翅膜质。口器呈刺吸式，喙管通常 3 ~ 4 节；触角 4 ~ 5 节，多为丝状。复眼发达，突出于头部两侧。单眼 2 个，位于复眼稍后方。少数种类无单眼。多数种类具有发达的臭腺，其分泌物在空气中挥发，产生异常气味（含苯类成分），可用于防卫。

（一）隐角亚目（Cryptocerata）

本亚目昆虫触角比头部短，隐藏在复眼下的沟中，多为水生种类。

1. 负子蝽科（Belostomatidae）

体长 9 ~ 110 mm。前足捕捉式，腹部末端的呼吸管短而扁，能缩入。触角 4 节，前 3 节一侧具有叶状突起。成虫臭腺发达。大型的印度鳖蝽（*Lethocerus indicus*）

（图 2-3-53）可食用。其多生活在静水中，常附着在水草上静伺捕食猎物，趋光性强。雌性产卵于雄性背上，后者常游到水面或用足划水使卵得到充足的氧气，以利孵化。

图 2-3-53　印度鳖蝽

2. 仰蝽科（Notonectidae）

体长 5 ~ 15 mm。较狭长，身体向后逐渐狭尖，呈流线型。本科昆虫身体比水轻，一放开抓住的水底植物就可浮上来，到了水面，就能跳出水面而飞走，或在翅下方和身体周围贮存空气后再沉入水中。游泳时背朝下，背部隆起似船底；足长，划水如桨。背面色浅，从下面看与水面和天空不分；其余部分色暗，从上面看与水底不分，这是典型逆向着色的隐匿色类型，如华粗仰蝽（*Enithares sinica*）（图 2-3-54）。捕食飞蛾、蜂类等掉落水面的小型昆虫。我国各地均有分布。

图 2-3-54　华粗仰蝽

3. 蝎蝽科（Nepidae）

体长 15 ~ 45 mm。头部扁平，触角第 2 节或第 2、3 两节有指状突起。前足捕捉式，中、后足细长，适合步行。各足跗节均为 1 节。生活在静水中，不善游泳，足在水中运动也采取爬行的方式，取食各种小动物，如华壮蝎蝽（*Laccotrephes chinensis*）（图 2-3-55）。

图 2-3-55　华壮蝎蝽

（二）显角亚目（Gymnocerata）

本亚目昆虫触角至少等于头部的长度，有 4 ~ 5 节，显露，臭腺发达，植食性，多为陆生种类。

1. 蝽科（Pentatomidae）

蝽科是半翅目中最常见的类群之一，由于体型较大且多营暴露生活，因而为人们所熟知。体小型至大型，多为椭圆形，背面一般较平，体色多样。触角 5 节，极少数 4 节。有单眼，前胸背板常为六角形。小盾片发达，呈三角形或舌状。喙 4 节。后足胫节无强刺或有小刺。臭腺发达。大多为植食性，一些种类是农林害虫。

稻绿蝽（*Nezara viridula*）　体长 13 mm 左右。具多种不同色型，基本色型个体全体绿色，或除头前半区与前胸背板前缘区为黄色外，其余为绿色。部分个体表现为虫体大部分橘红色，或除头胸背面

图 2-3-56　稻绿蝽

具浅黄色或白色斑纹外，其余为黑色（图 2-3-56）。危害多种作物及杂草。稻绿蝽以成虫在各种寄主上或背风荫蔽处越冬，在我国华南地区可年生 3 代。

麻皮蝽（*Erthesina fullo*） 体长 18 ~ 25 mm，体为黑褐色，密布黑色刻点及细碎不规则黄斑。头部狭长。触角 5 节，呈黑色，第 1 节短而粗大，第 5 节基部 1/3 为浅黄色。头部前端至小盾片有 1 条黄色细中纵线。前胸背板前缘及前侧缘具黄色窄边。胸部腹板为黄白色，密布黑色刻点。各腿节基部 2/3 为浅黄色，两侧及端部黑褐色，各胫节为黑色，中段具淡绿色环斑，腹部侧接缘各节中间具小黄斑，腹面黄白，节间黑色，两列散生黑色刻点，气门黑色，腹面中央具一纵沟，长达第 5 腹节（图 2-3-57）。栖息于平地至低海拔山区，成虫及若虫均以锥形口器吸食多种植物汁液，为常见椿象。

图 2-3-57 麻皮蝽

茶翅蝽（*Halyomorpha halys*） 体长 12 ~ 16 mm，身体扁平略呈椭圆形，前胸背板前缘具有 4 个黄褐色小斑点，呈一横列排列，小盾片基部大部分个体均具有 5 个淡黄色斑点，其中位于两端角处的 2 个较大。不同个体体色差异较大，多为茶褐色、淡褐色，亦有灰褐色略带红色的个体（图 2-3-58）。栖息于低海拔山区，成虫及若虫喜欢群聚，以苦楝、柿子、柑橘、桃、李等果树的茎枝汁液为食，为常见椿象。

图 2-3-58 茶翅蝽

大臭蝽（*Chalcopis glandulosa*） 体长 26 mm，体色为褐色至淡褐色，前胸背板宽大，具褶皱的纹理及细黑色斑点，侧角至后缘弧形，小盾片两基角处各有 1 个近椭圆形的暗绿色大斑，具光泽。前翅膜片淡黄，透明。侧接缘外露，具细刻点。足为黄褐色或棕褐色或黑色。腹部腹面呈暗红褐色（图 2-3-59）。栖息于低矮的禾本科草丛，芒草上较易发现。

图 2-3-59 大臭蝽

2. 土蝽科（Cydnidae）

为小型至中大型昆虫。体呈褐色、黑褐色或黑色，个别种类有白色或蓝白色花斑。触角多为 5 节，少数 4 节，较短粗。小盾片长约为前翅之半或更长，部分种类小盾片较长而端部宽圆。前足胫节扁平，两侧具强刺，适合开掘。中、后足顶端具刷状毛。栖息于地表和地被物下，或在植物的根际间、土缝中生活，吸食植物根部或茎部的汁液。有些种类的土蝽成虫有护卵的习性，若虫有群集的习性。土蝽能排出强烈的

图 2-3-60 侏弗土蝽

臭气，一些种类有趋光性，如侏弗土蝽（*Fromundus pygmaeus*）（图 2-3-60）。

3. 盾蝽科（Scutelleridae）

体小型至中、大型。背明显圆隆，腹面平坦，卵圆形。多数种类具有鲜艳的色彩和花斑。头多短宽。触角 4 或 5 节。小盾片极大，呈“U”形，能盖住整个腹部和前翅的绝大部分。前翅与体等长，膜片不能折回。臭腺发达。植食性，油茶宽盾蝽等部分种类为农林害虫。

桑宽盾蝽（*Poecilocoris druraei*） 体长约 18 mm，体色艳丽，色型变化极大，多数以橙红色为底，缀以蓝色或黑色的斑纹（图 2-3-61）。常见于中低海拔地区，寄主植物为桑树、油茶等。

大盾背蝽（*Eucorysses grandis*） 旧称丽盾蝽。体长 20 ~ 26 mm，常见的个体背部主体呈白色，亦有橙黄色的个体。头部中央具黑色纵带，头部、前胸后缘具黑色的横带，盾背有 3 枚黑色大斑，各足腿节有蓝色的金属光泽（图 2-3-62）。栖息于低、中海拔山区。

图 2-3-61 桑宽盾蝽

图 2-3-62 大盾背蝽

4. 龟蝽科（Plataspiddae）

体小型至中型。体短宽，梯形或倒卵形，后缘多数平截，腹面平而背面圆隆。黑色有光泽，常具黄色斑纹。与盾蝽科外观相似，但体小而圆，前翅较体长，膜片能折回。前胸背板侧缘前部成叶状向两侧扩展。常成群聚集，可发出强烈的臭气。以豆科植物为寄主的种类很多。常见的有圆龟蝽、豆龟蝽等。

筛豆龟蝽（*Megacopta cribraria*） 体小型，体长 4 ~ 5mm，淡黄褐或黄绿色，具微绿光泽，密布黑褐色小刻点，略带金属光泽；体形为卵圆形，背面隆起。小盾片极发达，覆盖整个腹部（图 2-3-63）。寄主植物主要为豆科植物。

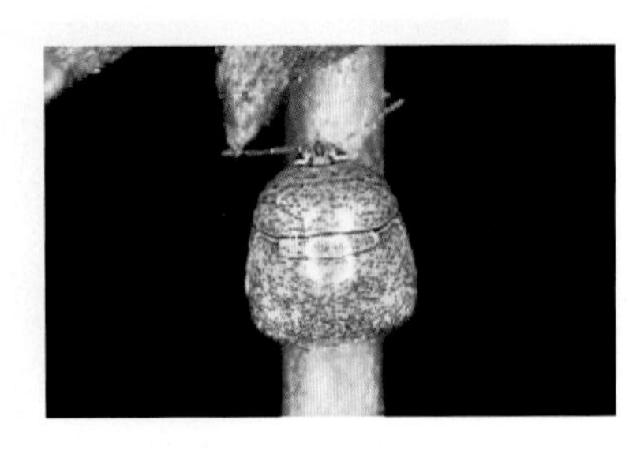
图 2-3-63 筛豆龟蝽

5. 缘蝽科（Coreidae）

体中到大型。体形多样，常为椭圆形。体呈黄、褐、黑褐或鲜绿色，个别种类有鲜艳的花斑。常分泌强烈的臭味。触角 4 节，喙 4 节，有单眼，翅的膜片上有 8 ~ 9 条脉。全部为植食性，许多种类对作物造成危害。

稻棘缘蝽（*Cletus punetiger*） 体长 10 mm 左右；体呈黄褐色，狭长；触角第 4 节呈纺锤形；前胸背板侧角（棘突）细长，稍向上翘，末端黑（图 2-3-64）。喜在灌浆期至乳熟期的稻穗及穗茎上群聚。

一点同缘蝽（*Homoeocerus unipunctatus*） 体长 12 ~ 14 mm，体褐色，密部黑褐色斑点。小盾板中央具 1 块黑斑，每片革翅中间位置各有 1 个小黑点（图 2-3-65）。栖息于平地至低、中海拔山区，寄主主要为豆科植物，为常见种。

图 2-3-64 稻棘缘蝽

图 2-3-65 一点同缘蝽

6. 猎蝽科（Reduviidae）

体小型至大型，体长最大可达 50 mm。体形极其多样，多数种类体壁坚硬，呈黄色、褐色或黑色，不少种类有鲜红的色斑。头部常在眼后变细长。触角 4 节，喙 3 节。许多种类的前足特化为捕捉足。几乎全部为捕食性，以捕捉昆虫和蜘蛛等小型节肢动物为食。

彩纹猎蝽（*Euagorus plagiatus*） 体长 13 ~ 15 mm，体修长，前胸背板红褐色，中央具一条深色宽广纵带，与小盾板外侧形成一条纵斑。小盾片红褐色，爪片黑色，前胸背板侧角具黑色的长尖刺，上翅外缘淡黄色，各足褐色或黑褐色，关节处红褐色（图 2-3-66）。栖息于低海拔山区的树林里。

晦剑猎蝽（*Lisarda rhypara*） 体黑褐色，头前端呈刺状前伸；触角褐色；前胸背板前叶为黑色，凹凸不平且具皱褶，后叶褐色；侧角呈短刺状；侧缘为褐色，端部黑褐色；小盾片黑色，末端刺状突起；各足胫节近端部腹面具一黑刺，前足胫节黑色且基部具黄斑，中、后足胫节两端黑褐色（图 2-3-67）。

图 2-3-66 彩纹猎蝽

图 2-3-67 晦剑猎蝽

7. 臭虫科（Cimicidae）

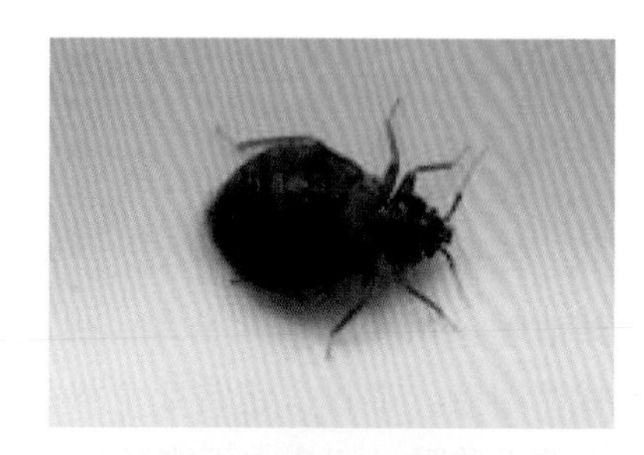
图 2-3-68 温带臭虫

通称臭虫。体小型到中型，卵圆形，扁平、红褐色。外观几乎无翅。无单眼，触角 4 节，喙 3 节。翅退化，仅留下前翅基部三角形的残痕。其中温带臭虫（*Cimex lectularis*）（图 2-3-68）和热带臭虫（*Cimex hemipterus*）会在居室内吸食人血。

8. 黾蝽科（Gerridae）

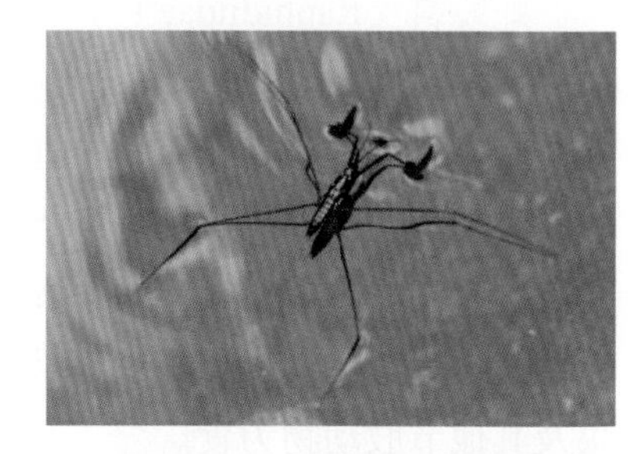
图 2-3-69 虎纹毛足涧黾蝽

通称水黾，世界性分布。除少数种类外，全身覆盖由微毛组成的拒水毛；前足粗短变形，具抱握作用；中、后足极细长，向侧方伸开。几乎终身生活在水面，包括湖泊、池塘等静水水面和溪流等流动水面，以掉落在水上的其他昆虫或其他动物的碎片等为食。如虎纹毛足涧黾蝽（*Ptilomera tigrina*）（图 2-3-69）。

十七、广翅目（Megaloptera）

本目昆虫体多粗壮，触角为丝状、念珠状或栉齿状，头部前口式，口器为咀嚼式，前胸呈方形，翅膜质宽大，脉序多，呈网状，但翅缘不分叉，跗节 5 节。多栖息于溪流附近或其他凉爽、潮湿的环境中，幼虫水生。

1. 齿蛉科（Corydalidae）鱼蛉亚科（Chauliοinae）

缘点斑鱼蛉（*Neochauliodes bowringi*） 成虫前翅长 30 mm 左右。体为褐色，头部唇基区为黄褐色。雌性触角近锯齿状。前胸背板近侧缘具 2 对窄的黑斑；中后胸背板各具 1 对黑斑。前翅散布很多近圆形的褐色斑点，并在前缘区基部最密集且颜色最深（图 2-3-70）。

2. 齿蛉科（Corydalidae）齿蛉亚科（Corydalinae）

普通齿蛉（*Neoneuromus ignobilis*） 体长通常在 40 mm 以上，翅展 100 mm 左右。头部和胸部呈黄褐色，前胸两侧各有 1 条宽的黑色带，翅面端半部呈黄褐色或褐色而翅基半部几乎无色，腹部为黑褐色（图 2-3-71）。通常在溪流边活动。

图 2-3-70 缘点斑鱼蛉

图 2-3-71 普通齿蛉

十八、蛇蛉目（Raphidioptera）

蛇蛉目昆虫的头部位于延长的前胸上，可以高高抬起，像是一条抬头的小蛇，故名“蛇蛉”。口器咀嚼式。触角长，丝状。两对翅相似，膜质，透明，翅痣明显。翅脉清晰，在外缘不分小叉。腹部10节。雄性外生殖器明显；雌性有一细长而扁的针状产卵器。本目仅包含2个科，有单眼，翅痣内有横脉的为蛇蛉科（Raphidiidae）；头部无单眼，翅痣内无横脉的为盲蛇蛉科（Inocellidae）。

蛇蛉科（Raphidiidae）

某种蒙蛇蛉（*Mongoloraphidia* sp.） 头部呈独特的细长形，自复眼前方向后逐渐收窄，宛如脖颈状，复眼圆润且明显外凸，位于头部两侧，具3个单眼。前翅透明，翅脉清晰复杂，翅痣明显（图2-3-72）。幼虫与成虫皆为肉食性，以小型昆虫及其他节肢动物为食。

图2-3-72 某种蒙蛇蛉

十九、鞘翅目（Coleoptera）

鞘翅目是昆虫纲最大的目，通称甲虫，因昆虫体壁坚硬，特别是前翅角质化而得名。世界已知约40万种，约占动物界已知种类总数的1/4。体壁坚硬。触角通常11节，类型多样，呈丝状、棍棒状、锯齿状、梳齿状、念珠状、鳃片状和膝状等。口器咀嚼式。复眼较发达，有的退化或消失，有的分裂为上下两个。前翅角质化，坚硬，无翅脉，称为鞘翅，静止时覆在背上，盖着中后胸以及大部或全部腹节。后翅为膜质，纵横折叠藏于鞘翅下。足具有各种形态变异，适于急走、游泳、跳跃、挖掘或攫取。雄性外生殖器具有明显的种间差异，是种类鉴定的重要依据。

鞘翅目也是昆虫纲中分布最广的一目，除海洋外，陆地、空中和各种水域中均有分布，尤以陆生种类最多。其食性很复杂，有腐食性、粪食性、尸食性、植食性、捕食性和寄生性等，植食性的种类有很多是农林业害虫。

（一）肉食亚目（Adephaga）

肉食亚目的昆虫绝大多数为肉食性种类，本亚目的特征为：前胸有背侧缝，后足基节固定在后胸腹板上，不能活动，并将第1腹板完全分开，前胸背板与侧板明显分界，跗节5节，触角多为丝状。本亚目常见的有以下4科。

1. 虎甲科（Cicindelidae）

体中型，呈长圆柱形，具金属光泽和鲜艳的斑纹，头为下口式，比胸部略宽，触角间距小于上唇的宽度。

金斑虎甲（*Cosmodela aurulenta*） 成虫体长18 mm左右；身体常具金属光泽；头大，复眼突出；头胸大部分为铜红色，部分为蓝绿色，前胸长宽近于相等，两侧平行；鞘翅底色深蓝，无光泽，侧缘绿色，基部和中缝为铜红加绿色，前翅各有 3 个大黄斑或白斑，加上基部外侧还各有 1 个小色斑，一共 8 个色斑，故又名八星虎甲（图 2-3-73）。

长胸缺翅虎甲（*Tricondyla pulchripes*）　体长约 30 mm，体棕红色。复眼突出，前胸狭长，膜质翅膀退化而不能飞行（图 2-3-74）。白天活动，多在地上疾走觅食小虫，也会爬到树干上。

图 2-3-73　金斑虎甲

图 2-3-74　长胸缺翅虎甲

2. 步甲科（Carabidae）

体小到大型，体色多为黑褐色，许多种类鞘翅具色斑，有光泽，头小于胸部，前口式，复眼大，触角 11 节，触角间距大于上唇的宽度。

图 2-3-75　四斑长唇步甲

四斑长唇步甲（*Dolichoctis tetraspilotus*）　小型步甲种类，体长约 4 mm，头部及胸部为深棕色至黑色。鞘翅黑色，具 4 个黄斑（图 2-3-75）。昼伏夜出，活跃于树干上，具趋光性。

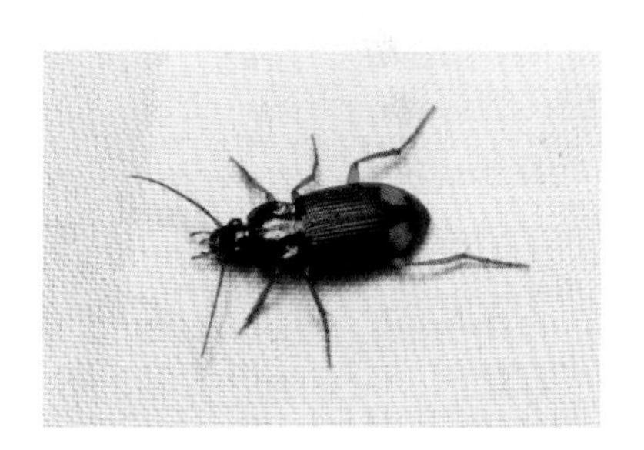

图 2-3-76　方胸青步甲

方胸青步甲（*Chlaenius tetragonoderus*）　头部为金属绿色，触角为黄褐色；前胸背板为金属绿色，略方，有细刻点，但无毛；足为黄色；鞘翅为黑色，近端部 1/3 处有一对黄斑（图 2-3-76）。

3. 芫菁科（Meloidae）

中小型昆虫，体长 3 ~ 30 mm，体为长圆筒形，呈黑色或黑褐色，有部分种类色泽鲜艳。头为下口式，与身体几乎垂直，具有较细的颈。触角 11 节，呈丝状或锯齿状。前胸一般较鞘翅基部狭窄。鞘翅完整或变短，有时极度分离。足细长，跗节式为 5-5-4，爪纵裂为 2 片，前足基节窝开放。

图 2-3-77　毛胫豆芫菁

毛胫豆芫菁（*Epicauta tibialis*）　体长 15 ~ 23 mm。体为黑色，头部为橙红色，体壁柔软，无长毛（图 2-3-77）。成虫有时大量聚集，主要取食豆科植物；幼虫取食蝗虫卵块。

4. 龙虱科（Dytiscidae）

体小到大型，多数种类体长 10 mm 以下，体色多为深绿色至黑色；体背、腹面均隆凸，体形流线形；头小，部分隐藏在前胸背板下；触角 11 节，一般超过前胸背板长度；足较短，后足为游泳足，远离前中足，跗节扁平具游泳毛；雄性前足跗节膨大，形成抱握足，繁殖期会用分泌出的黏性物质抱住雌性。

毛茎斑龙虱（*Hydaticus rhantoides*） 体长约 11 mm。头及前胸背板呈黄色或棕黄色；鞘翅为黄色，有十分密集的小黑斑或棕黑斑，头部具大小不一的密集的两种浅刻点，无网纹（图 2-3-78）。肉食性，捕食水生昆虫、小鱼和小虾等。

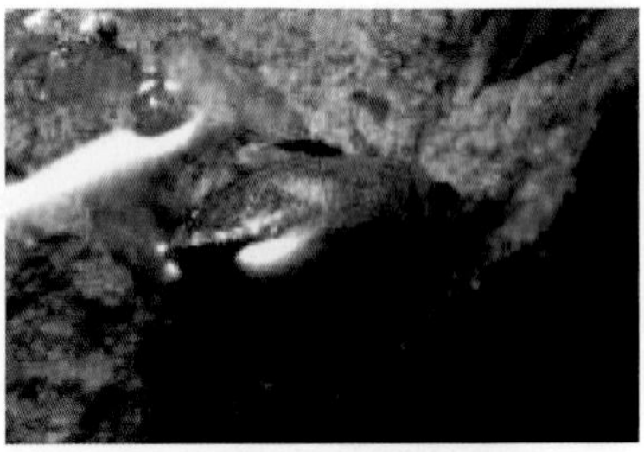

图 2-3-78 毛胫斑龙虱

（二）多食亚目（Polyphaga）

头部正常，第 1 腹节腹板不被后足基节窝分割，3 对足的跗节数不一，后足基节不固定在后胸腹板上，前胸背板与侧板无明显分界，头不呈喙状，外咽缝明显分开。

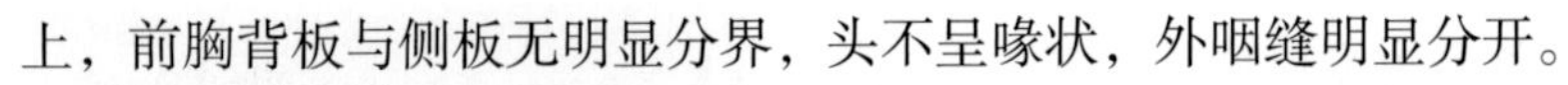

1. 金龟科（Scarabaeidae）花金龟亚科（Cetoniinae）

身体扁宽，体色美丽，上唇退化或膜质。鞘翅外缘凹入，中胸腹板有圆形向前的突出物，成虫白天活动，常钻入花朵取食花粉、花蜜，咬坏花瓣和子房，故有“花潜”之称。

暗蓝异花金龟（*Thaumastopeus nigritus*） 体长约 30 mm，体型狭长，釉亮，体表呈黑色或微带蓝或绿色。鞘翅较平，肩后外缘几乎不弯曲。中胸腹突细长，两侧明显变窄。小盾片被前胸延伸覆盖（图 2-3-79）。

图 2-3-79 暗蓝异花金龟

2. 金龟科（Scarabaeidae）丽金龟亚科（Rutelinae）

体呈蓝、绿、褐、黄和赤等色，具金属光泽。爪不对称，尤其是后爪更为明显。鞘翅往往有膜质的边缘，多食性。常危害森林和果树。常见的有大绿异丽金龟（*Anomala virens*）（图 2-3-80）等。

图 2-3-80 大绿异丽金龟

3. 叩甲科（Elateridae）

前胸背板与鞘翅相接处凹下，后侧角突出成锐刺，前胸腹板有一楔形突插入中胸腹板的沟内，作为弹跳的工具，跗节式为 5-5-5。

丽叩甲（*Campsosternus auratus*） 俗称“叩头虫”“磕头虫”。体长 36 ~ 44 mm。体色有深绿色、绿褐色、蓝绿色等不同的颜色，具明显的金属光泽；鞘翅呈金绿色，有铜色闪光（图 2-3-81）。寄主植物为松树和杉树等。

4. 吉丁科（Buprestidae）

吉丁科昆虫很像叩甲，大多数具有美丽的金属光泽，身体流线型。前胸和中胸紧密相接，不能弹跳。前胸背板宽大于长，与鞘翅相接处在同一弧线上，后胸腹板上具横缝，跗节式为5-5-5。幼虫体扁，以钻蛀枝干为食，俗称吉丁虫，如胸斑吉丁（*Belionota prasina*）（图2-3-82）。

图 2-3-81　丽叩甲

图 2-3-82　胸斑吉丁

5. 瓢虫科（Coccinellidae）

体呈半球形，头小，紧嵌入前胸，触角呈短锤状，从背面不易看到，鞘翅有缘折，第1腹板上有后基线，跗节为隐4节式。如七星瓢虫等多个种类是重要的益虫。

六斑月瓢虫（*Cheilomenes sexmaculata*）　体长4 ~ 7 mm，长圆形，不同个体间斑纹变化大。头为淡黄色，有时在前缘中部有1个三角形黑斑。复眼为黑色，触角、口器呈褐色。前胸背板、前角、前缘为淡黄色，前缘黄色条均宽，两前角处各有1个黄色大斑，斑向中、后方向斜伸，留下黑色呈“工”字形。小盾片为黑色（图2-3-83）。幼虫均可取食蚜虫和木虱等农业害虫。

马铃薯瓢虫（*Henosepilachna vigintioctomaculata*）　成虫体长约5 mm，前胸背板中央通常具有1个大的黑色剑状斑纹，两鞘翅合缝处有1 ~ 2对黑斑相连，鞘翅基部3个黑斑与后方的4个黑斑不在一条线上（图2-3-84）。植食性，取食包括茄科、豆科、葫芦科、菊科和十字花科等植物。

图 2-3-83　六斑月瓢虫

图 2-3-84　马铃薯瓢虫

6. 天牛科（Cerambycidae）

小至大型昆虫，体长4 ~ 65mm，身体狭长。触角长，鞭状，通常11节，长度一般超出身体。复眼呈肾状，围绕触角基部。跗节为隐5节，其第4节藏在第3节里面，外表看起来好像只有 4 节。多数天牛幼虫营钻蛀木材为生，是危害林业的害虫。

榕八星白条天牛（*Batocera rubus*） 大型天牛种类，体长 30 ~ 46 mm。体赤褐或绛色，头、前胸及前足腿节颜色较深，有时接近黑色。体被绒毛，背面的较稀疏，呈灰色或棕灰色；腹面的较长而密，呈棕灰色或棕色，有时略带金黄色，两侧各有一条相当阔的白色纵纹。前胸背板有 1 对桔色白斑，小盾片密生白毛；每一鞘翅上各有 4 个白色圆斑（图 2-3-85）。榕八星天牛是榕树树干的重要害虫之一，栖息于低海拔山区及林缘，幼虫寄生于大型榕属乔木，成虫夜晚具趋光性。

台湾粉天牛（*Olenecamptus taiwanus*） 中型天牛，体长约 20 mm。体为浅棕色，触角修长，约为体长的 3 倍。小盾片为白色，前翅具 6 个斑纹，通常上方 1 对斑纹呈黄色，其余呈白色（图 2-3-86）。

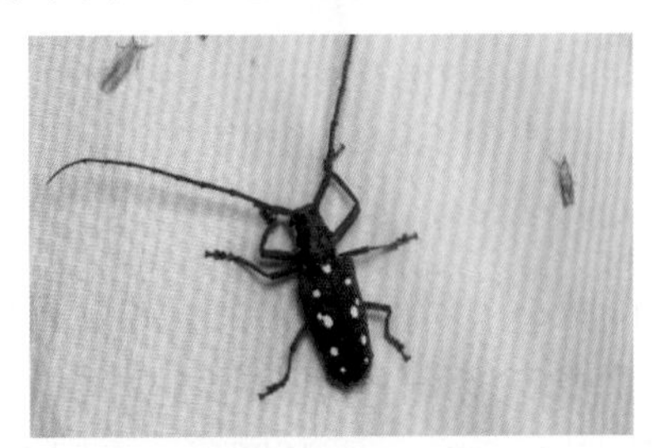

图 2-3-85 榕八星白条天牛

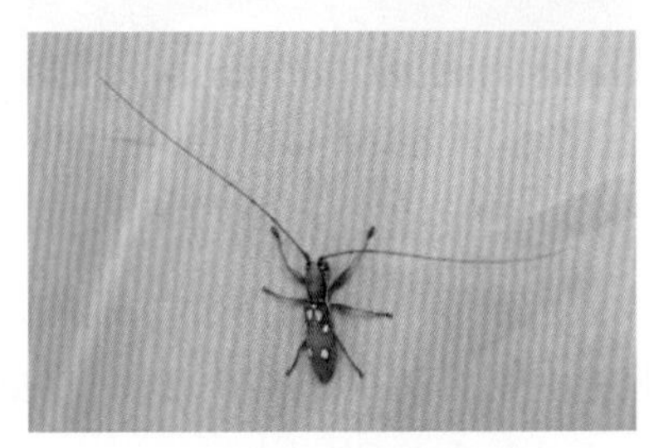

图 2-3-86 台湾粉天牛

7. 萤科（Lampyridae）

触角有 11 节，呈丝状或梳齿状，跗节式为 5-5-5。雌雄二型性，雌性常无翅呈幼虫状，发光器在腹部倒数第 1 腹节腹面；雄性前胸背板发达并盖住头部，前翅为软鞘翅，发光器在腹部倒数第 1 ~ 2 腹节腹面。

金边窗萤（*Pyrocoelia analis*） 雌雄二型性。雄萤体长 15 mm，头呈黑色，完全缩进前胸背板；触角黑色，锯齿状。复眼较发达。前胸背板为橙黄色，宽大，钟形。胸部腹面橙黄色，各足基节及腿节大部分为黑色，腿节末端、胫节及跗节黑色。腹部黑色，发光器两节，乳白色，带状，位于第 6、第 7 腹节。雌萤体长 25 mm。体橙黄色，腹部背板褐色。翅退化，仅有 1 对褐色短小翅芽，翅芽边缘黄褐色。发光器乳白色，四点分布（图 2-3-87）。捕食蜗牛、蛞蝓等危害农林植物的软体动物，具有重要的应用价值及观赏价值。

图 2-3-87 金边窗萤

8. 叶甲科（Chrysomelidae）

叶甲科种类丰富，广布于各种自然环境中。该科成虫多有艳丽的金属光泽。跗节为隐 5 节。头型为亚前口式，唇基不与额愈合。触角不伸达体长之半，丝状或近似念珠状。

三带隐头叶甲（*Cryptocephalus trifasciatus*） 体长 6 ~ 8 mm，身体为橙色，胸

背板带有黑色斑纹，鞘翅上有 3 行黑色宽横纹（图 2-3-88）。

9. 拟步甲科（Tenebrionidae）

本科昆虫体小型至大型，体形变化非常大，有圆筒形、长圆形、扁平形、琵琶形等身形。触角通常 11 节，呈丝状、念珠状、棍棒状、锯齿状等。复眼通常小而突出。足细长，跗节式通常为 5-5-4。鞘翅完整，末端圆，有些种类具明显翅尾。翅面光滑，或有条纹、毛带、瘤突或脊突。

亚刺土甲（*Gonocephalum subspinosum*） 体长 8.5 ~ 11 mm。头部前缘凹入较深，颊三角形向外突出，距复眼外缘很远，几乎比前胸背板前角的外缘宽。前胸背板前缘深凹，中间近于宽直，前角呈钝三角形。胸部背板隐约可见“M”形凸起纹路（图 2-3-89）。

图 2-3-88 三带隐头叶甲

图 2-3-89 亚刺土甲

10. 象甲科（Curculionidae）

头部下伸成喙状，喙向下弯曲，触角呈膝状弯曲，跗节式为 5-5-5。

毛束象（*Desmidophorus hebes*） 体长约 10 mm。体壁为黑色，被覆黑毛，具黑色毛束，鞘翅基部两侧的短带和端部的鳞片为淡黄色。喙粗且短（图 2-3-90）。

中国癞象（*Episomus chinensis*） 体长 13 ~ 16 mm，鞘翅高度隆凸，外缘无切口，翅坡较倾斜；翅坡端部缩成水平的锐突（图 2-3-91）。

图 2-3-90 毛束象

图 2-3-91 中国癞象

二十、长翅目（Mecoptera）

长翅目昆虫通称蝎蛉，小至中型，体细长。头部不同程度向腹面延伸成喙状，咀嚼式口器位于喙末端。复眼发达，单眼 3 个或缺。触角为丝状，多节。前胸短小，中、后胸正常。足多细长，基节尤长，跗节数为 5 节。翅狭长、膜质，前、后翅大小、形状和翅脉相似，少数种类翅退化或消失。

蝎蛉科（Panorpidae）

卡本特新蝎蛉（*Neopanorpa carpenteri*） 形态特殊的昆虫，口器向下延伸，翅膜质，具光泽和黑色斑纹，雄性腹部末端膨大并向背部弯曲如蝎型，雌性腹部正常（图2-3-92）。喜栖息于未被破坏的林地，在荫庇处寻找食物。

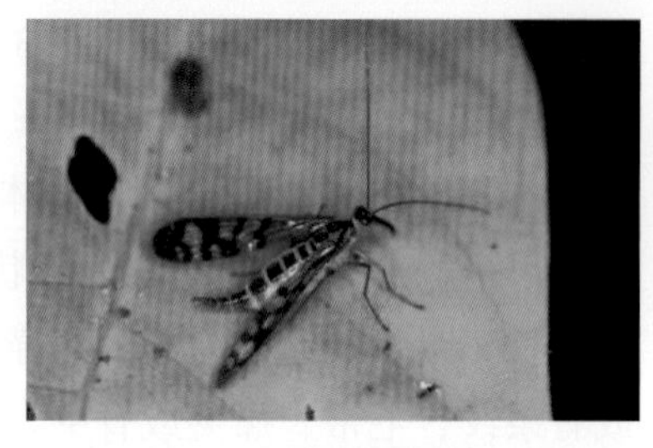

图2-3-92 卡本特新蝎蛉（雌性）

二十一、脉翅目（Neuroptera）

头为下口式，成虫口器咀嚼式，前胸常短小，两对翅的形状、大小和脉相都很相似，翅脉密而多，呈网状，在边缘多分叉，少数种类翅脉少而简单。本目绝大多数种类的成虫和幼虫均为肉食性，捕食蚜虫、叶蝉、粉虱、蚧、鳞翅目幼虫和卵，以及螨虫等，其中不少种类在害虫的生态控制中起着重要作用。

1. 草蛉科（Chrysopidae）

本科多数种类呈绿色，具金属或铜色复眼。触角呈长丝状。

某种叉草蛉（*Pseudomallada* sp.） 体长约15 mm，身体和翅脉呈绿色；复眼为半球形，突出于头两侧；触角呈线状，细长且多节；口器上颚发达；翅宽大且透明，后翅较窄；卵具细长的丝柄，是雌性保护后代的一种方式（图2-3-93）；幼虫被称为“蚜狮”，以蚜虫等小型昆虫为食。

2. 蚁蛉科（Myrmeleontidae）

本科昆虫触角短，等于头部与胸部长度之和，末端膨大，形态与豆娘很相似，翅狭长，翅痣不明显，幼虫后足开掘式。

某种距蚁蛉（*Distoleon* sp.） 大型健壮种类，头部至翅末端可达50 mm；触角较短，端部膨大呈棒状；胸部具白色长毛；足短粗且多毛；翅透明且狭长，翅脉呈网状（图2-3-94）；幼虫被称为“蚁狮”，在沙土中做漏斗状穴，捕食滑落穴中的蚂蚁等昆虫。

图2-3-93 某种叉草蛉

图2-3-94 某种距蚁蛉

3. 蝶角蛉科（Ascalaphidae）

体大型，外形极似蜻蜓：触角为棍棒状，一般长于前翅的一半，有明显的翅痣，翅痣下的翅室短。

黄脊蝶角蛉（*Ascalohybris subjacens*） 大型种类，体长约45 mm；触角细长，

图 2-3-95 黄脊蝶角蛉

端部膨大呈棍棒状；头部复眼大而突出，头部背面至腹部末端具长条形黄带，在腹部呈连续规律变化的黄斑；翅透明宽大，具翅痣（图 2-3-95）。

二十二、毛翅目（Trichoptera）

本目成虫为小型到中型，外形似蛾类，称为石蛾。口器为咀嚼式，翅面密布毛，后翅臀区发达。幼虫称为石蚕，水生，身体柔软。部分种类的幼虫以丝状或胶质分泌物缀小枝、碎叶和细沙等，造成可移动的巢或固定的居室，取食藻类等食物。石蚕是水质监测的指标生物。

瘤石蛾科（Goeridae）

裂背瘤石蛾（*Goera fissa*） 体褐色，体长约 8 mm，身体较粗壮；触角柄节较长（图 2-3-96）。生活于清洁流水。

图 2-3-96 裂背瘤石蛾

二十三、鳞翅目（Lepidoptera）

本目为昆虫纲中仅次于鞘翅目的第二大目，占全世界已知物种的 10% 以上。由于身体和翅膀上被有大量鳞片而得名，包括蝶类和蛾类。目前已知约 18 万种，其中蝶类约占 10%、蛾类约占 90%。

蝶类口器为虹吸式，触角一般为棍棒状，端部膨大。体及翅密被鳞片和毛。全变态。成虫活动以飞翔、觅食、交配和寻找适宜的产卵场所为主。除美洲分布的喜蝶科（Hedylidae）外，蝴蝶通常在白天活动。其分布范围极广，以热带种类最为丰富。幼虫绝大多数植食性，是农林重要害虫，成虫多以花蜜等补充营养，或口器退化不再取食。世界上蝴蝶已知种类约 1.8 万种，我国约有 2200 种。

蛾类物种数量多，外观变化也很大，难以作一般描述。总体而言，大多数蛾类夜间活动，常有趋光性，体色黯淡，但也有一些白天活动、色彩鲜艳的种类。蛾类触角和蝴蝶有所区别，没有类似蝶类棍棒状的触角，大都呈现丝状、羽状等样式。蝶类停息时两翅直立在背上，而蛾类停息时一般两翅呈屋脊状。蝶类的蛹是垂蛹（带蛹），而蛾类是被蛹。另外，大多数蛾类的前后翅是依靠翅缰和翅轭等特殊结构来达到飞行时的翅膀连接。蛾类同样是完全变态昆虫，且幼虫的寄主很多是人类的食物来源，危害多种农作物。

1. 草螟科（Crambidae）

体小到中型，柔弱，腹部末端尖削；鳞片细密紧贴，体显得比较光滑；下唇须长，伸出头的前方；翅为三角形，后翅臀区发达，臀脉 3 条；幼虫体细长，光滑，毛稀少，趾钩 2 序，很少 3 序或单序，排成缺环式，只少数排成全环，前胸气门前毛 2 根。幼虫具卷叶作苞、钻蛀茎杆、蠹食果实种子、取食贮藏物的习性，部分种类为常见的农林害虫，如梨大食心虫、玉米螟、瓜绢野螟等。

瓜绢野螟（*Diaphania indica*） 体长 15 mm，翅展 23 ~ 26 mm。白色带丝绢般闪光。头部及胸部呈浓墨褐色；翅为白色半透明，有金属紫光；前翅前缘及外缘各有一淡墨褐色带，翅面其余部分为白色三角形，缘毛为黑褐色；后翅白色半透明有闪光，外缘有 1 条淡黑褐色带，缘毛黑褐色。腹部两侧各有 1 束黄褐色臀鳞毛丛（图 2-3-97）。

图 2-3-97 瓜绢野螟

2. 羽蛾科（Pterophoridae）

中小型蛾类，体纤弱，停栖时呈“T”字形。前后翅有深纵裂，前翅狭长，翅端分裂为 2 ~ 4 片，分裂达翅中部；后翅分裂为 3 片，常分裂达翅基部，每片均密生缘毛如羽毛状。下唇须较长，向上斜伸；下颚须退化。单眼缺或甚小。触角长，呈线状。足极细长，后足显著长于身体，有长距，距基部有粗鳞片。

杨桃鸟羽蛾（*Diacrotricha fasciola*） 体褐色，形似大蚊，前后翅缘开裂，呈羽毛状，足细长，并有突出的距。幼虫初呈淡绿色，取食小花后则转呈红色，体细小而短（图 2-3-98）。

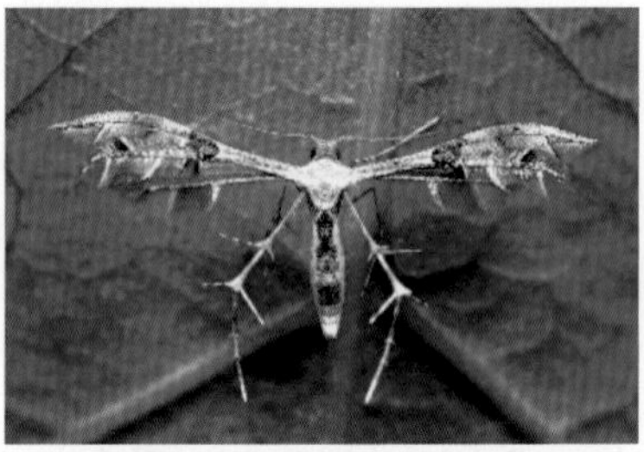

图 2-3-98 杨桃鸟羽蛾

3. 斑蛾科（Zygaenidae）

斑蛾科昆虫体小型至中型，身体光滑，颜色常鲜艳夺目。有单眼，口器发达，喙及下唇须伸出，下颚须萎缩，触角简单，呈丝状或棍棒状，雄蛾多为栉齿状；翅面鳞片稀薄，呈半透明状。翅多数有金属光泽，少数暗淡，身体狭长，有些种类在后翅上具有燕尾形突出，形如蝴蝶。幼虫头部小，缩入前胸内，体具扁毛瘤，上生短刚毛。成虫白天于草丛花间飞舞，常被误为蝴蝶，如体色艳丽的海南禾斑蛾（*Artona hainana*）（图 2-3-99）。

图 2-3-99 海南禾斑蛾

4. 尺蛾科（Geometridae）

尺蛾科是蛾类中成员最多的一科，大部分昆虫体为中小型，体较瘦狭，翅薄而宽大，外缘有的凹凸不齐，后翅第一条脉纹的基部分叉，臀脉只有 1 条；飞翔能力不强，某些雌性无翅或翅退化；幼虫只有腹足 2 对，着生于第 6 和第 10 节上，行动时身体一曲一伸，像是在丈量尺寸，“尺蛾”的名称也由此而来，也别称为“尺蠖”。如危害林木的大造桥虫等。

大钩翅尺蛾（*Hyposidra talaca*） 成虫体深灰褐色，前、后翅均有 2 条赤褐色波状线从前缘伸向后缘，波状线内侧有赤褐色斑纹与波状线依存，前翅外缘有弧形内凹。雌蛾触角为丝状，其腹腔内的卵为绿色，呈串珠状（图 2-3-100）。

图 2-3-100　大钩翅尺蛾

5. 毒蛾科（Lymantriidae）

体中至大型，粗壮，鳞毛蓬松。体色多为白、黄、褐等色；触角多为栉状或羽状。休息时多毛的前足常伸向前方。多数种类雌性腹末有毛丛，幼虫体被长短不一的鲜艳簇毛，毛有毒。

棉古毒蛾（*Orgyia postica*）　雌雄成虫异型，雌蛾无翅，而雄蛾有翅。雌蛾体长 15 ~ 17 mm，黄白色。雄蛾体长 9 ~ 12 mm，棕褐色。触角呈羽毛状，前翅呈棕褐色，基线和内横线为黑色波浪形，横脉纹为棕色带黑边和白边；外横线为黑色波浪形，前半外弯，后半内凹；亚外缘为线黑色双线波浪形；亚外缘区灰色，有纵向黑纹；外缘线由一列间断的黑褐色线组成（图 2-3-101）。

图 2-3-101　棉古毒蛾（雄性）

6. 舟蛾科（Notodontidae）

体中至大型，体色多为浅黄色至灰褐色。触角为丝状或锯齿状。幼虫大多颜色鲜艳，腹足 4 对，臀足退化或特化成枝状，休息时一般只靠腹足固着，头、尾翘起，其状如舟，故有“舟形虫”之称，如舟形毛虫。

小梭舟蛾（*Netria viridescens*）　雄性体长 34 mm，雌性 30 ~ 35 mm；身体呈灰褐色，头顶、颈板、前胸足、翅基片、胸背后缘和腹部末端带绿色。前翅为灰褐带绿色，所有横线暗褐至黑褐色（图 2-3-102）。

图 2-3-102　小梭舟蛾

7. 鹿蛾科（Ctenuchidae）

外形似斑蛾或蜂类。喙发达。翅面常缺鳞片，形成透明窗状。前翅为矛形，翅顶稍圆，中室为翅长的一半以上。后翅显著小于前翅。腹部常具斑点或横带。幼虫色泽鲜艳，具 4 对腹足，1 对臀足，体表常具毛瘤，其上具毛簇。多为日间活动，常活跃在花丛中吸食花蜜。

伊贝鹿蛾（*Syntomoides imaon*）　展翅 35 ~ 40 mm，体背黑色具蓝色光泽，头、胸间具黄纹，腹部有 2 条黄色环带（图 2-3-103）。栖息于低海拔山区，昼行性，少数会趋光。

图 2-3-103　伊贝鹿蛾

8. 天蛾科（Sphingidae）

多数种类，身体粗壮，前翅大于后翅且呈三角形。本科成员皆善于飞行，绝大部分都有有发达的口器，是非常积极的访花以传粉者。部分日行性种类颜色鲜艳，访花悬停于半空伸长口器访花的姿态常被误认为是“蜂鸟”，但实际上蜂鸟仅分布于美洲大陆。

栎鹰翅天蛾（*Oxyambulyx liturata*） 大型蛾类，翅展约 100 mm，体翅棕色。上翅表面近基部处有 1 枚大型黑圆斑点，近外侧下缘角处的深色斑旁有 1 枚明显的黑色大圆斑（图 2-3-104）。

图 2-3-104 栎鹰翅天蛾

9. 燕蛾科（Uraniidae）

燕蛾科昆虫为中大型蛾类，色彩美丽，形似凤蝶。雌蛾听器位于腹部侧面，雄蛾听器则位于腹部两侧，无翅缰，触角呈线形。有些幼虫体被为白色蜡丝，蛹有丝茧，部分幼虫的寄主是大戟科植物，喜在白天活动。

一点燕蛾（*Micronia aculeata*） 中小型蛾类，翅面白色，前翅密布横向的细纹，中央有 3 条灰紫色的横带，后翅斑纹近似前翅，具尾突，上有 1 枚黑色圆斑（图 2-3-105）。

10. 大蚕蛾科（Saturniidae）

大蚕蛾科属大型蛾类，多数种类的翅膀上具有绚丽且引人注目的各色花纹，有的后翅还有极长的尾突。其中乌桕大蚕蛾（*Attacus atlas*）为世界上翅膀面积最大的最大的蛾（图 2-3-106），其翅展宽度通常在可达 20 ～ 250 cm，主要分布在我国华南地区、中南半岛以及马来和印尼群岛。

图 2-3-105 一点燕蛾

图 2-3-106 乌桕大蚕蛾

11. 灯蛾科（Arctiidae）

中型蛾类，许多种类色彩鲜艳。喙退化，幼虫体较软，密生长短较一致的红褐色或黑色毛丛，胸足端部有刀片状毛，一般无毒，常见的有八点灰灯蛾、代布土苔蛾和粉蝶灯蛾等。

圆端拟灯蛾（*Asota heliconia*） 翅展 48 ～ 62 mm。头、胸、腹为黄色；前翅为黑灰色，基部具黄斑、上有黑点，中室下部有一白色窄带，其端部圆；后翅白色，中

图 2-3-107　圆端拟灯蛾

室端点与外线点为黑褐色，端带为黑褐色、较宽，缘毛为黑褐色，翅反面为黑褐色（图 2-3-107）。

12. 夜蛾科（Noctuidae）

夜蛾科为体中到大型，粗壮，体色深暗。前翅呈三角形，密被鳞片，形成色斑，后翅较前翅阔。触角多数丝状或锯齿状，少数种类梳齿状。幼虫体粗壮，光滑少毛，体色较深，腹足通常有 5 对。幼虫植食性，通常昼伏夜出，部分种类白天躲藏在土里，夜间出没，取食农作物，为农业害虫，如小地老虎、斜纹夜蛾等。

图 2-3-108　斜纹夜蛾

斜纹夜蛾（*Spodoptera litura*）　成虫前翅为灰褐色，内横线和外横线灰白色，呈波浪形，有白色条纹，环状纹不明显，肾状纹前部呈白色，后部呈黑色，环状纹和肾状纹之间有 3 条白线组成明显的较宽的斜纹，自翅基部向外缘还有 1 条白纹。后翅为白色，外缘呈暗褐色（图 2-3-108）。幼虫取食甘薯、棉花、芋、莲、田菁、大豆、烟草和甜菜等农作物。

石榴巾夜蛾（*Dysgonia stuposa*）　体为褐色，长 20 mm 左右，翅展 46 ~ 48 mm。前翅中部有 1 条灰白色带，中带的内、外均为黑棕色，顶角有 2 枚黑斑。后翅中部有 1 条白色带，顶角外缘毛白色（图 2-3-109）。幼虫取食石榴、月季和蔷薇等植物。

13. 弄蝶科（Hesperiidae）

体型较小，体色通常以褐色为主，颜色较深，只有简单小点和色斑，身体较粗壮，停留时翅膀大多半开合，容易被误认为蛾类，如印度谷弄蝶（*Pelopidas assamensis*）（图 2-3-110）。

图 2-3-109　石榴巾夜蛾

图 2-3-110　印度谷弄蝶

14. 粉蝶科（Pieridae）

体型通常为中型或小型，最大的种类翅展达 110 mm。色彩较素淡，一般为白色、黄色和橙色，并常有黑色或红色斑纹。前翅为三角形，后翅为卵圆形，无尾突。蛹为带蛹。粉蝶科蝴蝶在花园中很普遍。不少种类呈二型性，也有季节型。喜吸食花蜜，或在潮湿地区、浅水滩边吸水。多数种类以蛹过冬，少数以成虫越冬。有些种类喜群栖。寄主植物主要为十字花科、豆科、白花菜科、蔷薇科植物，有的为蔬菜或果树害虫。

东方菜粉蝶（*Pieris canidia*） 翅展 45 ~ 60 mm。体躯细长，背面为黑色，头部和胸部被覆白色绒毛；腹面为白色。翅正面为白色；后翅外缘各脉端均有三角形的黑斑。翅反面为白色或乳白色，除前翅 2 枚黑斑尚存外，其余斑均模糊（图 2-3-111）。

图 2-3-111 东方菜粉蝶

15. 灰蝶科（Lycaenidae）

体型较小，翅底通常以灰、咖啡或白色为主，花纹为小点或短斑，翅面常有大片金属蓝紫色彩，部分有幼细翅尾及假眼，停留时后翅会上下移动，像是在伪装头部。大多在草地活动。

酢浆灰蝶（*Pseudozizeeria maha*） 翅展 22 ~ 30 mm。复眼上有毛，呈褐色。触角每节上有白环。雄蝶翅面为淡青色，外缘黑色区较宽；雌蝶为暗褐色，在翅基有青色鳞片；翅反面呈灰褐色，有黑褐色具白边的斑点；无尾突。成虫飞行高度低，在阳光充足的草地上或矮小而开花的杂草上常见（图 2-3-112）。幼虫主要以酢浆草科和爵床科马蓝属植物为食。

图 2-3-112 酢浆灰蝶

16. 凤蝶科（Papilionidae）

大型蝴蝶，其包含全球最大的蝴蝶，形态优美。触角细长，基部互相接近，端部为棍棒状。喙管发达。前后翅呈三角形，中室为闭式。翅色为黄、绿兼有黑色斑纹，或黑色兼有红、蓝、绿色色斑。色彩艳丽，形态优美，许多种类的后翅有修长的尾突。飞翔迅速。多数种类雌雄的体型、大小与颜色相同，少数种类呈二型性。

玉带凤蝶（*Papilio polytes*） 翅展 90 ~ 110 mm。雄蝶前翅外缘有 1 列白斑，后翅中部有 1 列白斑排列成带状。后翅反面外缘凹陷处有橙色点，亚外缘有 1 列橙色新月形，翅中部亦有 1 列横白斑。雌蝶多型，白带型后翅外缘斑似雄蝶反面，翅中域有 6 个白斑，近后缘有 2 个红色斑。赤斑型后翅中域无白斑列，中外方有 2 个长形小蓝斑，近后缘有 2 个长形大红斑（图 2-3-113）。

图 2-3-113 玉带凤蝶

柑橘凤蝶（*Papilio xuthus*） 大型蝶种，翅展 70 ~ 80 mm。雄蝶前翅接近三角形，后翅外缘呈明显波浪状，具细长尾状突起。雌蝶体型较大，前翅翅形较为宽圆，外观与雄蝶相近，后翅内缘无明显特征（图 2-3-114）。

巴黎翠凤蝶（*Papilio paris*）　大型蝶种，展翅 95 ~ 125 mm。体为黑褐色，散布绿色亮鳞。翅背面底色为黑褐色，密布亮鳞，后翅前侧有 1 个蓝绿色亮斑，与后翅中央之绿色亮线连接。后翅臀区有 1 条紫红色圈纹。翅腹面底色为褐色，于前翅外侧有灰白色斑带。雄蝶前翅背面后侧有褐色绒毛状性别标识（图 2-3-115）。

青凤蝶（*Graphium sarpedon*）　翅展 76 mm 左右。翅窄长，底色黑，无尾状突起。前后翅中央贯穿 1 列略呈方形蓝绿斑，后翅外缘有 1 列蓝绿色的新月斑。后翅反面近基部有 1 条红色短线，翅中部至后缘处有数条红色斑纹（图 2-3-116）。

图 2-3-114　柑橘凤蝶

图 2-3-115　巴黎翠凤蝶

图 2-3-116　青凤蝶

17. 蚬蝶科（Riodinidae）

体小型至中型，通常以褐色为主，配有白色、黑色或橙色斑纹，停留时翅膀半开。

蛇目褐蚬蝶（*Abisara echerius*）　翅展近 40 mm。翅面底色由黑褐色、棕红色到褐黄色，因季节而变化。前翅外域有 2 条较宽的淡色横带，中室内有 1 个褐色细斑。后翅外域有一宽两窄共 3 条浅色横纹，在顶角有 2 个冠以白色黑斑，臀角域也有 2 个较小的斑（图 2-3-117）。

图 2-3-117　蛇目褐蚬蝶

18. 蛱蝶科（Nymphalidae）

体中型至大型，颜色和图案较复杂，变化多，飞行速度高，时而会短距离滑翔，停留时翅膀常张开，部分有领域行为。较少吸食花蜜，喜欢吸食腐液。

美眼蛱蝶（*Junonia almana*）　翅正反面呈橙红色，前后翅外缘各有 3 条黑褐色波状线，翅面有一大一小 2 个眼状纹：前翅下方 1 个大，上方 1 个小（实为 2 个相连）；后翅上方 1 个跨两室大斑，下方 1 个很小，雌蝶只呈小的线圈。翅反面各眼状纹大小差别不太显著，雌雄的后翅下方皆为眼状纹。本种有季节二型性：秋型前翅外缘和后翅臀角有角状突起，夏型反面斑纹不明显，后翅中线清晰，色泽呈枯叶状（图 2-3-118）。

幻紫斑蛱蝶（*Hypolimnas bolina*）　中型蝶种，翅展 70 ~ 85 mm，体为黑褐色，腹侧有许多白点，腹面中央亦常有 1 条白色带纹。翅背面底色为黑褐色，前翅翅背外侧有 1 个蓝紫色长斑，内有模糊白纹，近翅端有 2 个小白斑，亚外缘或有白斑列排成“S”形（图 2-3-119）。

图 2-3-118　美眼蛱蝶

图 2-3-119　幻紫斑蛱蝶

19. 斑蝶科（Danaidae）

本科蝴蝶属中型至大型蝶种。常以黑、白色为基调，饰有黑、白、红、青蓝等色彩的斑纹，部分种类具有灿烂耀目的紫蓝色金属光泽，头胸部常有白色斑点。

蓝点紫斑蝶（*Euploea midamus*）　中型蝶种。触角很细，呈线状，端部略加粗。前翅呈紫蓝色并带金属光泽，翅上有浅蓝色和白色斑点。前足退化，缩在胸部下，没有步行作用。雌蝶跗节 3 节，雄蝶前足跗节 1 节，末端皱缩成刷状，中足与后足正常，跗节有强刺，爪呈长钩状（图 2-3-120）。

图 2-3-120　蓝点紫斑蝶

二十四、双翅目（Diptera）

双翅目昆虫的口器多为刺吸式或舐吸式，仅有 1 对发达的膜质前翅，后翅特化为平衡棒，少数种类无翅。

（一）长角亚目（Nematocera）

成虫体细小，触角为丝状、羽状或环毛状，6 节以上，长于头部和胸部之和，口器刺吸式，下颚须 4 ～ 5 节。此亚目昆虫统称“蚊类”。

1. 大蚊科（Tipulidae）

触角为长丝状，有时锯齿状或栉状，中胸背板有 1 个“V”形的盾间缝。翅上常有斑纹。

某种短柄大蚊（*Nephrotoma* sp.）　体长 14 mm 左右；体色呈橘黄色，中胸背板呈黑色，腹部背板带黑色横纹；前、中、后足均为黑褐色，翅膀透明，有彩虹的金属光泽；翅痣黑色（图 2-3-121）。

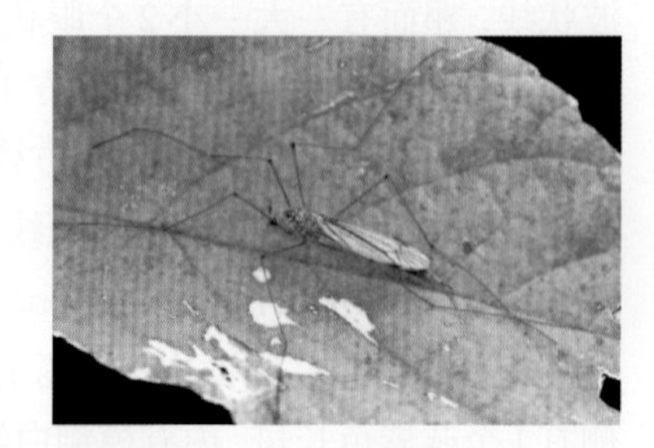

图 2-3-121　某种短柄大蚊

2. 蚊科（Culicidae）

成蚊的头胸腹和翅脉上被有鳞片，翅狭长，顶角圆，有缘毛，雄蚊触角环毛状。本科有许多卫生害虫。幼虫叫孑孓，头大，胸部 3 节愈合，第 8 腹节背面有呼吸管，第 9 腹节有 4 个向后突出的肛鳃及一丛扇状毛刷。

某种伊蚊（*Aedes* sp.）　中小型黑色蚊种，有银白色斑纹，俗称花蚊子、花斑蚊。在中胸盾片正中上有1条白色纵纹，后跗1～4节有基白环，末节全白，腹部背面2～6节有基白带（图2-3-122）。系重要的媒介昆虫，对人有很强的攻击性，在骚扰人的正常生活的同时，还可能传播登革热等蚊媒传染病。

图2-3-122　某种伊蚊

（二）短角亚目（Brachycera）

成虫体粗壮，触角3节，短于胸部，第3节分几个环状节或末端有1根端刺，通称“虻类”。

1. 虻科（Tabanidae）

俗称牛虻。体粗壮，体长5～26 mm；头呈半球形，一般宽于胸部；口器刺吸式，具有大的唇瓣；触角3节，呈鞭节牛角状；幼虫纺锤形，各节有轮环状隆起，尾端有1条呼吸管。如某种虻（*Tabanus* sp.）（图2-3-123）。

图2-3-123　某种虻

2. 食虫虻科（Asilidae）

俗称盗虻，体中型至大型，粗壮而多毛；头顶在复眼间向下凹陷。触角3节，末端具1端刺。喙较长而坚硬，适于刺吸猎物；足长，较粗壮，具发达的鬃。成虫飞翔力强，多见于开阔的林区，捕食各种昆虫。

微芒食虫虻（*Microstylum dux*）　大型食虫虻种类，体长约25 mm。口器细长而坚硬，适于刺吸。翅大而长，足细长多刺，爪垫大，爪间突刚毛状。腹部8节，细长，雄性有明显的下生殖板，雌性有尖的伪产卵器。幼虫长圆筒形，分节明显，各胸节有1对侧腹毛（图2-3-124）。成虫和幼虫均为肉食性，捕食小形昆虫等。

图2-3-124　微芒食虫虻

3. 蜂虻科（Bombyliidae）

体小型至大型，体长1～30 mm；大多数种类被毛与鳞片，许多种类外观形似熊蜂、蜜蜂或姬蜂；头呈半球形或近球形，具喙；足细长，前足常短细；腹部细长或卵圆形。日行性，成虫飞行能力强，多数种类具访花习性，喜日光。幼虫寄生性，有取食蝗虫卵的记录。

黑翅蜂虻（*Ligyra tantalus*）　体长12～15 mm，头部灰褐色，复眼大而突出，几乎占据整个头部；胸部背板黑色，前缘及侧缘具橙色斑纹，腹部黑色，

图2-3-125　黑翅蜂虻

中央有1条白色的横带，腹末端有4个白色的斑点，翅膀褐色具蓝色光斑（图2-3-125）。

（三）环裂亚目（Cyclorrhapha）

成虫体粗壮，触角3节，具触角芒，口器为舐吸式或刺吸式，下颚须1～2节，幼虫无头，被称作蛆。上颚口钩上下垂直活动，两端气门式或后端气门式，成虫羽化时，蛹前端作环形裂开。通称“蝇类”。

1. 食蚜蝇科（Syrphidae）

亦简称为蚜蝇，体小型至大型，光滑或被毛。体多暗色，部分种类具黄、橙或灰白色斑，尤以黄色为最，外观似蜜蜂，有些种类具蓝色、绿色、铜色等金属光泽。头呈半圆形，一般与胸部等宽。触角，芒羽状，或仅具短毛或无毛。前、后胸退化，中胸发达，被毛，食性复杂，有捕食性、腐食性、植食性等。捕食性种类约占该科昆虫的1/3，是重要的天敌昆虫；成虫具有访花习性，是重要的传粉昆虫。

裸芒宽盾蚜蝇（*Phytomia errans*） 体长9～14 mm。头大，半球形，略宽于胸；触角小，棕黄色，芒裸。中胸背板灰黄至棕褐色，具黄毛；小盾片横宽，呈棕褐色或黑褐色；侧板黑色。翅为黄褐色，腹部为短卵形，棕褐色；足为黑色（图2-3-126）。成虫访花。

图2-3-126 裸芒宽盾蚜蝇

2. 实蝇科（Tephritidae）

体色彩鲜艳，翅上常有褐色或黄色雾状斑纹，触角芒光滑或有细毛，雌性腹末数节形成细的产卵管。

鬼针草长唇实蝇（*Campiglossa bidentis*） 体长约3 mm，头部向前延长，雌性腹末具深色、延长的产卵器。体棕灰色，中胸背板被白毛，前翅具数个不规则暗斑（图2-3-127）。成虫在珠三角片区几乎全年可见，寄主为鬼针草。

图2-3-127 鬼针草长唇实蝇

3. 蝇科（Muscidae）

触角具芒状，喙为肉质，唇瓣发达，胸背具黑色纵条纹。成虫能传播霍乱、伤寒、痢疾等多种疾病，是典型的卫生害虫。如市蝇（*Musca sorbens*）（图2-3-128）。

图2-3-128 市蝇

4. 丽蝇科（Calliphoridae）

丽蝇成虫外表具光泽光泽，多为蓝绿色。触角具芒状，通常具额缝及腋瓣，喙为肉质，唇瓣发达；成虫多喜室外访花，传播花粉，部分种类为住区病和蛆症病原蝇类；幼虫食性广泛，大多为尸食性或粪食性，少数为捕食性或寄生性。

图 2-3-129 大头金蝇

大头金蝇（*Chrysomya megacephala*） 成虫体长 10 mm 左右，外表具蓝绿色的金属光泽，前盾片覆有薄而明显的灰白色粉被（图 2-3-129）。其幼虫具有尸食性，常应用于法医昆虫学领域，成为刑事侦破工作中判断死亡时间、死亡地点、死亡原因的生物证据。大头金蝇也能为开花植物授粉。

二十五、膜翅目（Hymenoptera）

膜翅目起源自三叠纪，包括蜂类和蚁类，是昆虫纲中第三大的目（次于鞘翅目和鳞翅目），也是昆虫纲中最高等的类群。已记载约 15 万个物种，实际物种数量估计可能超过 100 万种，我国已知超 4000 种。口器多为咀嚼式，少数种类上颚为咀嚼式，下颚和下唇组成喙，为嚼吸式。一般有 2 对透明、膜质翅，前翅大，后翅小，以翅钩列相连接（后翅前缘有 1 列小钩与前翅后缘连锁），翅脉较特化。腹部第 1 节多向前并入胸部，常与第 2 腹节形成细腰。有些种类的翅膀则完全退化，如蚂蚁中的工蚁。大多数种类有 2 个大的复眼和 3 个小的单眼。本目很多种类是多型性、社会性昆虫，完全变态。产卵器极度特化形成螯针，形态多样，有的已失去产卵作用，雄性外生殖器部分隐藏于体内，一般种间变异很大，是种类鉴别的重要特征。许多种类寄生性或捕食性，为重要天敌昆虫。

（一）广腰亚目（Symphyta）

腹部与胸部相接处不收缩为细腰状，后翅至少有 3 个基室（中室、亚中室和亚臀室）。转节 2 节。产卵器为锯状。幼虫植食性，具胸足 3 对，多数有腹足，但没有趾钩，可与鳞翅目幼虫相区别。

叶蜂科（Tenthredinidae）

图 2-3-130 叶蜂科某种

体粗短，触角为丝状，常有 9 节，少数 7 节或多达 30 节，前胸背板后缘凹入，身体粗短。前翅有翅痣，翅室多，后翅常有 5 ~ 7 个闭室。前足胫节有 2 个端距。产卵器呈扁锯状（图 2-3-130）。植食性，许多种类穿梭于花间，少部分种类肉食性。部分种类孤雌生殖。

（二）细腰亚目（Apocrita）

腹基部缢缩成细腰状，原始第 1 腹节并入后胸，前翅无臀室，后翅基部少于 3 个闭室，产卵器为针状或鞘管状。

1. 姬蜂科（Ichneumonidae）

本科昆虫体形变化甚大，体长 3 ~ 40 mm。翅一般发达，部分种类为无翅型或短翅型。前翅前缘脉和亚前缘脉愈合，具翅痣。触角细长，不呈膝状。腹部较狭长，腹部基部缩缢，具柄或略呈柄状。姬蜂为寄生性昆虫，雌蜂将卵产入寄主体内，幼虫孵化后以宿主为食致其死亡。寄主主要是鞘翅目、鳞翅目、膜翅目、双翅目、脉翅目、毛翅目等全变态昆虫的幼虫和蛹；少数是蜘蛛的成蛛、幼蛛或卵囊；还有一些种类寄生于伪蝎的卵囊。姬蜂绝大多数直接寄生于许多农林害虫，是一类重要的益虫。

广黑点瘤姬蜂（*Xanthopimpla punctata*） 雌蜂体长 10 ~ 12 mm，黄色，具黑斑。头短，横形，窄于胸宽。复眼、单眼区、中胸盾片上横列 3 纹。腹部第 1、3、5、7 背板上各有 1 对斑点，后足胫节基部、产卵器鞘均呈黑色。胸腹节光滑，分区明显，中区近梯形，分脊在后角附近伸出。产卵器鞘长于腹长的 1/2。雄蜂常在腹部第 4 或第 6 背板上也有一对较小黑斑（图 2-3-131）。

图 2-3-131 广黑点瘤姬蜂

2. 泥蜂科（Sphecidae）

腹柄细长而显著，又称为细腰蜂科。体形细长，一般为黑色，有黄色、橙色或红色的斑纹。头大，横阔。触角一般为丝状，雌性有 12 节，雄性有 13 节。翅狭，前翅一般具 3 个亚缘室，少数 1 个或 2 个。前胸背板呈三角形或横形，不伸达肩板，前侧片后方有隆起的线。胸腹节长，腹柄通常包括腹部第 1、2 节及第 3 节的一部分。足细长，前足适于开掘，中足胫节有 2 距。成虫以泥土在墙角、屋檐或岩石、土壁做土室，猎捕鳞翅目幼虫与直翅目昆虫等并封贮，供子代幼虫食用。

驼腹壁泥蜂（*Sceliphron deforme*） 体长 17 ~ 20 mm。整体为黑色，具黄色或黄褐色斑纹；唇基、前胸背板、小盾片、翅基片等部位为深黄色；头部和胸部被覆黄毛。用泥土筑巢，捕猎蜘蛛，将蜘蛛麻醉存贮在巢中，于其上产卵后将巢穴用泥土封闭，幼虫在其中发育、化蛹，羽化后咬破泥巢飞出（图 2-3-132）。

图 2-3-132 驼腹壁泥蜂

3. 蚁科（Formicidae）

触角为膝状，雄蚁 10 ~ 13 节，工蚁和后蚁 10 ~ 12 节，腹部第 1 或第 1 ~ 2 节收缩成结状节。社群生活，多型现象明显。一个巢室内通常有有翅的雌雄生殖蚁和无翅的工蚁和兵蚁。有肉食性、植食性或多食性。

黄猄蚁（*Oecophylla smaragdina*） 工蚁体长 7.5 ~ 10 mm。体呈黄色至锈红色。树栖蚁种，会利用幼虫吐丝卷起鲜活树叶筑成“蚁包”栖息，大群落的黄猄蚁普遍有多个副巢（图 2-3-133）。黄猄蚁生性凶猛，擅长捕食各种昆虫，因此常在农业生产上被用于生物防治。

黑褐举腹蚁（*Crematogaster rogenhoferi*） 工蚁体长 2.7 ~ 5.0 mm，体呈红褐

色，后腹部大部为褐色。常栖息于树上，巢穴为层纸巢，类似于蜂窝一样挂在树杈间（图 2-3-134）。因移动的过程中，腹部较常举起来，而且总是保持前后摆动，而得名举腹蚁。

图 2-3-133　黄猄蚁

图 2-3-134　黑褐举腹蚁

梅氏多刺蚁（*Polyrhachis illaudata*）　工蚁体长 7.2 ~ 10.6 mm，体黑色。体被浓密的褐色至灰白色倒状毛和短立毛，有的个体毛被为棕色或白色，腹部宽卵形（图 2-3-135）。

尼科巴弓背蚁（*Camponotus nicobarensis*）　工蚁体长 5.2 ~ 9.0 mm，头部为褐红色或红色。多筑巢于地下，也有的在枯木中筑巢（图 2-3-136）。

图 2-3-135　梅氏多刺蚁

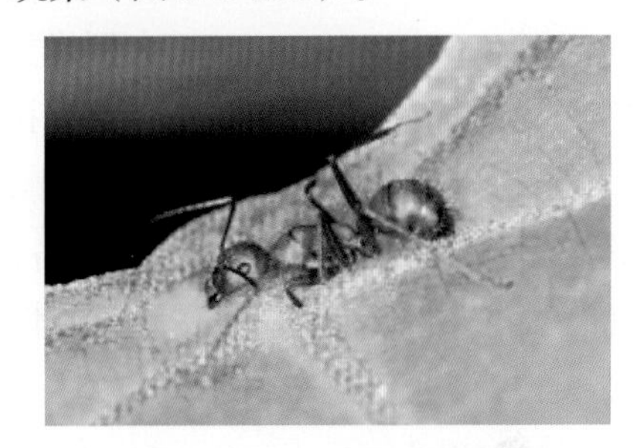

图 2-3-136　尼科巴弓背蚁

4. 土蜂科（Scoliidae）

体小型至大型，多被覆密毛，体黑色，并有白、黄、橙、红色斑纹。头部略成球形，通常比胸部窄。触角短，弯曲或卷曲。前胸背板两侧角伸达肩板。中胸小盾片大而明显。中、后胸腹板形成一连续的板，盖住中、后足基节。足短而粗，胫节扁平。翅脉多伸达不到翅的外缘。腹部长，有带纹，各腹节边缘有毛。雌虫常钻入土中寻找金龟幼虫，先用螯刺将其麻痹，再在其上产卵，幼虫孵化后即在寄主上行外寄生。如天蓝土蜂（*Megascolia azurea*）（图 2-3-137）。

图 2-3-137　天蓝土蜂

5. 胡蜂科（Vespidae）

广义上俗称黄蜂。大型昆虫，体细，呈黄色及红黑色，具黑色及褐色斑点及条带。雌蜂触角 12 节，雄蜂触角 13 节。复眼内缘中部凹入。上颚短，闭合时呈横形，不交叉。前胸背板突伸达翅基片，前翅第1中室比亚中室长，中足胫节2枚端距。后翅常无臀叶，第1、2腹节间有一明显缢缩。多在高树上或石壁上筑吊钟状巢，营社群生活，当其巢受惊扰时，会群蜂出动，追蛰入侵者。

黄腰胡蜂（*Vespa affinis*）　中型蜂类，体长20～25 mm。头部及前胸后缘常呈红棕色，腹部第1～2节背板为黄橙色，第3～6节背、腹板均为黑色。后小盾片向下垂直（图2-3-138）。

图2-3-138　黄腰胡蜂

6. 马蜂科（Polistidae）

马蜂是膜翅目马蜂科（Polistidae）昆虫的通称（注：马蜂科现已并入胡蜂科）。个体一般比胡蜂小。体多为橙黄色或棕色，夹杂黑色斑纹。头稍窄于胸部，两复眼顶部间有1条黑色横带。前胸背板周边呈黄色颈状突起，中部两侧各有1个黑色小三角形斑。中胸背板中间纵线呈黑色，两侧各有1个橙黄色（或棕色）纵带，并且胸腹节端部呈截状。马蜂是一类十分重要的社会性天敌资源昆虫，其捕食凶猛，飞翔迅速，对大田害虫（如棉铃虫等）的控制作用明显。

棕马蜂（*Polistes gigas*）　大型蜂类，是马蜂属中体型最大的种类，种加词gigas源于拉丁语，意为“巨大的”或“庞大的”。体长约30 mm，呈深棕色，具光泽。触角为黑色，末端棕色。各足为棕黑色，比体颜色深。雄蜂近似于雌蜂，但体较大而光滑（图2-3-139）。

图2-3-139　棕马蜂

果马蜂（*Polistes olivaceus*）　体长约17 mm，体较光滑。额为黄色，前单眼周围为黑色，后单眼处有1个弧形黑斑，颅顶及颊部为黄色。触角支角突、柄节、鞭节为棕色。唇基为黄色，端部中央有角状突起。前胸背板前缘领状突起，为黄色，两侧各有1条棕色带。中胸背板中间纵线为黑色，两侧各有2条橙黄色纵带。中胸侧板、后胸侧板均为黄色，各骨片相接处为黑色。胸腹节为黄色，中央沟处为黑色，两侧各有1棕色带。足为黄色，爪光滑无齿。腹部各节背、腹板均为暗黄色，近中部处各有1凹形棕色横纹，但第1节腹板和第6节背腹板无棕色纹（图2-3-140）。分布于我国西北、西南和华南等地。

图2-3-140　果马蜂

7. 蜜蜂科（Apidae）

雌蜂触角为12节，雄蜂触角为13节。嚼吸式口器。前足基跗节具净角器，后足为携粉足。蜜蜂科的成员有很多为社会昆虫，群居。体型较粗短强壮，飞行能力强。性喜访花，它们的进化特别适合采集和传播花粉，体为毛条状或羽毛状，是重要的授粉昆虫。本科的西方蜜蜂（*Apis mellifera*）多为人工养殖的蜂类，成虫主要靠蜜来维持生命，并给幼虫喂食花粉和蜜的混合物。

西方蜜蜂（*Apis mellifera*）　国内常见人工养殖蜜蜂种类，种加词 mellifera 意即“带有蜜糖”。工蜂体长 12 ~ 14 mm，第 6 腹节背板上无绒毛带（图 2-3-141）。

图 2-3-141　西方蜜蜂

第三章

鱼类实习

鱼类实习内容主要包括实习地鱼类标本的采集与制作、常见鱼类的种类特征鉴别、鱼类的生活习性及生态环境的调查研究等。

第一节　鱼类标本的采集、处理及制作

一、鱼类标本的采集及处理

鱼类实习拓展资源

鱼类标本通常通过撒网或拉网捕捞，可根据实习条件和要求到市场选购或从当地水产部门、专业捕鱼队收集。鱼类标本采集前需准备好采样工具，如测量用的尺和电子天平、解剖盘、镊子、剪刀、塑料桶和油性记号笔等。到达采样地后收集好相关环境生态数据，并记录网具规格及放置时间等与采样相关的信息。采取随机取样原则，要收集不同大小和不同性别的个体，选择形态特征完整且发育正常的个体做标本。

采集到的鱼类标本，先用清水洗涤体表，将污物和黏液洗净。对体表黏液多的如鲇鱼、泥鳅和黄鳝等种类，要用软刷蘸水反复刷洗干净。刷洗时，应按鳞片排列方向进行刷洗，以免损伤鳞片。在洗涤过程中，如发现有寄生虫，将其小心取下放进瓶内，注入 70% 乙醇溶液保存，并在瓶外贴上号牌、写明采集编号。

将洗涤好的标本，放在白瓷盘中，根据采集顺序依次编号。每一个标本都要在胸鳍基部系一个带号的号牌。如果号牌已用完，可用道林纸作号牌，用铅笔写清号数，折叠后塞入鱼的口腔深部，回校后再补拴竹制号签或印制标签布条。

二、鱼体的观察、测量及记录

记录所采集鱼类的描述性状、可数性状和可量性状，进行分类鉴定。记录标本编号、种名、采集时间、地点、采集人和鉴定人等信息。同时用相机采集鱼类标本的整体特征、主要分类特征（头部器官、各鳍）等图像信息。

1. 记录体色

每一种鱼都有自己特殊的体色，而且同一种鱼在不同环境中，其体色往往也有差异。鱼类体色虽不是主要鉴定特征，但对认识鱼类有一定意义，尤其对动物学知识不是很丰富的人而言，通过鱼的体色进行鉴别更为直观和形象。因此应趁标本活着或新鲜时，将体色进行拍照或描述记录。

2. 可量性状的记录

将鱼平放在白瓷盘中，利用直尺、三角尺及分规等对鱼体各部分进行测量并记录鱼体外部形态的测量项目如图 3-1-1 所示，以毫米（ mm ）为单位。

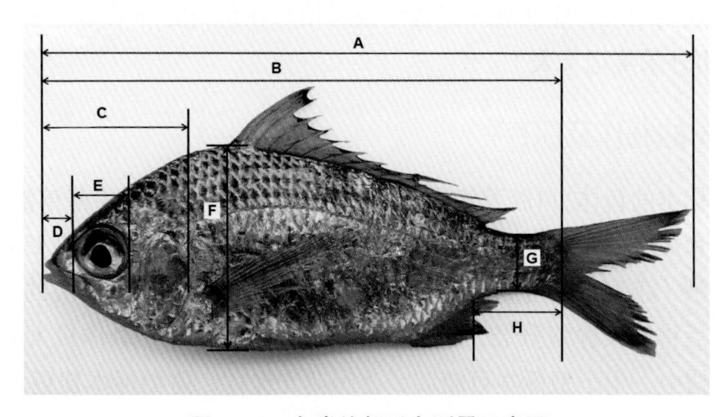

图 3-1-1　鱼类外部形态测量示意图

A. 全长。由吻端或上颌前端至尾鳍末端的直线长度。B. 体长。有鳞类从吻端或上颌前端至尾柄正中最后一个鳞片的距离；无鳞类从吻端或上颌前端至最后一个脊椎骨末端的距离。C. 头长。从吻端或上颌前端至鳃盖骨后缘的距离。D. 吻长。从眼眶前缘至吻端的距离。E. 眼径。眼眶前缘至后缘的垂直距离。F. 体高。躯干部最高处的垂直高度。G. 尾柄高。尾柄部分最狭处的高度。H. 尾柄长。从臀鳍基部后端至尾鳍基部垂直线的距离。

3. 可数性状的记录

（1）鳞式

$$侧线鳞数 = \frac{侧线上鳞数}{侧线下鳞数}$$

侧线鳞数：从鳃盖上方直达尾鳍基部有侧线管穿过的鳞片数。

侧线上鳞数：从背鳍起点斜数到接触侧线鳞的鳞片数。

侧线下鳞数：从接触到侧线鳞的一片鳞斜数到腹鳍起点（鲤形目等腹鳍腹位的鱼类，数字后用 V 表示）或臀鳍起点（鲈形目等腹鳍胸位的鱼类，数字后用 A 表示）的鳞片数。

（2）鳍式

记录鱼类鳍的组成和鳍条数目。鳍由鳍条和鳍棘组成。鳍条柔软而分节，末端分支的为分支鳍条，末端不分支的为不分支鳍条。鳍棘坚硬，由左右两半组成的鳍棘为假棘，不能分为左右两半的鳍棘为真棘。

鳍的缩写：D 为背鳍（Dorsal fin），A 为臀鳍（Anal fin），P 为胸鳍（Pectoral fin），V 为腹鳍（Ventral fin），C 为尾鳍（Caudal fin）。鳍棘的数目以大写的罗马数字表示，鳍条的数目以阿拉伯数字表示，小鳍的数目以小写的罗马数字表示。如花鲈的鳍式表示为 D. Ⅻ，I-13；A. Ⅲ -7；C.17；P.16；V.I-5。

（3）齿式

鲤科鱼类具有咽齿，着生在下咽骨上，其形态、数目、排列状态随种而异，是鲤科鱼类的分类依据之一。一般为 1 ~ 3 行，也有 4 行的，如鲤鱼齿式为 1·1·3/3·1·1，左右两侧各有 3 列齿，由外侧向中央数计，其外列、中列都是 1 枚齿，内列都是 3 枚齿。

上述各项观测结果，应在观测过程中及时填写在鱼类野外采集记录表中（见附录表 3-1-1 鱼类野外采集记录表）。

三、鱼类标本的制作及保存

将选定做标本的鱼体、口腔及鳃腔冲洗干净，用 5% ~ 10% 的甲醛溶液固定和保存。制作标本时将鱼放在盘中，用镊子将鳍展开，保持鱼体自然姿态，大型鱼类腹腔注射 10% 的甲醛溶液（小型鱼类可直接浸泡）后，放入盛有 10% 甲醛溶液的容器内固定，做好标记，然后带回实验室分装，另用 5% 的甲醛溶液保存。个体较大的标本储藏在陶瓷罐或水泥槽中，中小型标本可瓶装，密闭遮光保存，避免标本褪色及甲醛蒸发。

第二节　鱼类系统分类简介

软骨鱼类（Chondrichthyomorphi）

软骨鱼纲（Chondrichthyes）

骨骼终生为软骨；鼻孔和口腹位；鳃间隔发达，鳃裂 4 ~ 7 对，多直接开口在体表；体被盾鳞；无鳔；雄性具鳍脚，体内受精，生殖方式为卵生、卵胎生和假胎生；肠管内具螺旋瓣；歪尾型。包含两个亚纲，分别为全头亚纲（Holocephali）和板鳃亚纲（Elasmobranchii）。

（一）全头亚纲（Holocephali）

头大而侧扁，上颌与脑颅愈合，故称“全头”；尾细，体表光滑无盾鳞；鳃裂 4 对，外被一膜状假鳃盖；雄性除腹鳍内侧的鳍脚外，还有 1 对腹前鳍脚和 1 个额鳍脚；无泄殖腔，以泄殖孔和肛门通体外。全世界仅一个目（Chimaeriformes），即银鲛目，我国产银鲛科（Chimaeridae）和长吻银鲛科（Rhinochimaeridae）。

（二）板鳃亚纲（Elasmobranchii）

体呈纺锤形或扁平形；口大并横裂于头部腹面；鳃裂 5 ~ 7 对，直接开口于体外；

上颌不与脑颅愈合；雄性腹鳍内侧具鳍脚；有泄殖孔。分为侧孔总目（Pleurotremata）和下孔总目（Hypotremata）。

侧孔总目的鳃裂位于头部两侧，体常呈纺锤形，胸鳍前缘游离，与体侧和头侧不愈合，如尖头斜齿鲨（*Scoliodon laticaudus*）；下孔总目的鳃裂位于头部腹面，体平扁而宽，常呈菱形或盘形，胸鳍前缘与体侧或头侧愈合，如赤魟（*Dasyatis akajei*）。

硬骨鱼类（Teleostomi）

骨骼一般为硬骨，体被硬鳞、圆鳞或栉鳞；鳃间隔退化，鳃裂 5 对，有骨质鳃盖骨保护；口多为端位；多数具鳔；肠管内多无螺旋瓣，大多体外受精，体外发育，少数为卵胎生；大多数呈正尾型。分为肉鳍鱼纲（Sarcopterygii）和辐鳍鱼纲（Actinopterygii）。

一、肉鳍鱼纲（Sarcopterygii）

肉鳍鱼纲的鱼类最早出现在泥盆纪，现生种类少，分为腔棘鱼亚纲和肺鱼四足亚纲。我国不产。

（一）腔棘鱼亚纲（Coelacanthimorpha）

脊索发达，无椎体，头下有 1 块喉板，无内鼻孔，鳔退化。体被圆鳞。只有腔棘鱼目（Coelacanthiformes）矛尾鱼科（Latimeriidae）1 科。

（二）肺鱼四足亚纲（Dipnotetrapodomorpha）

大部分骨骼为软骨；无次生颌；终生保留发达脊索，脊椎骨无椎体，仅有椎弓和脉弓。有内鼻孔通口腔；鳔有鳔管和食管相通，肠内有螺旋瓣；尾为原尾型。

二、辐鳍鱼纲（Actinopterygii）

辐鳍鱼纲是鱼类中种类最多的一个类群。基本特征是偶鳍无中轴骨，不呈叶状。无内鼻孔。体被硬鳞、骨鳞或裸露无鳞。身体后部有肛门和泄殖孔与外界相通，无泄殖腔。现生的辐鳍鱼纲可分为枝鳍鱼亚纲（Cladistia）、软骨硬鳞鱼亚纲（Chondrostei）和新鳍鱼亚纲（Neopterygii）。

（一）枝鳍鱼亚纲（Cladistia）

比较古老的辐鳍鱼类。体被有类似骨板的菱形硬鳞。具喷水孔。背鳍具 5 ~ 18 个分离小鳍，各小鳍均具 1 条鳍棘及 1 枚或数枚鳍条。胸鳍基部具可动性肉质叶，鳍条附在骨化辐状骨上，辐状骨并不直接与肩胛骨和乌喙骨相接，而是通过中间一块大的中鳍基软骨板和 2 块骨化的棒状前后鳍基骨相连接。上颌骨与脑颅结合。无间鳃盖骨。喉板 1 对，无内鼻孔。鳔 2 叶，内分多隔，开口于食管腹面，可进行呼吸。心脏具动脉圆锥，有后大动脉。肠内具螺旋瓣。我国不产。

（二）软骨硬鳞鱼亚纲（Chondrostei）

在古生代占主要地位，现只有少数种类残留。中轴骨骼之基础为非骨化的弹性脊索，无椎体。内骨骼为软骨，头部具膜骨。上颌骨参与颊部的组成，与前鳃盖骨固着连接，口裂深，口缘具锥形齿。肛门与泄殖孔开口于腹鳍基底附近。背鳍与腹鳍靠近身体的后部，歪型尾。背鳍和臀鳍的鳍条数多于支鳍骨数（每 1 枚支鳍骨可支持数枚鳍条）。具动脉圆锥，肠内具螺旋瓣。尾柄及尾鳍上叶有菱形硬鳞。无喉板，亦无间鳃盖骨。具喷水孔。本纲仅一目，即鲟形目（Acipenseriformes）。

（三）新鳍鱼亚纲（Neopterygii）

背鳍和臀鳍基条数与支鳍骨数一致；前颌骨内凸起形成嗅窝的前部；续骨发育呈舌颌软骨的一个旁支。本亚纲包括全骨鱼类（Holostei）和真骨鱼类（Teleostei），为现生鱼类中数量最多的一个亚纲，其中真骨鱼类约占现存鱼类的 96%，全世界共 63 目 469 科 4610 属，约 29 585 种，分为 4 个分部：海鲢分部（Elopomorpha）、骨舌鱼分部（Osteoglossomorpha）、鲱形分部（Clupeomorpha）及正真骨鱼分部（Euteleostei）。

第三节 常见硬骨鱼类

野外实习中所见的绝大多数鱼类属于硬骨鱼，本章将其分成淡水鱼类及海水鱼类进行介绍。

淡水鱼类

一、鲤形目（Cypriniformes）

体被圆鳞或裸露。背鳍 1 个，腹鳍腹位；鳔管与食道相通；具韦伯器；上下颌多无齿但有发达的咽喉齿，多数为淡水鱼类。我国有 700 余种，重要的有鲤科、鳅科等。

1. 鲤科（Cyprinidae）

异鱲（*Parazacco spliurus*） 异鱲属。体长而侧扁，腹部较窄，自腹鳍基部至肛门有明显的腹棱。头小，吻尖。口上位，下颌前端有 1 条显著钩状突起与上颌凹陷相吻合，上下颌侧缘略呈波状相嵌。无须。眼较大。侧线鳞 44 ~ 46。侧线在胸鳍上方显著下弯，入尾柄后回升到体侧中部。背鳍短，无硬棘，起点在腹鳍起点之后；臀鳍发达。体背灰褐色，腹部白色，体侧带棕红，具不规则垂直斑纹。头腹面红色，尾基具 1 枚黑圆斑（图 3-3-1）。生活在亚热带地区的山溪中，对于栖息环境具有较高的要求。喜在水流清澈的水体中活动。

图 3-3-1 异鱲

长鳍鱲（*Opsariichthys evolans*） 鱲属。

体延长，侧扁，体色较为鲜艳。口大，上下颌边缘略微凹凸。头大且圆。吻短，稍宽，端部略尖。口裂宽大，端位，向下倾斜，上颌骨向后延伸超过眼中部垂直线下方，眼较小。鳞细密，侧线在胸鳍上方显著下弯，沿体侧下部向后延伸，于臀鳍之后逐渐回升到尾柄中部。背鳍短小，起点位于体中央稍后，与腹鳍相对；胸鳍长；腹鳍短小；臀鳍发达，第 1 ~ 4 根分枝鳍条特别延长，可伸达尾鳍基部；尾鳍深叉。背部灰褐色，腹部灰白，体中轴有具蓝绿色横纹。生殖期雄鱼头下侧、胸腹鳍及腹部均呈橙红色，头部、胸鳍及臀鳍上均具有珠星（图 3-3-2）。分布于山溪或者清澈的小河间，群居。杂食性，吃各种水生生物、青苔、水草以及食物碎屑。

图 3-3-2 长鳍鱲

马口鱼（*Opsariichthys bidens*） 马口鱲属。体长而侧扁，腹部圆。吻长。口大，口裂向上倾斜，下颌后端延长达眼前缘，其前端凸起，两侧各有一凹陷，与上颌前端和两侧的凸处相嵌合（图 3-3-3B）。侧线完全，前段弯向体侧腹方，后段向上延至尾柄正中。体背部为灰黑色，腹部为银白色，成鱼体侧有浅蓝色垂直条纹，胸鳍、腹鳍和臀鳍为橙黄色。雄鱼在生殖期出现婚姻色，头部、吻部和臀鳍有显眼的珠星，臀鳍的第 1 至 4 根分支鳍条特别延长。

唐鱼（*Tanichyhys albonubes*） 唐鱼属。体呈梭形，全长 3 ~ 4 cm，眼大。吻钝而短。口上位，口裂向下倾斜，几乎与体轴垂直。背部体色褐中带蓝，腹部为银白色，沿侧线有 1 条金色纵纹。鳍较小，背鳍、臀鳍后位，基本相对，尾鳍分叉，背鳍与尾鳍鲜红色，其余鳍透明。体色鲜艳，往往随环境条件而发生变化（图 3-3-4）。

图 3-3-3 马口鱼

图 3-3-4 唐鱼

草鱼（*Ctenopharyngodon idella*） 草鱼属。体略呈圆筒形，头部稍平扁，尾部侧扁；口呈弧形，无须；下咽齿侧扁具槽纹，呈梳状；上颌略长于下颌；体呈浅茶黄色，背部青灰，腹部灰白，胸、腹鳍略带灰黄，其他各鳍浅灰色（图 3-3-5）。

图 3-3-5 草鱼

三角鲂（*Megalobrama terminalis*） 鲂属。体侧扁而高，略呈长菱形。头小。上下颌约等长，边缘具不明显角质。背部青褐色，体侧灰黑色，腹部银白色，各鳍均为灰白色，稍暗。腹棱由腹鳍基部起至肛门，背鳍第 3 根不分枝鳍条为硬棘，其长大于头长；背鳍起点距尾鳍基的距离较距吻端为近。鳞片中等大，每个鳞片中部为灰黑色，边缘较淡，组成体侧若干灰黑色纵纹，尾鳍深叉型。侧线较平直，向后伸达尾鳍基部。体侧鳞片基部有一黑点，除尾鳍外各鳍均带淡红色（图 3-3-6）。

鳊（*Parabramis pekinensis*） 鳊属。体侧扁，略呈菱形，自胸鳍基部下方至肛门间具腹棱。头小略尖，上下颌约等长。侧线完全；背鳍具假棘；臀鳍长；尾鳍深分叉；体背侧呈青灰色，腹部为银白色，各鳍呈灰色（图 3-3-7）。广布性中下层鱼类。幼鱼主要摄食藻类、浮游动物、水生昆虫的幼虫以及少量的水生植物碎片；成鱼一般在冬季和春初摄食藻类和浮游动物。

图 3-3-6 三角鲂

图 3-3-7 鳊

䱗（*Hemiculter leucisculus*） 䱗属。体细长，侧扁，背部几成直线，腹部略凸。自胸鳍基部至肛门有明显的腹棱。头尖，略呈三角形。口端位，口裂向上倾斜。侧线鳞 45 ~ 57，侧线在胸鳍上方急剧向下弯成一个角度，直至臀部基部又向上弯折，沿尾柄中线直达尾柄基部。背鳍具有光滑的硬刺，起点距尾鳍基部较吻端为近。臀鳍延长，位于背鳍后下方。胸鳍尖形，其长短于头长，末端不达腹鳍起点。尾鳍分叉深，下叶较上叶略长。背部为青灰色，腹部及侧部呈银白色，尾鳍为灰黑色（图 3-3-8）。

高体鳑鲏（*Rhodeus ocellatus*） 鳑鲏属。体高，侧面呈卵圆形，头后背缘格外隆起，口端位，口裂极小，侧线不完全。臀鳍分枝鳍条 8 ~ 12 根（图 3-3-9）。繁殖季节雄鱼色彩绚丽，多色相互交辉，鳃盖上角之后有虹彩斑块，头部具珠星。雌鱼色彩暗淡，近金黄色，具产卵管。繁殖期在每年 4 月底至 5 月初，产卵于蚌类的鳃瓣中。常见于湖泊、池塘以及河湾水流缓慢的浅水区。

图 3-3-8 䱗

图 3-3-9 高体鳑鲏

条纹小鲃（*Puntius semifasciolatus*） 耶律雅罗鱼属。体较侧扁，呈纺锤形。吻钝，吻长约与眼径相等。眼较大，上侧位。眼间隔宽且隆起。眼上方具红色光泽，鳞片大。口裂腹似马蹄形，向后伸达鼻孔下方而不抵眼前缘，上颌稍长于下颌。鱼体呈银青色，背部颜色较深，腹部为金黄色。体侧具 4 条黑色横纹及若干不规则黑色小斑点。尾鳍叉形，雄鱼的背鳍边缘及尾鳍带橘红色。雌鱼体侧有 4 ～ 6 块明显横斑，雄鱼腹部则为鲜红色，体侧同样具数块横斑（图 3-3-10）。此外，雌雄鱼的各鱼鳍末端为淡橘红色。

鲤（*Cyprinus carpio*）　鲤属。体高而侧扁，腹部圆。背鳍与臀鳍中最长的假棘后缘有锯齿。口部有两对触须。下咽齿 3 行，内侧的齿呈臼齿形。尾鳍深叉形（图 3-3-11）。鲤鱼经人工培育的品种很多，如团鲤、荷花鲤、锦鲤等，品种不同，其体态颜色也各异。

图 3-3-10　条纹小鲃

图 3-3-11　鲤

鲫（*Carassius aurtus*）　鲫属。体侧扁，背部隆起且较厚，腹部圆。背鳍与臀鳍中最长的棘后缘有锯齿。口部无触须。下咽齿 1 行，侧扁。尾鳍分叉浅（图 3-3-12）。

鲮（*Cirrhinus molitorella*）　鲮属。背部在背鳍前方稍隆起，腹部圆而稍平直。头短小，吻圆钝。口小，下位。上唇边缘呈细波形，下唇边缘布满乳突。上下颌具角质锐缘。须 2 对，吻须较粗壮，颌须较短小或退化仅留痕迹。鳞中等大，圆形。侧线平直。背鳍无硬刺。胸鳍尖短，尾鳍宽，深叉形。体青白色，有银白色光泽。胸鳍上方、侧线上下有 8 ～ 12 个鳞片的基部有黑斑，堆聚成菱形斑块（图 3-3-13）。

图 3-3-12　鲫

图 3-3-13　鲮

2. 鳅科（Cobitidae）

平头（岭）鳅（*Oreonectes platycephalus*）　岭鳅属。体长，稍平扁，后部侧扁。头宽扁。眼小。前后鼻孔明显分开，前鼻孔鼻管延长成须状。口下位，弧形。唇稍厚。须 3 对。背鳍位置较后，起点在腹鳍基之后上方。体被细鳞。前部侧线鳞明显。尾鳍为圆形。体背呈灰黑色，腹部为浅黄（图 3-3-14）。

大鳞副泥鳅（*Paramisgurnus dabryanus*）　泥鳅属。体近圆筒形，头较短。口下位，马蹄形。下唇中央有一小缺口。鼻孔靠近眼无刺。鳃孔小。头部无鳞，躯干鳞片较泥鳅为大。侧线完全。须 5 对。尾柄处皮褶棱发达，与尾鳍相连。尾柄长与高约相等。尾鳍圆形。肛门近臀鳍起点。体背部及体侧上半部灰褐色，腹面白色。体侧具有许多不规则的黑色及褐色斑点。背鳍、尾鳍具黑色小点，其他各鳍灰白色（图 3-3-15）。

图 3-3-14　平头（岭）鳅

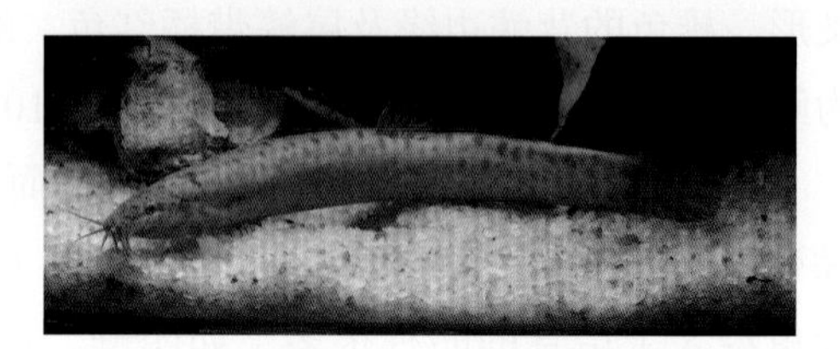
图 3-3-15　大鳞副泥鳅

3. 平鳍鳅科（Homalopteridae）

拟平鳅（*Liniparhomaloptera disparis*）

图 3-3-16　拟平鳅

拟平鳅属。体近圆筒形，宽高约等，胸部腹面平，后部侧扁。头平扁。口小，口前具吻须。吻褶分 3 叶，叶端尖。吻须 2 对，口角须 1 对。下唇肉质，边缘具小乳突。鳃裂大，从胸鳍基部之前延伸到头部腹面。体被细鳞。胸鳍平展，不达腹鳍。背腹鳍几乎相对，腹鳍分离，臀鳍后位，尾鳍凹形。头背部具黑色小圆斑（图 3-3-16）。

二、鲇形目（Siluriformes）

体被小刺或骨板，或裸露无鳞。口不突出，两颌具齿，有口须数对，颌骨退化，仅留痕迹。前鳃盖骨和间鳃盖骨小，犁骨、翼骨和腭骨均具齿。眼常较小。脂鳍常存在，胸鳍和背鳍常有一强大的鳍棘。

1. 鲇科（Siluridae）

鲇（*Silurus asotus*）　鲇属。体前部粗圆，后部侧扁。头中等大，宽平。吻短而宽圆。口上位，口裂大，弧形。下颌稍突出，上、下颌各有一行绒毛状齿带。眼小，被皮膜。成体具 2 对须。全体光滑无鳞。侧线平直。背鳍 1 个，臀鳍基部延长，与尾鳍相连；胸鳍圆形，向后不伸达腹鳍，鳍棘内、外缘均有锯齿，内缘锯齿强。腹鳍和尾鳍小。成体背侧呈灰黑色，腹部为白色，体侧有不规则白斑或不明显斑纹（图 3-3-17）。为底栖肉食性鱼类，栖息于江河、湖泊、水库中。昼伏夜出。主食水生昆虫、虾和小鱼。产卵期 4 ～ 7 月，在水生植物较多的地方产卵。

图 3-3-17　鲇

2. 鲿科（Bagridae）

黄颡鱼（*Tachysurus fulvidraco*）　黄颡鱼属。体型短而粗壮，背部隆起，腹面平。头大且扁平。吻圆钝。口裂大，下位，上下颌均具微毛状细齿。眼小，侧位，眼间隔稍隆起。须 4 对，鼻须达眼后缘，上颌须最长，伸达胸鳍基部之后；颌须 2 对，外侧一对较长。背鳍条 6 ~ 7 条，臀鳍条 19 ~ 23 条。背鳍不分支鳍条为硬棘，后缘有锯齿，背鳍起点至吻端短于其至尾鳍基部的距离。胸鳍硬棘较发达，且前后缘均有锯齿。胸鳍较短，略呈扇形，末端近腹鳍。脂鳍较臀鳍短，末端游离，起点约与臀鳍起点相对。体背部呈黑褐色，体侧为黄色，腹部呈淡黄色，各鳍呈灰黑色（图 3-3-18）。

图 3-3-18　黄颡鱼

3. 胡子鲇科（Clariidae）

胡子鲇（*Clarias fuscus*）　胡子鲇属。体延长，头平扁而宽，呈楔形。吻宽而圆钝。口大，次下位。眼小，侧上位。前后鼻孔相隔较远，位于眼的前上方。具 4 对须。背鳍基长，起点约于胸鳍后端的垂直上方。臀鳍基长，但短于背鳍基，起点至尾鳍基的距离大于其至胸鳍基后端。胸鳍小，侧下位，鳍棘前缘粗糙，后缘具弱锯齿。腹鳍小。尾鳍不与背鳍、臀鳍相连，呈扇形。活体一般呈褐黄色，有些个体的背部呈黑褐色，腹部色浅。体侧有一些不规则的白色小斑点（图 3-3-19）。为底栖鱼类，常栖息于水草丛生的江河、池塘、沟渠、沼泽和稻田的洞穴内或暗处。适应性强，离水后存活时间较长。以水生昆虫及其幼虫、寡毛类、小型软体动物、小虾和小鱼等为食。

图 3-3-19　胡子鲇

三、鳉形目（Gyprinodontiformes）

鳔无管，鳍无鳍棘，口有齿。无侧线或仅头部有。背鳍 1 个，位靠后。腹鳍腹位，鳍条至多 7 条。无中喙骨及眶蝶骨。上颌骨不形成口上缘。主要为亚洲、非洲及美洲热带的小型淡水鱼类。我国原产仅有青鳉科（Adrianichthyidae）鱼类，其他如花鳉科（Poeciliidae）的食蚊鱼（图 3-3-20）原产于美洲，被引入我国以控制蚊子的滋生，而孔雀鱼则被作为观赏鱼类引入我国。

青鳉科（Adrianichthyidae）

青鳉（*Oryzias latipes*）　青鳉属。个体小，体侧扁，背部平直。头略平扁，被鳞。眼大。口上位，横裂。无侧线。背、腹鳍均小。背鳍位于体后部，几乎与臀鳍相对。尾鳍近截形（图 3-3-21）。生活于池塘、稻田及湖泊的上层。生性活泼，喜集群。

图 3-3-20　食蚊鱼

图 3-3-21　青鳉

四、合鳃目（Synbranchiformes）

体形似鳗，光滑无鳞。鳃常退化，鳃裂移至头部腹面，左右两鳃孔连接在一起形成一横缝，故称合鳃目。无鳔。奇鳍（背、臀、尾鳍）连在一起变为皮褶，无偶鳍。口裂上缘由前颌骨组成。

合鳃鱼科（Synbranhidae）

黄鳝（*Monopterus albus*） 黄鳝属。体细长呈棍棒形，体前圆后部侧扁，尾尖细。头长而圆。口大，端位，上颌稍突出，唇较发达。眼小。体表黏液腺丰富。活体大多呈黄褐色、微黄或橙黄色，有深灰色斑点（图 3-3-22）。在浅水中能竖直身体的前半部分，用口到水面呼吸，把空气储存于口腔及喉部。栖息在池塘、小河、稻田等处，常潜伏在泥洞或石缝中。夜出觅食。具有性逆转现象，幼时为雌，生殖一次后，转变为功能性雄鱼。

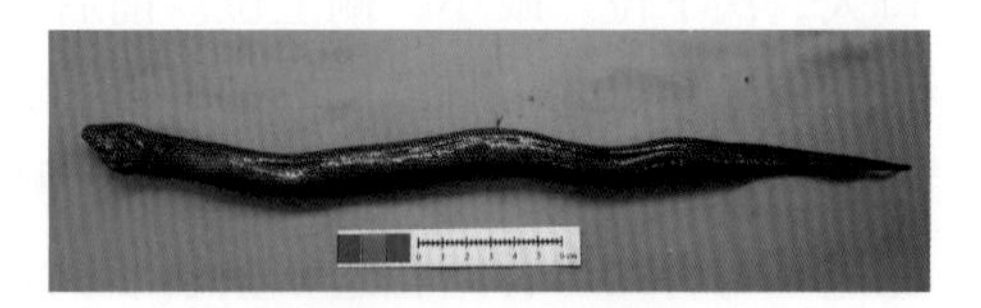

图 3-3-22 黄鳝

五、鲈形目（Perciformes）

1. 鰕虎鱼科（Gobiidae）

李氏吻虾虎鱼（*Rhinogobius leavelli*） 吻虾虎属。个体小。体前部近圆筒形，后部侧扁，尾柄较长。头稍平扁，鼻孔每侧 2 个，分离。吻部明显向前突出。背鳍发红，2 个，分离；胸鳍基部宽；腹鳍胸位；左右腹鳍愈合成吸盘；尾鳍圆形。第 1 背鳍的第 1 和第 2 鳍棘之间的鳍膜下部有 1 个黑斑。眼前缘至吻背前端具 1 ~ 2 条橘色斜纹。纵列鳞 28 ~ 29 条。体侧具 3 ~ 5 个黑褐色斑块。身体斑节明显。头部腹面有红纹，鳍基部为红黑色（图 3-3-23）。暖水性小型底层鱼类。喜栖息于淡水河中。

2. 塘鳢科（Eleotridae）

中华乌塘鳢（*Bostrychus sinensis*） 乌塘鳢属。体延长，粗壮。头宽大于头高，吻短钝，口大，头部及体被小圆鳞，无侧线。两个背鳍分离；胸鳍宽圆；腹鳍短；尾鳍长圆形；左右腹鳍相互靠近，不愈合成吸盘。体褐色，背侧深色，腹部浅色。尾鳍基部上方具一带有白边的眼状大黑斑（图 3-3-24）。栖居于近海河口咸淡水区域，可进入淡水中。肉食性。摄食贝、虾、蟹和小鱼等。洞穴产卵，生殖期为 4 ~ 9 月。

图 3-3-23 李氏吻虾虎鱼

图 3-3-24 中华乌塘鳢

尖头塘鳢（*Eleotris oxycephala*）　塘鳢属。体较细长，前部呈圆柱形，向后渐侧扁。头宽钝，平扁。口近端位。除吻部外，全体及头部均被较大鳞片。背鳍2个；胸鳍大，长圆形；腹鳍胸位，左右分离；尾鳍圆形。体呈棕褐色，腹面为褐色或较淡，头侧有2条黑色纵条纹（图3-3-25）。栖居于河口及淡水的底层。以沼虾和小鱼为食。生殖期为7～9月，亲鱼有护卵习性。

图3-3-25　尖头塘鳢

3. 攀鲈科（Anabantidae）

攀鲈（*Anabas testudineus*）　攀鲈属。体长圆形，侧扁。鳃部具有能在空气中呼吸的鳃上器官。头、体均被栉鳞，体部栉鳞略大。背鳍与臀鳍均有鳞鞘，尾鳍圆形。尾柄很短且高。体呈灰绿色，鳃盖骨后缘在两强棘之间及尾鳍基部中央各具1个大黑斑（图3-3-26）。喜栖居河口淡水区水草丛生的静水或缓流区。干旱时能钻入泥中半米以上深处，有时能爬到岸边的棕榈树上。食动物性饵料，以浮游动物、小虾、小鱼等为食。

4. 丝足鲈科（Osphronemidae）

叉尾斗鱼（*Macropodus opercularis*）　斗鱼属。体长圆形，呈灰绿色，体侧有10余条蓝褐色的横带纹，横带之间略红。体色随栖息环境不同而变化。自吻端经眼至鳃盖有1条黑条纹，其上下在眼后又各有1条。鳃盖后角有1个暗绿色圆斑，斑周或有黄边。背鳍、臀鳍呈灰黑色且有红色边缘，腹鳍第1鳍条及尾鳍亦为红色。背鳍、臀鳍均呈尖形，尾鳍呈叉形（图3-3-27）。雌鱼体色较雄鱼暗淡。

图3-3-26　攀鲈

图3-3-27　叉尾斗鱼

海水鱼类

一、海鲢目（Elopiformes）

体延长，侧扁。颏部喉板发达。鳃盖条23～34根。体被圆鳞，侧线完全，腹部无棱鳞，偶鳍基部具发达的腋鳞。背鳍1个，无硬棘，背鳍基短，位于腹鳍与臀鳍之间，腹鳍腹位。是硬骨鱼类中的低等类群。

海鲢科（Elopidae）

大眼海鲢（*Elops machnata*） 海鲢属。体细长，被银色细鳞，具沟槽，背鳍与臀鳍可平伏其中。肉食性。牙小而尖锐，下具喉板（图 3-3-28）。体长可达 90 cm，体重可达 13 kg。全世界的热带海域均有分布。

图 3-3-28 大眼海鲢

二、鳗鲡目（Anguilliformes）

体形细长似蛇。鳃孔狭窄。鳍无硬刺或棘；背鳍、臀鳍和尾鳍相连，各鳍均无硬棘。背鳍及臀鳍均长，一般在后部相连续；胸鳍有或无。体无鳞，鳞片退化埋于皮下，如有时，则为细小圆鳞。鳔若有时具鳔管。包括 2 亚目 19 科 147 属约 600 种。中国有 1 亚目 12 科 47 属 110 多种。主要生长地为温带和热带水域，大多数种类产于东海、南海，仅极少数种类进入淡水河流中。世界各地均有分布。

1. 海鳝科（Muraenidae）

匀斑裸胸鳝（*Gymnothorax reevesii*） 裸胸鳝属。体延长而呈圆柱状，尾部侧扁。吻短而钝；颌齿单列，颌间齿为 2 ～ 3 个可倒伏的尖牙。脊椎骨数 125 ～ 128 块。幼鱼体暗褐色，略带红紫，成鱼体色由黄褐色至红褐色。体侧有 2 ～ 4 列褐斑，背、臀鳍上各具 1 排梳状的褐斑，大斑点间有许多细小的褐斑点；前后鼻孔为黄白色（图 3-3-29）。

图 3-3-29 匀斑裸胸鳝

2. 蛇鳗科（Ophichthidae）

食蟹豆齿鳗（*Pisodonophis cancrivorus*） 豆齿鳗属。体延长。全长可达 1 米。体长约为体高的 30.6 倍，约为头长的 8.3 倍。吻短，大。齿小钝，颗粒状。上颌齿排列成齿带，前颌骨齿丛稍与犁骨齿分离。后鼻孔前、后有肉质小突起。背鳍起始于胸鳍中部上方，背鳍、尾鳍在近尾端高起，胸鳍发达。尾长为头长与躯干之和的 1.4 倍。体色单一，为褐色，奇鳍边缘为黑色（图 3-3-30）。为温、热带近海鳗类。见于底拖网捕获。

图 3-3-30 食蟹豆齿鳗

三、鲱形目（Clupeiformes）

体长形，侧扁。腹部圆而尖薄，常具棱鳞。口裂小或中等大。上颌口缘由前颌骨和上颌骨组成。辅上颌骨 1 ～ 2 块。齿小或不发达，个别种类具犬齿。无喉板。体被圆鳞，头部裸露。胸鳍和腹鳍基部具腋鳞。无侧线，或仅在身体前部 2 个或 5 个鳞片有侧线。背鳍 1 个，无棘。无脂鳍。胸鳍侧下位，位于体腹缘，无鳍棘。腹鳍腹位。

1. 鲱科（Clupeidae）

圆吻海鰶（*Nematalosa nasus*） 海鰶属。体呈长卵圆形，侧扁，腹缘具锯齿状的棱鳞。头中大。吻短而钝突。脂眼睑发达。口下位，无齿。鳃盖光滑。体被椭圆形圆鳞，纵列鳞 45 ~ 50 列；胸鳍和腹鳍基部具腋鳞。背鳍位于体中部前方，具软条 15 ~ 16 根，末端软条延长如丝；臀鳍起点于背鳍基底后方，具软条 20 ~ 24 根；腹鳍具软条 8 根；尾鳍深叉。体背部呈绿褐色，体侧下方和腹部为银白色；鳃盖后上方具 1 个大黑斑（图 3-3-31）。为海洋性近沿海洄游小型鱼类，亦常可发现于河口区产卵。有集群洄游的习性，并具强烈趋光性，产卵季在春夏之间分批产卵，产卵后，鱼群分散索饵。以硅藻、桡脚类及其他小型无脊椎动物为主要食物。

图 3-3-31 圆吻海鰶

2. 鳀科（Engraulidae）

汉氏棱鳀（*Thryssa hamiltonii*） 棱鳀属。体甚侧扁，腹部在腹鳍前后均有一排锐利的棱鳞。头略小，侧扁。吻钝，吻长明显短于眼径。口大倾斜；上颌骨末端尖但略短。体被圆鳞，鳞中大，易脱落，无侧线；背鳍前方具 1 个小棘，胸、腹鳍具腋鳞。背鳍起始于体中部，具 12 根软条；臀鳍长，具 34 ~ 37 根分支软条；尾鳍叉形。体背部呈青灰色，具暗灰色带，侧面银白色；鳃盖后上角具一黄绿色斑驳。背鳍、胸鳍及尾鳍呈黄色或淡黄色；腹鳍及臀鳍为淡色（图 3-3-32）。为沿近海表层鱼类，滤食性，以浮游动物为主，辅以多毛类、端足类。

图 3-3-32 汉氏棱鳀

七丝鲚（*Coilia grayii*） 鲚属。体延长，侧扁，向后渐细长。腹部棱鳞显著。吻短，圆突，等于或略大于眼径。口大，下位；口裂倾斜。上颌骨后延伸达胸鳍基部，上颌骨下缘有细锯齿。纵列鳞 58 ~ 62 列，横列鳞 9 列；头部无鳞；胸鳍和腹鳍的基部各有 1 宽大的腋鳞；无侧线。背鳍位于体前半部上方，背鳍基前方有 1 根短棘，鳍条 12 ~ 13 根；臀鳍起点距吻端较距尾鳍基为近，鳍条 74 ~ 88 根；胸鳍上部有 7 根游离鳍条，均延长为丝状，向后延伸到或超过臀鳍起点；腹鳍短小，始于背鳍小棘的下方；尾鳍上下

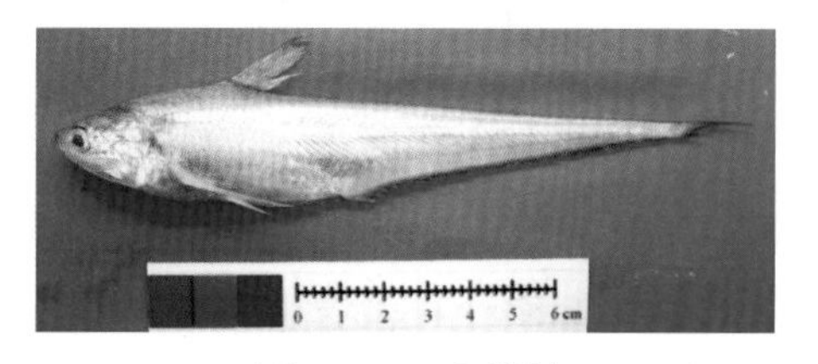

图 3-3-33 七丝鲚

叶不对称，上叶尖长，下叶短小，下叶的鳍条与臀鳍条相连。体呈银白色，背缘偏墨绿色；尾鳍尖端稍带黑色；背鳍、胸鳍、腹鳍为浅色（图 3-3-33）。为沿近海中上层鱼类，以小型无脊椎动物为食。

四、鲇形目（Siluriformes）

鳗鲇科（Plotosidae）

线纹鳗鲇（*Plotosus lineatus*） 鳗鲇属。体延长，头部略平扁，腹部圆，后半部侧扁，尾尖如鳗尾。头中等大，吻部略尖；口开于吻端略下方；口部附近具有 4 对须。体表无鳞。第一背鳍和胸鳍各具 1 枚硬棘，具毒腺；第二背鳍与臀鳍、尾鳍相连。体背侧呈棕灰色，体侧中央有两条黄色纵带（图 3-3-34）。生活于珊瑚礁区，也常可发现于潮池、河口域或开放性的沿岸海域。

图 3-3-34 线纹鳗鲇

五、仙女鱼目（Aulopiformes）

狗母鱼科（Synodontidae）

革狗母鱼（*Synodus dermatogenys*） 狗母鱼属。体圆而瘦长，呈长圆柱形，尾柄两侧具棱脊。头较短。吻圆，吻长明显大于眼径。前鼻孔瓣细长。眼中等大；脂眼睑发达。口裂大，上颌骨末端延伸至眼后方；颌骨具锐利之小齿；腭骨前方齿较后方齿长，明显自成一丛。体及头部被圆鳞；侧线鳞 56 ~ 64。单一背鳍，具软条 10 ~ 13 根；有脂鳍；臀鳍与脂鳍相对，具软条 8 ~ 11 根；胸鳍短；尾鳍叉形。体侧上部为褐色，具 7 条不规则黑斑带（图 3-3-35）。主要栖息于沿岸海藻床或舄湖区之砂泥底质的水域。属肉食性。

图 3-3-35 革狗母鱼

六、鲻形目（Mugiligormes）

腹鳍亚胸位或腹位。背鳍 2 个，分离，第一背鳍由棘组成。体被圆鳞或栉鳞，有的可入淡水。

鲻科（Mugilidae）

鲻鱼（*Mugil cephalus*） 鲻属。体延长，呈纺锤形，前部圆形而后部侧扁，背无隆脊。头短。吻短；唇薄。眼圆，前侧位；脂眼睑发达，脂眼睑长和眼径比 3 : 2 ~ 4 : 1。口小，亚腹位；牙细弱。头部及体侧的侧线发达，数目达 13 ~ 15 条。鳃耙繁密细长。背鳍 2 个，第一背鳍硬棘 4 根，第二背鳍硬棘 1 根，软条 8 根；胸鳍上侧位，具 16 根软条，基部具蓝色斑驳，腋鳞发达；腹鳍腹位，具 1 个鳍棘和 5 根软条；腹鳍腹位，

图 3-3-36 鲻鱼

具硬棘1根，软条5根，腋鳞发达；臀鳍具硬棘3根，软条8根；尾鳍分叉。新鲜标本体背为橄榄绿，体侧为银白色，腹部渐次转为白色，体侧有6或7条暗褐色带；眼球的虹膜具金黄色缘。除腹鳍为暗黄色外，各鳍有黑色小点。胸鳍基部的上半部有1个蓝斑（图3-3-36）。主要栖息环境为沿岸沙泥底水域。

七、银汉鱼目（Atheriniformes）

银汉鱼科（Atherinidae）

蓝美银汉鱼（*Atherinomorus lacunosus*） 美银汉鱼属。体延长而略呈圆柱形。前上颌骨较长；两颌齿细小，绒毛状；口盖骨及锄骨均有齿。前鳃盖骨后缘有缺刻。体侧具圆鳞，体侧自胸鳍腋部至尾柄后端具侧线鳞40 ~ 44枚，体侧纵带较宽。第一背鳍具棘4 ~ 7根；第二背鳍具1根棘，8 ~ 11根软条；臀鳍具1根棘，12 ~ 17根软条；胸鳍14 ~ 18根软条。体背部呈蓝绿色而略透明，有时带银色光泽，腹部为白色；体侧具1条银色纵带，约1.5个鳞片宽。各鳍透明，有时稍暗色或带暗色缘（图3-3-37）。主要成群栖息于砂泥底质的海岸和礁区缘。南海常见。

图 3-3-37 蓝美银汉鱼

八、颌针鱼目（Beloniformes）

1. 鱵科（Hemirampidae）

乔氏吻鱵（*Rhynchorhamphus georgii*） 吻鱵属。体侧扁。眼侧位而高。鼻孔略呈圆形。口小，前位；上颌短，下颌延长呈喙状。两颌仅相对部分具齿，上颌齿呈带状，下颌齿两行。体被圆鳞，易脱落。侧线位置低，近体下缘。背鳍、臀鳍相对。腹鳍近腹部后方。尾鳍叉形，下叶长于上叶。体呈淡黄色，体侧具灰黑色纹带，背部鳞为黑绿色，背鳍和尾鳍边缘均为黑色，其他各鳍为浅色（图3-3-38）。

2. 颌针鱼科（Belonidae）

尖嘴柱颌针鱼（*Strongylura anastomella*） 柱颌针鱼属。体呈带状延长，全长可达1 m，侧扁。喙长，嘴尖。胸鳍小，位高。侧线在胸鳍基有分支。头部鳞小，背鳍前鳞多达195 ~ 230枚。主鳃盖无鳞片。尾柄无隆起嵴。尾鳍后缘截形或稍凹。体背部呈青绿色，腹侧呈银白色，无横纹。胸鳍色浅，尾鳍为暗灰色（图3-3-39）。为暖温性中上层鱼类。栖息于沿海表层水域，可进入河口低盐水域。

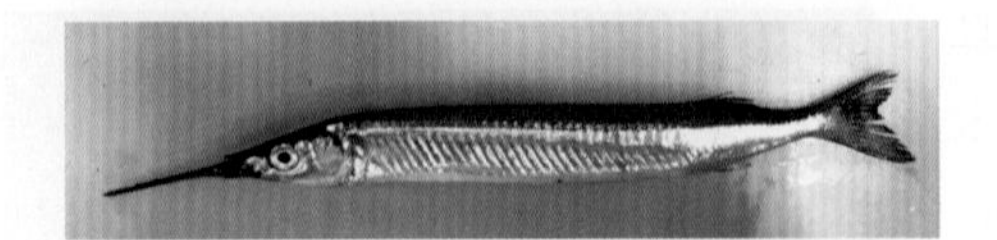
图 3-3-38 乔氏吻鱵

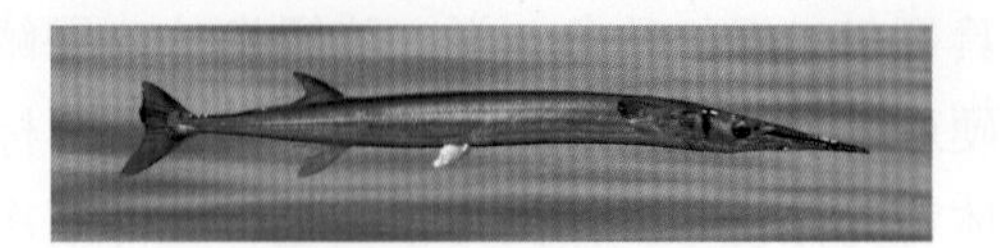
图 3-3-39 尖嘴柱颌针鱼

九、刺鱼目（Gasterosteiformes）

烟管鱼科（Fistulariidae）

无鳞烟管鱼（*Fistularia petimba*） 烟管鱼属。体延长而侧扁，后方圆柱形。吻延长为管状。口小，颌齿小。两眼间隔凹入。体侧具微细小棘；尾柄部之侧线上具向后尖出之棱鳞。背鳍及臀鳍基底短而相对，具软条 14 ~ 17 根；胸鳍软条 15 ~ 17 根；腹鳍小；尾鳍深叉形，中央 2 根鳍条延长成尾丝。活体为红色（图 3-3-40）。主要栖息于软质底部上的沿岸区域，栖息深度通常超过 10 m。

图 3-3-40 无鳞烟管鱼

十、鲉形目（Scorpaeniformes）

本目鱼类头部常具骨棱、棘或骨板。胸鳍大多数宽大圆形，或有游离指状鳍条；尾鳍一般为圆形，极少呈叉状。上下颌齿一般细小，犁骨及腭骨常具齿。为近沿岸肉食性海洋鱼类，大多于有隐蔽的地方栖息。体色多变化，常与四周环境形成拟态，最常拟态为石头，以守株待兔的方法捕食其他鱼类。

1. 鲬科（Platycephalidae）

鲬（*Platycephalus indicus*） 鲬属。体延长，平扁。头宽扁。眼上侧位。口大，端位；下颌突出；牙细小。鳃孔宽大。体被小栉鳞。侧线平直，侧中位。背鳍 2 个。臀鳍和第二背鳍同形相对。胸鳍宽圆。腹鳍亚胸位。尾鳍截形。体呈黄褐色，具黑褐色斑点，腹面为浅色，背鳍鳍棘和鳍条上具纵列小斑点，臀鳍后部鳍膜上具斑点和斑纹。尾鳍具灰黑色斑块（图 3-3-41）。广泛分布于我国沿海。为近海底层鱼类，栖息于沙底浅海区域，常进入河口咸淡水区域。行动缓慢，一般不结群。摄食甲壳动物和小型鱼类等。

图 3-3-41 鲬

2. 平鲉科（Sebastidae）

褐菖鲉（*Sebastiscus marmoratus*） 菖鲉属。体呈纺锤型。头中等大，侧扁。眼中等大，上侧位，眼球高达头背缘。口中等大，端位，斜裂，上下颌等长，上颌骨延伸至眼眶后缘下方。眶下棱无棘；胸鳍具 18 ~ 19 根鳍条；鲜活时体呈褐红色或褐色，体侧具许多白斑。为沿海底栖性海洋鱼类。生活于较浅的珊瑚礁、砾石区、岩礁或沙石混合区底质水域，水深 2 ~ 40 m。棘基部具毒腺。卵胎生，成熟的雄鱼有交接器。肉食性，主要以甲壳动物和小型鱼类为食（图 3-3-42）。我国沿海均有分布。

图 3-3-42　褐菖鲉

3. 鲉科（Scorpaenidae）

触角蓑鲉（*Pterois antennata*）　蓑鲉属。胸鳍鳍条呈丝状延长，各鳍条上的鳍膜不明显；背鳍具 12 ~ 13 根鳍棘；被栉鳞，尾柄部具褐色垂直横带；胸鳍具许多小黑斑。为暖水性中小型海洋鱼类。栖息于水深 60 m 的珊瑚礁、岩礁沙底或海藻茂盛的浅海海域。背鳍、臀鳍等鳍棘基部具毒腺，毒性强，人被刺伤后剧痛，为著名刺毒鱼类（图 3-3-43）。

图 3-3-43　触角蓑鲉

十一、鲽形目（Pleuronectiformes）

幼鱼身体侧扁，左右对称，成鱼体左右不对称，两眼同位于头的一侧。侧面观呈卵圆形、长椭圆形或长舌状。均为底层海鱼类，冷温性种类较多。

1. 鳎科（Soleidae）

条鳎（*Zebrias zebra*）　条鳎属。体呈长椭圆形；两眼均位于头右侧，两眼相邻，无触须，眼间隔处有鳞片。前鼻管单一，达下眼前缘之后。口小；吻圆钝；上下颌眼侧无齿；腭骨无齿。体两侧皆被栉鳞；侧线单一，几成直线，侧线被圆鳞。背鳍与臀鳍鳍条均不分支，尾鳍完全与背鳍、臀鳍相连；盲侧无胸鳍或不发达，眼侧具胸鳍，鳃膜与胸鳍上半部鳍条相连，胸鳍不分支。眼侧体呈黄褐色，由头至尾有 12 对黑褐环带或 20 ~ 23 条横带；尾鳍为黑褐色，有白斑点（图 3-3-44）。栖息于沿岸较浅的泥沙底质海域。以底栖性甲壳类动物为食。

图 3-3-44　条鳎

眼斑豹鳎（*Pardachirus pavoninus*）　豹鳎属。体长卵形；两眼皆在体右侧，眼间隔处具鳞片。前鼻管单一短小，达下眼前缘之前。口小；腭骨无齿；前鳃盖缘不分离；盲侧具细齿带，眼侧和盲侧皆具弱栉鳞。背鳍、臀鳍鳍条均分支，鳍膜上不被鳞，背鳍与臀鳍基部具圆孔；腹鳍不对称，眼侧腹鳍基底长，且与生殖突或臀鳍相连；无胸鳍；尾鳍与背鳍、臀鳍分离。眼侧体呈淡黄褐色，头部、体侧及各鳍具边缘有黑环的不规则白斑点，有的中央尚有灰黑点。盲侧为淡黄白色（图 3-3-45）。

图 3-3-45 眼斑豹鳎

2. 牙鲆科（Paralichthyidae）

桂皮斑鲆（*Pseudorhombus cinnamoneus*）

斑鲆属。体呈长卵圆形；两眼均在左侧；两眼间具狭小骨脊，上眼较下眼稍向前，上眼前方有凹陷。头中型。口稍大；上颌延伸至下眼中央下方，由背鳍起点至后鼻孔的直线通过上颌骨末缘或其后方；上下颌齿小而密，不为大犬齿状。鳞中型，背鳍与臀鳍鳍条均被鳞，眼侧被栉鳞，盲侧被圆鳞；左右侧均具侧线，鳞数 75 ~ 84 枚。背鳍起点在鼻孔前缘上方，有软条数 77 ~ 89 根；臀鳍软条数 58 ~ 69 根；胸鳍短于头长；尾鳍楔形。体绿色或淡褐色，有许多环纹，侧线直线前部和中央稍后各有 1 个黑褐色斑；盲侧为灰白色（图 3-3-46）。主要栖息于沿岸内湾至水深 164 m 深的近海砂泥质海域。肉食性鱼类，主要捕食底栖性的甲壳类或是其他种类的小鱼。

图 3-3-46 桂皮斑鲆

十二、鲀形目（Teraofontiformes）

体形较短，上颌骨与前颌骨愈合形成特殊的喙，鳃孔小，侧位。体被骨化鳞片、骨板、小刺或裸露。背鳍 1 个或 2 个，与臀鳍相对。腹鳍胸位或亚胸位，或消失。腰带愈合或消失。气囊有或无。本目不少种类为有毒鱼类，其内脏含有一种天然毒素，称为河鲀毒素，以卵巢和肝脏所含毒素最强。河豚毒素可用来制作止血、止痛、解痉药物。

1. 鲀科（Tetraodontidae）

弓斑多纪鲀（*Takifugu ocellatus*） 多纪鲀属。体呈椭圆形，躯干部粗壮，尾部尖细。口小，弧形，前位。上下颌各具 2 个喙状牙板。背面自鼻孔至背鳍起点，腹面自鼻孔下方至肛门前方均被小刺。背鳍、臀鳍相对。胸鳍宽短。无腹鳍。尾鳍截形。背侧具 1 个鞍状斑，

图 3-3-47 弓斑多纪鲀

背鳍基部有1个大黑斑并具橙色边缘。体无鳞。侧线发达，背侧线上侧位（图3-3-47）。

2. 单角鲀科（Monacanthidae）

中华单角鲀（*Monacanthus chinensis*） 单棘鲀属。体高，侧扁，略呈菱形。口稍上位，吻上下缘线皆稍凹陷，使口呈稍突出。腹鳍膜极大，且向后延伸远超过特化鳞，收缩时特化鳞未达肛门；体鳞大，鳞中央具一根强棘，棘扁平向后弯曲，呈镰刀状，棘顶分叉，四周有一圈小棘；身体散布少许小皮质突起。第一背鳍棘硬，位于眼中央上方，棘侧各具4～6个向下弯曲的小棘。体色呈浅褐色；具深褐色斑点，头部为深褐色，身体有由褐色点构成的大块横斑。背鳍软条与臀鳍透明，具黑细线形成的网纹；臀鳍基部前后各有1个斑；尾鳍呈浅棕色，基部有1条宽黑纵带，后半部有2条细黑纵带，最上尾鳍鳍条延长（图3-3-48）。主要栖息于沿岸、近海礁区、底拖区域的水域或河口域。主要以藻类、小型甲壳类及小鱼等为食。

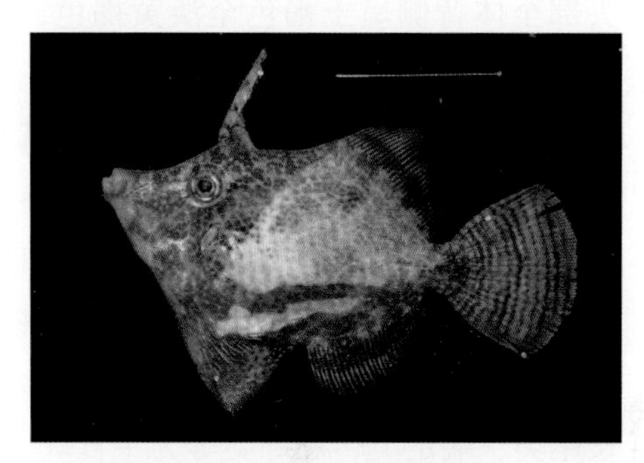

图3-3-48 中华单角鲀

十三、鲈形目（Perciformes）

本目约有150科1367属7000余种，其形状、大小各异，在几乎所有的水生生态环境都有出现。因鳍具鳍棘，又称棘鳍类。背鳍1或2个，具硬棘；腹鳍胸位或喉位，具1棘，5根鳍条；尾鳍发达。上下颌通常发达，上颌骨一般不参加口裂组成。体被栉鳞，少数圆鳞。

1. 鮨科（Serranidae）

青石斑鱼（*Epinephelus awoara*） 石斑鱼属。体呈纺锤形；头较大，大于体高，标准体长为体高的2.7～3.3倍。头背部弧形。口大。前鳃盖骨后缘具2～5个强锯齿，下缘光滑。鳃盖骨后缘具3个扁棘。体被细小栉鳞；侧线鳞孔数49～55枚；纵列鳞数92～109枚。背鳍鳍棘部与软条部相连，无缺刻，具硬棘6根，软条15～16根；臀鳍硬棘3根，软条8根；腹鳍腹位，末端延伸不及肛门开口；胸鳍圆形，且长于腹鳍，但短于后眼眶长；尾鳍圆形。头部及体侧之上半部呈灰褐色，腹部则呈金黄色或淡黄色；体侧具4条暗色横斑，尾柄处亦具1条横斑。头部及体侧散布着小黄点；体侧及奇鳍常具灰白色小点。背鳍、臀鳍软条部及尾鳍具黄缘（图3-3-49）。主要栖息于水深10～50 m处之石砾区或沙泥区海域，幼鱼则常出现在潮池区。以鱼类为主食。

图3-3-49 青石斑鱼

2. 鱚科（Sillaginidae）

多鳞鱚（*Sillago sihama*） 鱚属。体呈长圆柱形，略侧扁。口小，端位，上下颌和锄骨上有带状细齿，但口盖骨、腭骨及舌上均无齿。主鳃盖骨小，有1根短棘；体被小型栉鳞；颊部具鳞2列，皆为圆鳞；侧线完全。背鳍2个；尾鳍后缘截形或浅凹形。2个背鳍共具11根硬棘，21 ~ 22根软条；臀鳍具有2根硬棘，21 ~ 23根软条；胸鳍具有15 ~ 16根软条；腹鳍具有1根硬棘，5根软条；侧线鳞列数为67 ~ 72枚。头部至体背侧呈土褐色至淡黄褐色，腹侧为灰黄色，腹部近于白色。各鳍透明；背鳍软条部具有不明显的黑色小点；胸鳍基部无黑斑（图3-3-50）。属于沿岸的小型鱼类，主要栖息于泥沙底质的沿岸沙滩、河口红树林区或内湾水域。当遇到危险时会埋藏在沙中，借以躲避敌害。肉食性，主要摄食多毛类、长尾类、端足类、糠虾类等为主食。

图3-3-50 多鳞鱚

3. 马鲅科（Polynemidae）

四指马鲅（*Eleutheronema tetradactylum*） 四指马鲅属。体延长，略侧扁。口大，下位。吻圆钝，上颌长于下颌，两颌牙细小，呈绒毛状。体被大而薄的栉鳞，头部其余部分均被鳞。背鳍、臀鳍、胸鳍基部均有鳞鞘。除第一背鳍及胸鳍游离鳍条外，其余各鳍均被细鳞。背鳍2个，间隔较大。胸鳍下方有4条游离的丝状鳍条。尾鳍深叉形。体背部呈灰褐色，腹部呈乳白色，背鳍、胸鳍和尾鳍均呈灰色，边缘为浅黑色（图3-3-51）。

图3-3-51 四指马鲅

4. 石首鱼科（Sciarnidae）

棘头梅童鱼（*Collichthys lucidus*） 梅童鱼属。体延长，侧扁，背部呈浅弧形，腹部平直，尾柄细长，额部隆起，高低不平。吻短钝。眼小，侧上位，接近吻端。眼间宽，口大，前位，口裂倾斜度大。鼻孔位于眼前方与吻端之间，前鼻孔为圆形，比后鼻孔大；后鼻孔为裂缝状，接近眼缘。鳃孔大。背鳍2个，中间具有1深缺刻，第一背鳍起点在胸鳍基部的上方。腹鳍胸位，左右腹鳍相邻。胸鳍侧位，位低，尖长，末端超过腹鳍末端。体被小圆鳞。体背侧呈灰黄色，腹侧呈金黄色。背鳍边缘及尾鳍末端为黑色，各鳍为淡黄色（图3-3-52）。

图3-3-52 棘头梅童鱼

勒氏枝鳔石首鱼（*Dendrophysa russelii*） 枝鳔石首鱼属。体延长，侧扁。吻短，圆突，突出于上颌之外。眼中等大，上侧位。口小，下位，口裂水平状。颏孔为“五孔型”，颏须较细，短于眼径。鳃孔大。前鳃盖骨边缘具锯齿。体及头部被栉鳞，吻及颊部被圆鳞。侧线向后几乎伸达尾鳍末端。体背侧浅灰色，体下侧及腹部白色。背鳍前方有1个菱形大黑斑。背鳍连续，第一背鳍上端有许多小黑点，下基缘为淡黄色。鳍棘部和鳍条部之间具1个深缺刻。臀鳍第2棘较粗长，腹鳍外侧第1鳍条呈丝状延长，尾鳍楔形。除第1背鳍外，其他鳍均为淡黄色（图3-3-53）。为暖水性近岸底层小型鱼类。摄食虾类、小鱼等。

图 3-3-53 勒氏枝鳔石首鱼

5. 鲾科（Leiognathidae）

短吻鲾（*Leiognathus brevirostris*） 鲾属。体侧呈卵圆形，背、腹缘轮廓形状相似，尾柄较长。头较小，项背高起。吻稍短钝，约与眼径等长。眼中等大，侧上位，前上缘有2根小棘，眼间隔略小于或几乎等于眼径。鼻孔每侧2个，在眼的前上方，前鼻孔小，呈卵圆形，后鼻孔大，呈椭圆形。口前位。背鳍鳍棘部与鳍条部连续。胸鳍中侧位。腹鳍短小，近胸位。尾鳍叉形。体背部为浅蓝色，并有稀而不规则浅黄色斑纹，腹部为银白色。自眼上缘至尾鳍基部有1条黄色纵带。头后有1个蓝色鞍状斑。臀鳍棘为浅黄色，背鳍第二第七棘的上半部有1个深黑斑，尾鳍下叶后半部呈黄色（图3-3-54）。

图 3-3-54 短吻鲾

6. 鲷科（Sparidae）

黄鳍棘鲷（*Acanthopagrus latus*） 棘鲷属。体长呈椭圆形，侧扁，背面狭窄，腹面钝圆。体高。头部尖。背鳍鳍棘部与软条部相连。尾呈叉形。体色为青灰色带黄色，体侧有若干条灰色纵线，沿鳞片而行。胸鳍、腹鳍、臀鳍的大部及尾鳍下叶为黄色（图3-3-55）。广盐性、暖水性中小型鱼类。栖息于沿岸及河口区。杂食性。摄食底栖硅藻，也食小型甲壳类。

图 3-3-55 黄鳍棘鲷

7. 鳚科（Blennioidei）

赖氏犁齿鳚（*Entomacrodus lighti*） 犁齿鳚属。体延长，体长约4 cm。雄鱼具冠膜。鼻须掌状，分支。眼须和颈须单一，不分支。上唇中央边缘呈波状突起，下唇平滑。两颌各具可动小齿1行。体呈深橄榄色。眼部有3条放射状黑色宽带。体侧有6 ~ 7

条黑色横带，散布白色斑点。背鳍鳍棘部前部有黑斑（图 3-3-56）。为暖水性岩礁鱼类。栖息于沿岸礁岩海区。

图 3-3-56　赖氏犁齿鳚

8. 鰕虎鱼科（Gobiidae）

孔鰕虎鱼（*Trypauchen vagina*）　孔鰕虎属。体颇延长，侧扁。头短。吻短而钝。口小，斜裂。眼睛退化隐于皮下。体被圆鳞，无侧线。背鳍连续，后部鳍条与尾鳍相连。胸鳍短小。腹鳍狭小愈合成吸盘。尾鳍尖长。体略呈红色或淡紫红色（图 3-3-57）。为近海潮间带暖水性底层小型鱼类。常栖息于咸淡水的滩涂。主要摄食底栖硅藻和无脊椎动物。

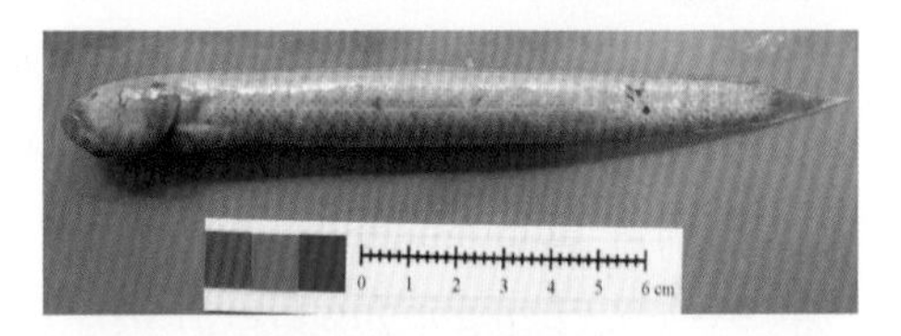

图 3-3-57　孔鰕虎鱼

大弹涂鱼（*Boleophthalmus pectinirostris*）　大弹涂鱼属。体延长，侧扁。头大，近圆筒形。口大略斜。体被小圆鳞。无侧线。胸鳍基部宽大。腹鳍愈合成吸盘。背鳍 2 个。尾鳍楔形、宽大。鱼体呈灰褐色，散布不规则白斑点、黑斑及蓝色亮斑，并具 5 ～ 6 条向前斜下的黑褐色横纹。背鳍和尾鳍上有蓝色小圆点。腹部为灰色（图 3-3-58）。

图 3-3-58 大弹涂鱼

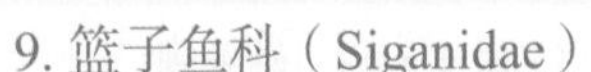

9. 篮子鱼科（Siganidae）

长鳍（黄斑）篮子鱼（*Siganus canaliculatus*）　篮子鱼属。体呈长卵圆形，侧扁。头小，前段略尖。口小。体被有小圆鳞。背鳍几乎占背部全长，鳍条部边缘为圆形。臀鳍鳍条与背鳍鳍条形状相似。胸鳍中等长。腹鳍短于胸鳍。尾鳍深叉形。各鳍鳍棘具毒腺。体为黄绿色，背部色较深，腹部较浅；头部和体侧散布许多长圆形的小黄斑，在头后侧线起点下方常隐有 1 个长条形暗斑（图 3-3-59）。生活在沿海岩礁区、珊瑚丛、海藻丛和红树林中，常进入河口区。

图 3-3-59　长鳍（黄斑）篮子鱼

褐篮子鱼（*Siganus fuscescens*）　篮子鱼属。体呈长椭圆形，侧扁，体背缘与腹缘稍呈浅弧形。头小，前端略尖。眼中等大。口小，前下位。下颌短于上颌，鳃盖骨边缘无棘。体被小圆鳞，全部埋藏于皮下。侧线完全，位高，与背缘平行，向后延伸至尾鳍基。背鳍几乎占体背全长，胸鳍中等长，腹鳍短于胸鳍，尾鳍呈浅叉形。头脸似兔，故有“兔鱼”之称。腹鳍两侧有硬棘，中间为软条。体呈褐色，散布着许多白点。背鳍、尾鳍和腹鳍的棘有毒腺（图 3-3-60）。成鱼栖息于海藻茂盛的礁石平台、缓坡或礁砂混合区。杂食性。以藻类及小型底栖动物为主。

图 3-3-60 褐篮子鱼

10. 双边鱼科（Ambassidae）

尾纹双边鱼（*Ambassis urotaenia*） 双边鱼属。体较侧扁，透明，散布小黑点。口大，斜裂。尾鳍呈淡黄色，上下叶有黑色边缘。体被圆鳞，易脱落，颊部 1 列鳞，鳃盖亦被鳞，侧线完全。背鳍 1 个，具深缺刻，背鳍前鳞 8 ~ 9 枚。背鳍棘 7 个，第二和第三鳍棘尖端鳍膜处有 1 个黑色斑点。臀鳍棘 3 个，侧线鳞 24 ~ 27 枚。尾鳍呈深叉形（图 3-3-61）。为暖水性中上层鱼类。主要栖息于沿岸、污湖、沼泽或红树林。对盐度耐受性强，但离水立即死亡。群游性。属肉食性鱼类，以水生昆虫、贝类及小型鱼类为食。

图 3-3-61 尾纹双边鱼

11. 银鲈科（Gerreidae）

长棘银鲈（*Gerres filamentosus*） 银鲈属。体呈长卵圆形而偏高。各鳍皆为淡色或有白缘或有黑缘。眼大，吻尖。口小唇薄，能伸缩自如，伸出时向下垂。上下颌齿细长，呈绒毛状。体被薄圆鳞，易脱落，侧线完全，呈弧状。背鳍 1 个，硬棘 9 个，第 2 棘最长而延长如丝，末端达鳍条部中部。胸鳍长，末端可达及臀鳍硬棘部起点的上方。腹鳍胸位。臀鳍第 2 棘较短，远短于基底长。尾鳍深叉形，最长鳍条长约为中央鳍条的 3 倍。体背部银灰色，腹部乳白色，体侧有 7 ~ 10 列淡青色斑点形成的点状横带。各鳍皆淡色或有白缘或有黑缘（图 3-3-62）。为近岸中上层鱼类。多栖息在沿岸的沙泥底质之水域，经常成群活动。有时会在河口水域出现，属肉食性，掘食在沙泥地中躲藏的底栖生物。

图 3-3-62 长棘银鲈

12. 鯻科（Terapontidae）

细鳞鯻（*Terapon jarbua*） 鯻属。体高而侧扁，呈长椭圆形。吻略钝，口中等大，前位，上下颌约等长，唇不具肉质突起。前鳃盖骨后缘具锯齿，鳃盖骨上具根 2 棘，下棘较长，超过鳃盖骨后缘，上棘细弱而不明显。背鳍连续，硬棘部与鳍条部间具缺刻，硬棘 12 根，鳍条 10 根。臀鳍硬棘 3 条，鳍条 9 ~ 10 根。体背黄褐色，腹部银白色。体侧有3条成弓形的黑色纵带，最下面一条由头部起经尾柄侧面中央达尾鳍后缘中央。背鳍硬棘部有一大型黑斑，软条部有2 ~ 3个小黑斑，尾鳍上下叶有斜向黑色条纹。各鳍灰白色至淡黄色（图3-3-63）。主要栖息于沿海、河川下游及河口区砂泥中，属底栖性鱼类。广盐性。肉食性，以小型鱼类、甲壳类及其他底栖无脊椎动物为食。

图3-3-63 细鳞鯻

13. 金线鱼科（Nemipteridae）

金线鱼（*Nemipterus japonicus*） 金线鱼属。体呈长纺锤形，侧扁；头端略尖，头背呈弧形，两眼间隔区无隆突。吻中等大。眼大；口中等大，端位；上颌具4 ~ 5对犬齿，不呈水平突出；锄骨、腭骨及舌面均不具齿。前鳃盖后缘平滑，颊鳞有3列。背鳍连续而无缺刻，具硬棘5条，软条9根；臀鳍硬棘3根，软条7根；胸鳍非常长，末端达臀鳍硬棘部；腹鳍中等长，达肛门；尾鳍上下叶后端呈尖形，上叶呈丝状延长。体呈粉红色，腹面银白，体侧有11 ~ 12条黄色纵线；侧线起始处下方具1个带红色光泽的黄斑。背鳍为淡白，鳍外侧为黄色而具红缘，基部具1条向后逐渐宽大的淡黄色纵带；臀鳍淡白，具数条破碎的淡黄色纵带；尾鳍淡粉红色，上叶先端为黄色（图3-3-64）。

图3-3-64 金线鱼

14. 羊鱼科（Mullidae）

黑斑绯鲤（*Upeneus tragula*） 绯鲤属。体延长而稍侧扁，呈长椭圆形。头中等大；口小，下位；吻圆钝；上颌延长至眼下方约1/3处。颏部缝合处具1对长须，白色或淡黄色，末端未达后鳃盖缘。前鳃盖骨后缘平滑；鳃盖骨后缘具1条短棘。体被中等大栉鳞，易脱落；侧线完全，侧线鳞数为28 ~ 30枚。背鳍2个，彼此分离；尾鳍呈叉尾形。头部及体侧自吻端经眼至尾鳍基部具1条红褐色至黑色的纵带，纵带上方之体侧呈褐色至灰绿色，并且散布许多红褐色或黑色小点；纵带下方体侧呈银白色，有数条暗色点带。背鳍棘部呈灰白色，具有一个暗红至黑色大斑，斑内杂有两至多个小黄点，此斑下方另有1个小暗色斑；软条与腹鳍具2 ~ 3条暗红或黑色纵带；尾鳍上叶具4 ~ 6条灰黑或红褐斜带，下叶则具5 ~ 8条；胸鳍与腹鳍呈黄褐色，偶具红点（图3-3-65）。

图3-3-65 黑斑绯鲤

15. 金钱鱼科（Scatophagidae）

金钱鱼（*Scatophagus argus*） 金钱鱼属。体侧扁而高，头背部高斜。口小，端位，吻中长且宽钝。鳃孔大，鳃盖膜稍连于颊部。眼中等大。前鳃盖骨后缘具细锯齿。背鳍单一。侧线曲度与体背缘平行。背鳍具有10 ~ 11根硬棘，具毒性，有16 ~ 18根软条；臀鳍具有4根硬棘，14 ~ 15根软条；胸鳍具有17根软条；腹鳍具有1根硬棘，5根软条；侧线鳞为85 ~ 120。成鱼身体呈褐色，腹缘为银白色；体侧具大小不一的椭圆形黑斑；背鳍、臀鳍及尾鳍具有小斑点（图3-3-66）。大多栖息在港湾、红树林、河口的泥沙底质半淡半咸水域。属杂食性，主要以藻类碎屑、蠕虫、小型甲壳类等为食。

图 3-3-66 金钱鱼

16. 隆头鱼科（Labridae）

断纹紫胸鱼（*Stethojulis terina*） 紫胸鱼属。体长形。口小，上下颌有1列门齿。体被大鳞，头部无鳞，颊部裸出。侧线为乙字状连续。雌性体侧上半部为灰褐色，下半部为乳白色，两者之间有淡蓝色纵纹；下侧依鳞片排列有6纵列褐色小点；雄鱼体上半部呈蓝褐色，下半部色淡绿，中间有1条淡蓝色纵线；胸鳍基上缘具黑斑，前缘及下缘另具红斑；背鳍基稍下方具1条蓝纹延伸至头部；头部眼上、下缘各具1条平行紫蓝色纵线，从上颌延伸至鳃盖缘，下面一条与体纵线相接（图3-3-67）。

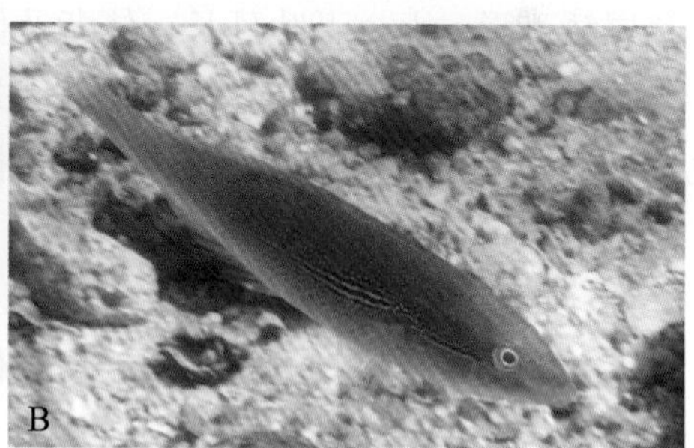

图 3-3-67 断纹紫胸鱼

A. 雄性；B. 雌性

云斑海猪鱼（*Halichoeres nigrescens*） 海猪鱼属。体呈长椭圆形（侧面观），长约9 cm，侧扁。吻尖而长。前鳃盖骨后缘具锯齿。腹鳍长，可伸达肛门。背鳍、臀鳍后缘尖。尾鳍后缘圆弧形。体呈红色或绿色中带褐色，具云纹状斑。颊部有淡红色斜向斑纹。背鳍中部有黑斑（图3-3-68）。为珊瑚礁鱼类。栖息于珊瑚礁、岩礁海区。

A

B

图 3-3-68　云斑海猪鱼

A. 雄性；B. 雌性

17. 雀鲷科（Pomacentridae）

孟加拉豆娘鱼（*Abudefduf bengalensis*）

豆娘鱼属。体呈卵圆形（侧面观），体长约 14 cm，侧扁。其头背鳞片达鼻孔上方。眶前骨区无鳞，眶下骨区有 1 列鳞。背鳍、臀鳍后缘尖。尾鳍叉形。体呈黄褐色，体侧具 6 ~ 7 条黑色窄横带。胸鳍基有 1 个黑斑（图 3-3-69）。为珊瑚礁鱼类。栖息于内湾及珊瑚礁海区，水深 1 ~ 6 m。

图 3-3-69　孟加拉豆娘鱼

克氏双锯鱼（*Amphiprion clarkii*）　双锯鱼属。体呈长椭圆形（侧面观），体长约 10 cm，侧扁。前鳃盖骨后缘有锯齿，其他鳃盖骨后缘有放射状小棘。幼鱼尾鳍后缘凹入，成鱼尾鳍叉形，上、下叶延长。体背及体上部为暗黑色，下部为橙红色。体侧有 2 条白色横带。有些个体尾柄处尚有 1 条白色横带（图 3-3-70）。为珊瑚礁鱼类。

图 3-3-70　克氏双锯鱼

18. 鲳科（Stromateidae）

银鲳（*Pampus argenteus*）　鲳属。体呈近椭圆形。头较小。口小，上颌略突出。体被细小圆鳞，且易剥离；侧线完全。背鳍及臀鳍前方软条特长，呈镰刀状，且不伸达尾鳍基部；无腹鳍。背部呈淡墨青色，腹面呈银白色，各鳍略带黄色及淡墨色边缘（图 3-3-71）。近海暖温性水域中下层鱼。

图 3-3-71　银鲳

19. 长鲳科（Centrolophidae）

刺鲳（*Psenopsis anomala*）　刺鲳属。体侧扁，略呈卵圆形。头小，吻短，眼大。身上有叶脉状条纹，体被薄圆鳞，易脱落。体色银白，背部呈青灰色，腹部色较浅。

图 3-3-72 刺鲳

鳃盖后上角有 1 个黑斑。背鳍 1 个，与臀鳍略对称，尾鳍深叉形（图 3-3-72）。生活于亚热带海域，幼鱼栖息于表水层，常躲藏于水母触须中以寻求保护，成鱼则为底栖性鱼。肉食性，以小型底栖无脊椎动物为主。产浮性卵。

20. 天竺鲷科（Apogonidae）

稻氏鹦天竺鲷（*Ostorhinchus doederleini*） 鹦天竺鲷属。体长圆而侧扁。头大。吻长。眼大。体侧有 4 条细线，尾柄有 1 个黑色圆点，最粗处在鳃盖边缘，宽度与瞳孔直径相当。各鳍透明而略带红色，第 1 背鳍色较暗（图 3-3-73）。主要栖息于近岸边之礁石区及珊瑚礁区。白天停留在岩礁下方或洞穴内，晚上则外出觅食多毛类以及其他小型底栖无脊椎动物。独居性，成对于繁殖期，雄性有口孵行为。

图 3-3-73 稻氏鹦天竺鲷

21. 蝴蝶鱼科（Chaetodontidae）

美蝴蝶鱼（*Chaetodon wiebeli*） 蝴蝶鱼属。体高而呈卵圆形；头部上方轮廓平直，吻上缘凹陷。吻中短而尖。前鼻孔具鼻瓣。前鳃盖缘具细锯齿；鳃盖膜与颊部相连。两颌齿细尖密列，上下颌齿各具 10 ~ 11 列。体被大型鳞片，垂直延长；侧线向上陡升至背鳍第 8 ~ 9 棘下方而下降至背鳍基底末缘下方。背鳍单一，硬棘 12 条，软条 24 ~ 26 根；臀鳍硬棘 3 条，软条 19 ~ 20 根。体黄色；体侧具 16 ~ 18 条向上斜走之橙褐色纵纹；颈背具 1 个黑色三角形大斑；胸部具 4 ~ 5 个小橙色斑点；头部具远宽于眼径之黑眼带，仅向下延伸至鳃盖缘，眼带后方另具 1 条宽白带；吻及上唇里灰黑色，下部则为白色。各鳍为黄色；背鳍后缘为灰黑色；臀鳍后缘具 1 ~ 2 条黑色带；尾鳍中部为白色，后部具黑色宽带，末缘淡色；余鳍淡色或微黄（图 3-3-74）。栖息于岩礁及珊瑚礁区。以藻类为食。

图 3-3-74 美蝴蝶鱼

第四章

两栖动物实习

两栖动物隶属于脊索动物门，脊椎动物亚门，两栖纲。它们是最早由水中登上陆地生活的脊椎动物，其形态和功能既保留着适应水生生活的特征，又具有开始适应陆地生活的特征，在脊椎动物演化过程中属于从水生到陆生的过渡型动物。

两栖动物实习
拓展资源

两栖动物的生物学特征中较保守性状：卵小数量多，外被卵胶膜，水中或潮湿环境发育；雄性无交接器，体外受精。与陆栖习性有关的进步性状：有内鼻孔；用肺和皮肤呼吸；有支重的骨骼肌肉系统；有可活动的眼睑；有中耳，有耳柱骨（镫骨）；大脑进一步完善分为两个半球，脑神经10对；出现肺循环，出现不完全双循环，仍属于变温动物；骨骼系统骨化程度弱，脊椎分化为颈椎、躯椎、荐椎及尾椎四部分。两栖动物还有一些独特的性状：呼吸机制主要由鼻瓣和口咽腔底部的上下运动来完成；皮肤裸露，布满多细胞黏液腺（有的类群有毒腺）和微血管，是呼吸辅助器官。

第一节　两栖动物的观测

现代生存的两栖动物可分为3个目：①蚓螈目（Gymnophiona）：体细长，没有四肢，尾短或无，形似蚯蚓，如鱼螈；②有尾目（Urodela）：体圆筒形，绝大多数有四肢，较短，终生有长而侧扁的尾，形似蜥蜴，如大鲵；③无尾目（Anura）：体短宽，有四肢，较长，幼体有尾，成体无尾，如蛙和蟾蜍。现生两栖动物3个目的体形迥然不同，这与它们的生活习性及活动方式有一定关系。它们的防御、扩散、迁徙能力均弱、对环境的依赖性强，虽有各种生态保护适应（包括繁殖习性），但与其他纲的脊椎动物相比，种类数量仍然较少，两栖动物防御敌害的能力普遍较弱，鱼、蛇、鸟、兽类都可能成为它们的天敌。除海洋和大沙漠以外，平原、丘陵、高山和高原等各种生境中都有它们的踪迹，个别种类能耐受半咸水。有水栖、陆栖、树栖和穴居等多种栖息方式。白天多隐蔽，黄昏至黎明时活动频繁，酷热或严寒时以夏蛰或冬眠方式度过。摄取动物性食物。

一、两栖动物的活动规律

所有的两栖动物对生活环境的要求基本上是相同的，需要有充足的水源、温暖的气候、湿润和适宜的土壤。通常两栖动物在 7 ~ 8℃的温度下即陷入麻痹状态，而在 −2℃时就会死亡。在两栖动物中，除蟾蜍外，大多数不能耐受较干燥的环境，因此干燥的气候对两栖动物生活的影响十分明显。一般情况下，失水量超过体重的 25% 时，两栖动物便会死亡。

（一）季节性活动

两栖动物在北方一般在 4 ~ 5 月份即开始从蛰眠中醒来，南方则要提前 1 个月左右。如蟾蜍在 2 月份开始活动，而黑斑侧褶蛙和泽陆蛙在 4 月份开始活动。有些种类苏醒后立即进入繁殖期，如大蟾蜍；但大部分种类须过一段时间后才能进入繁殖期，如泽陆蛙。春季和夏季是两栖动物繁殖、觅食、活动的最好时期。到了秋季，天气逐渐转冷，两栖动物即进入冬眠期，但不同地区、不同种类冬眠时间有别。不同种类的两栖动物冬眠地点也是不同的，如大鲵多在较深的洞穴或深水内越冬，很少活动；大蟾蜍多潜在水底淤泥或烂草中，也有在陆地上的泥土里越冬；黑龙江林蛙则在河水深处的砂跞或石块下越冬。

（二）昼夜活动

无尾两栖动物大多为夜间活动，白天藏匿于隐蔽处，以躲避炎热的天气。如大蟾蜍常隐蔽在杂草丛生的凹穴中；黑斑侧褶蛙多隐藏在草丛中，黎明前或黄昏时活动较强，雨后则更加活跃。但也有例外，如泽陆蛙多在白天活动。

有尾两栖动物一般多在夜间活动。如栖息于山区的溪流或河流中的大鲵，白天潜居于有回流水和细沙的平坦洞穴内（洞穴一般比自己的身体稍大，使其有回旋余地），傍晚或夜间出来活动，但如果遇上气温较高的天气，在白天也常常离水上陆，或爬到岸边，或伏首倒卧在树干上。

二、两栖动物的观测方法

两栖动物营水陆两栖的生活方式，因而在生态类型上也表现了多样性，不同的种类生活在不同的环境。如有尾目的小鲵、蝾螈等终身营水栖的生活方式；而少数的有尾目和大多数的无尾类营半水栖半陆栖的生活方式，如大蟾蜍、花背蟾蜍等平时营陆地生活，离水较远。黑斑侧褶蛙、泽陆蛙、金线侧褶蛙等常栖息于河流、湖泊、水稻田等地，它们活动于近水的地方。

对活动能力弱的大蟾蜍、花背蟾蜍及林蛙等，如果在夜间，利用手电筒照射捕捉效果更好；黑斑侧褶蛙等白天反应灵活，但夜间爬上田埂、河岸，在强光下往往呆若木鸡；一些生活在山涧溪流中的棘胸蛙，白天躲在石缝中，只在夜间才能观察到。黑斑侧褶蛙、金线侧褶蛙、蝾螈等，在水中活动和跳跃能力较强；山溪鲵及某些无尾类，常在山溪乱石块下面藏匿，观察采集时需搬开碎石才能发现它们。蟾蜍将要冬眠时，一般进入水底。虎纹蛙等种类栖息于洞穴、水边或稻田草丛中。

第二节 两栖动物的形态特征及测量方法

两栖动物成体和幼体的形态特征是鉴别科、属、种的主要依据。有尾目成体的外部形态如图 4-2-1 所示。无尾目成体的外部形态如图 4-2-2 所示。

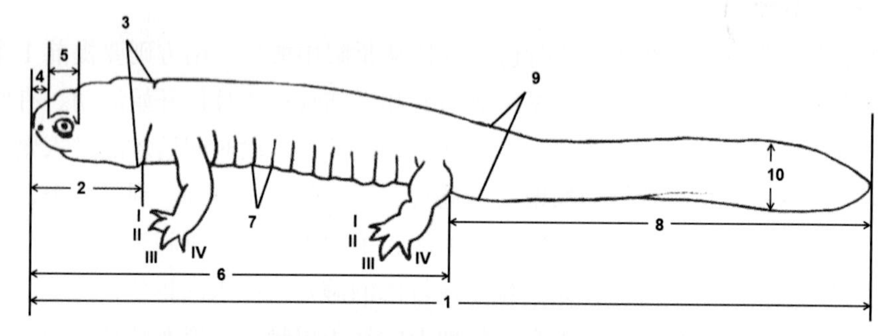

图 4-2-1 有尾两栖动物成体测量法［仿费梁等（2005）］

1. 全长；2. 头长；3. 头宽；4. 吻长；5. 眼径；6. 头体长；7. 肋沟；8. 尾长；9. 尾宽；10. 尾高；Ⅰ、Ⅱ、Ⅲ、Ⅳ分别表示指和趾的顺序

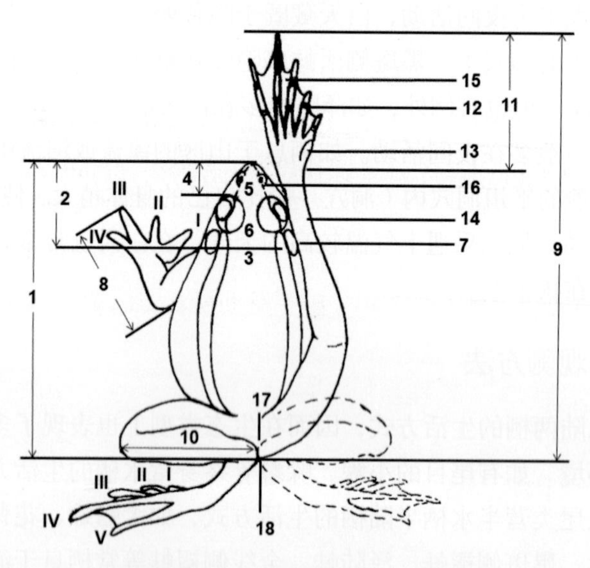

图 4-2-2 无尾两栖动物成体测量方法［仿费梁等（2005）］

1. 体长；2. 头长；3. 头宽；4. 吻长；5. 鼻间距；6. 眼间距；7. 鼓膜（最大直径）；8. 前臂及手；9. 后肢长；10. 胫长；11. 足长；12. 关节下瘤；13. 内跖突；14. 示胫跗关节前伸达眼部；15. 蹼；16. 鼻孔；17. 肛孔；18. 左右跟部相遇；手上的Ⅰ、Ⅱ、Ⅲ、Ⅳ表示指的顺序，足上的Ⅰ、Ⅱ、Ⅲ、Ⅳ、Ⅴ表示趾的顺序

无尾目的脊柱有 10 枚椎骨，即颈椎 1 枚、躯椎 7 枚、荐椎和尾杆骨各 1 枚。椎

骨的椎体均不发达。按照前后接触面的凹凸差异，可分为前凹型、后凹型、变凹型、双凹型和参差型，如图 4-2-3 所示。前凹型椎体前端凹入、后端凸出，两椎体间的关节较灵活，脊索有残存，但不连续，多数无尾两栖动物和多数爬行动物的椎体属此类。后凹型椎体前端凸出、后端凹入，高等有尾两栖动物、部分无尾两栖动物、少数爬行动物的椎体属此类。参差型第一至第七枚脊椎的椎体为前凹型，第八枚脊椎的椎体为双凹型，蛙科和树蛙科的椎体属此类。

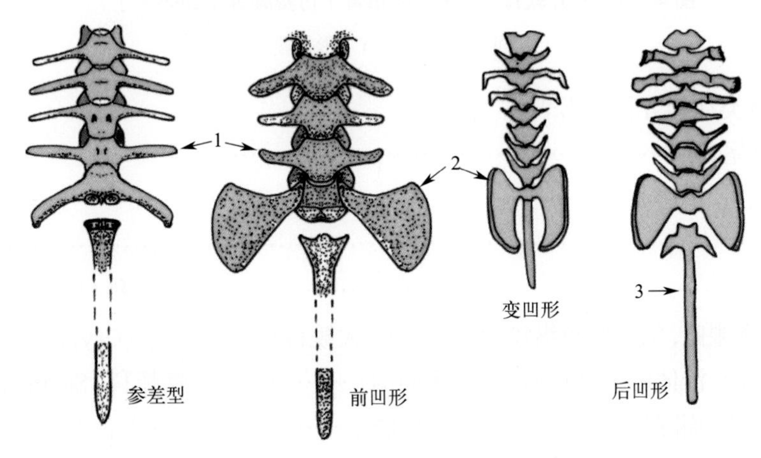

图 4-2-3　无尾目椎体类型（腹面观）［仿费梁等（2005）］

1. 第 8 枚椎体；2. 荐椎横突；3. 尾杆骨

无尾目肩带与胸骨组合可分为两大类型，即弧胸型肩带和固胸型肩带，如图 4-2-4 所示。弧胸型肩带为左右上喙软骨甚大，且不相连，彼此重叠，肩带可通过上喙软骨在腹面左右交错活动，盘舌蟾科、角蟾科、蟾蜍科和雨蛙科的肩带属此类。固胸型肩带为左右上喙软骨极小，在腹中线紧密相连而不重叠，有的种类甚至愈合成一狭窄的上喙骨，肩带不能通过上喙软骨左右交错活动，蛙科、树蛙科和姬蛙科的肩带属此类。雨蛙科和树蛙科两栖动物，最末两节指（趾）骨间所具有的软骨，称为间介软骨，如图 4-2-5 所示。

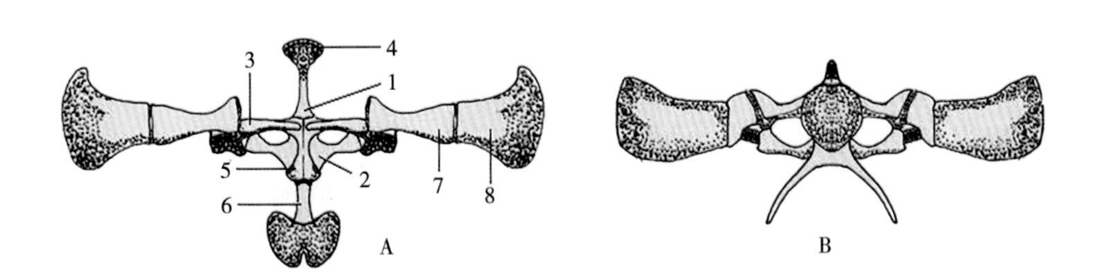

图 4-2-4　肩带类型［仿费梁等（2005）］

A. 固胸型肩带；B. 弧胸型肩带

1. 前喙软骨；2. 喙骨；3. 锁骨；4. 前胸骨；5. 上喙骨；6. 正胸骨；7. 肩胛骨；8. 上肩胛骨

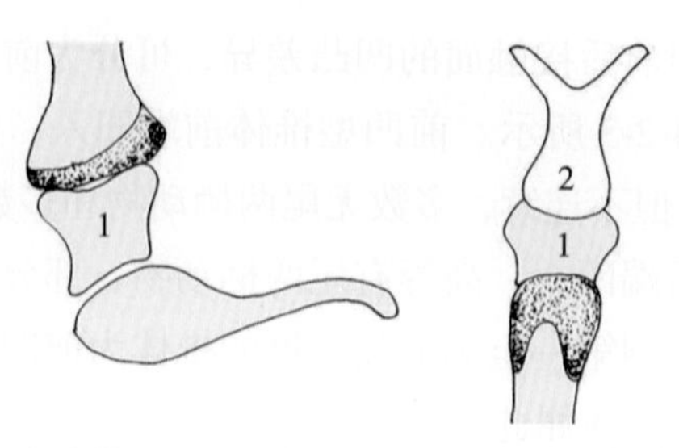

图 4-2-5　间介软骨与“Y”形指骨［仿费梁等（2005）］

1. 间介软骨；2.“Y”形指骨

常见两栖类动物分科检索表

1. 成体具尾……………………………………………………………………………… 2
   成体无尾 ……………………………………………………………………………… 4
2. 有足……………………………………………………………………………………… 3
   无足…………………………………………………………… 鱼螈科（Ichthyophiidae）
3. 眼小，无眼睑，沿体侧有纵皮肤褶……… 大鲵科（隐鳃鲵科）（Cryptobranchidae）
   眼具眼睑，沿体侧无纵皮肤褶，也无肋沟……………… 蝾螈科（Salamandridae）
4. 舌为盘状，周围与口腔粘接，不能自如伸出 ………………… 盘舌蟾科（Alytidae）
   舌非盘状，舌端游离，能自如伸出 ………………………………………………… 5
5. 上颌无齿………………………………………………………………………………… 6
   上颌有齿………………………………………………………………………………… 7
6. 耳后腺发达，背部皮肤粗糙；为弧胸型肩带 ………………… 蟾蜍科（Bufonidae）
   无耳后腺，背部皮肤一般光滑；为固胸型肩带 …………… 姬蛙科（Microhylidae）
7. 舌后端微有缺刻；口部呈三角形 ……………………………… 雨蛙科（Hylidae）
   舌后端深缺刻；口部不呈三角形 ………………………………………………… 8
8. 趾、指末端无吸盘；趾、指末 2 节间无间介软骨 ………………… 蛙科（Ranidae）
   趾、指末端有宽大的吸盘，指末节背面可见“Y”形骨迹　树蛙科（Rhacophoridae）

第三节　两栖动物的分类概况及常见物种

据统计，全世界现有两栖纲动物 8843 种。其中，蚓螈目（Gymnophiona）在全世界有 10 科 32 属 225 种，我国仅有 1 属 2 种，占世界种数的 0.9%；有尾目（Caudata）全世界有 8 科 68 属 828 种，我国有 3 科 14 属 99 种，占世界种数的 12.0%；无尾目（Anura）全世界有 51 科 7790 种，我国有 9 科 63 属 592 种，占世界种数的 7.6%。

我国有两栖动物 693 余种，其中较为原始的种类终生在淡水中生活；较高等的种类，幼体仍栖于淡水中，成体则到陆地上生活。不同种类的栖息地、生活习性和繁殖等各有区别。由于两栖动物营水陆两栖的生活方式，因而在生态类型上也表现了多样性。不同的种类生活在不同的环境。两栖动物主要捕食农林害虫，由于人类活动及环境污染的胁迫，致使两栖动物的生态环境受到严重挤压，一些物种面临灭绝的境地。保护生态环境，保护水源，不仅保护了两栖动物，也同时改善人类自身的生存环境。

一、蚓螈目（Gymnophiona）

蚓螈目是泛热带动物群，主要分布于热带和亚热带湿热地区。共有6个科30余属。目前，我国有1科1属2种，即鱼螈科（Ichthyophiidae），鱼螈属（*Ichthyophis*），版纳鱼螈（*Ichthyophis kohtaoensis*）和杨氏鱼螈（*Ichthyophis yangi*）。前者分布于我国云南、广西和广东，后者仅分布于云南金平县。

版纳鱼螈（*Ichthyophis kohtaoensis*） 雄螈头体长（吻端至肛前缘）309 ~ 317 mm，尾长（肛前缘至尾末端）约3 mm；雌螈头体长345 ~ 411 mm，尾长5.5 ~ 6 mm。体形似蚯蚓，呈近圆柱形，无四肢；尾短，略呈圆锥状。头小而扁平，头长大于头宽，鼻孔位于吻端两侧；有触突，位于上唇缘中部；眼甚小，隐蔽在胶膜下；通身皮肤光滑，富有黏液。体背面呈深棕色、灰棕色或棕黑色，显紫色蜡光；眼呈蓝黑色，触突为乳黄色；从口角向体两侧至肛孔各有1条黄色或橘黄色纵带；腹面为浅棕色或深棕色，肛孔周围为淡黄色。卵近圆形，呈乳黄色，卵径6.3 ~ 6.4 mm至7.4 ~ 7.8 mm。幼体全长180 mm左右时开始变态（图4-3-1）。

图4-3-1 版纳鱼螈

生活于海拔100 ~ 900 m植物茂密的热带和亚热带的潮湿地区。成螈常栖息于溪河及其附近的水坑、池塘、沼泽和田边。白天多伏于石缝、土洞内或树根下，夜间外出觅食蚯蚓等。行动似蚯蚓样蠕动，极为缓慢，可以用手直接捕捉，或用昆虫网捞起来近距离观察。幼体在水中发育，成体在森林的枯叶和腐土中生活，捕食土壤昆虫和蚯蚓。气温15℃以下即进入冬眠，春天气温在20℃以上时出外活动。4 ~ 5月在溪旁近水边的岸上筑巢，雌螈产卵30 ~ 62粒，有护卵行为。随着栖息地的生态环境质量下降，其种群数量减少。为国家二级重点保护野生动物。

二、有尾目（Urodela）

世界已知有尾目物种共828种，分隶于8科。主要分布于古北界，即以北温带为主要分布区，个别属、种可达北极圈，少数属、种向南至亚热带、热带。新北界的种类最多，但埃塞俄比亚界和澳洲界全无分布。我国现有3科14属99种，以西南山区属、种较多，由南方向北方其属、种渐少。

1. 小鲵科（Hynobiidae）

本科为亚洲特有，已知有 9 属 100 种。我国有 8 属 33 种，分别占世界该科属、种的 88.9% 和 33.0%；中国的特有种为 29 种，占该科 29.0%，占中国的 86.2%。由此可见，中国是世界上小鲵科属、种资源最丰富的国家，而且特有属、种甚多。小鲵科中以小鲵属的物种最多，分布于东北、华东以及湖北、湖南和广西等地。中国小鲵科其中多数种分布于秦岭以南的亚热带地区，大多数种的分布区互不重叠。

2. 隐鳃鲵科（Cryptobranchidae）

本科共有 2 属 6 种，中国有 1 属 4 种。中国大鲵是当今世界最大的两栖动物，主要分布于长江、黄河和珠江中下游的支流内。其分布范围甚广，多达 18 个省（区），北起河北、山西和陕西，南达广东、广西，西抵青海省的通天河流域，东至东海和黄海之滨的低山丘陵。除自然分布外，还可能因人为携带而扩展了分布区。

大鲵（*Andrias davidianus*） 大鲵属。体型大，全长 1 m 左右，大者可达 2 m 以上，是当今世界最大的两栖动物，体重可达数十千克。尾长为头体长的 52% ~ 57%。头体扁平、头长略大于头宽。外鼻孔小，近吻端。眼很小。无眼睑，眼间距宽。口大，唇褶清晰。躯干粗壮扁平。尾高基部宽厚，向后逐渐侧扁，尾鳍褶高而厚实，尾末端钝圆或钝尖。皮肤较光滑，头部背、腹面均有成对的疣粒；体侧有厚的皮褶和疣粒，四肢粗短，其后缘均有皮褶；前、后肢贴体相对时，指、趾端相距约 6 条肋沟之间距；掌、跖部无黑色角质层；前足 4 个指，后足 5 个趾，指、趾有缘膜，其基部具迹。体背面呈浅褐色、棕黑色或浅黑褐色等，有黑色或褐黑色花斑或无斑：腹面为灰棕色。雄鲵肛部隆起，肛孔纵长，内壁有小乳突。卵为粒圆形，卵径 5 ~ 8 mm，呈乳黄色。刚孵出的幼体全长 28 ~ 32 mm，全长 170 ~ 220 mm 时外鳃消失。

一般生活于海拔 100 ~ 1200 m（最高达 4200 m）的山区水流较为平缓的河流、大型流溪的岩洞或深潭中。成鲵多营单栖生活，幼体喜集群于石滩内。白天很少活动，偶尔上岸晒太阳，夜间活动频繁。主要以蟹、鱼、蛙、虾、水蛇、水生昆虫为食。7 ~ 9 月为繁殖盛期，雌鲵产卵带 1 对，呈念珠状，长达数十米；一般产卵 300 ~ 1500 粒。

为中国特有种，分布广，数量多，由于经济价值大和生态环境质量下降等原因，野外种群数量很少。保护级别：国际 CITES 附录 I，中国国家二级重点保护野生动物。IUCN 受胁等级：极危（CR）。国内已建立多个养殖场，工人饲养种群数量很多。

3. 蝾螈科（Salamandridae）

我国现有蝾螈科 5 属 62 种。分布范围北起秦岭以南，南达海南，西自横断山区的四川省大凉山和云南腾冲及盈江一带，东至闽、浙沿海地区和中国台湾等岛屿，处于我国较湿润的亚热带。本科动物在中国境内均分布于东洋界，其中有 54 种是中国的特有种。分布区多较狭窄，各物种的分布区一般互不重叠。

香港瘰螈（*Paramesotriton hongkongensis*） 瘰螈属。雄螈全长 104 ~ 127 mm，雌螈全长 118 ~ 150 mm，雄、雌螈尾长分别为头体长的 73% 和 89% 左右。头部扁平，

头长大于宽，吻端平截，鼻孔几近吻端；唇褶明显。尾相对较短，尾肌弱，尾鳍褶薄而明显，尾末端钝圆。头体背腹面有小疣，头侧有腺质棱脊；枕部“V”形隆起与背部脊棱相连。体两侧无肋沟，疣粒较大，形成纵棱。咽喉部有扁平疣，唇褶明显，体腹面有细沟纹。四肢长，前肢略细，前、后肢贴体相对时，指、趾或掌、跖部相重叠。内、外掌突和内、外跖突不显，前足 4 个指，后足 5 个趾，指、趾细长略扁，无缘膜、无蹼。全身呈浅褐色或褐黑色，背部中央脊棱色浅，体腹面有橘红色或橘黄色圆形斑块，大小较为一致，且分布均匀。尾下缘前 2/3 左右为橘红色，或间有深色横斑（图 4-3-2）。

图 4-3-2　香港瘰螈

生活于海拔 270 ～ 940 m 的山区流溪中。白天成螈多隐蔽在溪内深潭石下，常游到水面呼吸空气，有时上岸，行动缓慢。夜间出外活动，捕食昆虫、蚯蚓、蝌蚪、虾、鱼和螺类等小动物。

为中国特有种。因过度捕捉和栖息地的生态环境质量下降，其种群数量减少。保护级别：国际 CITES 附录 Ⅱ，中国国家二级重点保护野生动物。IUCN 受胁等级：近危（NT）。分布于我国广东（深圳、东莞、惠州、阳江、阳春、恩平、郁南）、香港。

三、无尾目（Anura）

无尾类是人们最熟悉的蛙类和蟾蜍类，营半水栖半陆栖生活，不同生境的蛙类物种组成存在很大差异，每一物种的蛙类的皮肤腺的化学结构也存在很大差异，是人类开发美容、药品的资源之一。采集到的不同种的蛙不能放在一起，不同蛙类的皮肤腺分泌的物质可能会对别的蛙类有害。蛙类分布于村庄、农田、溪水、山地、高山和树林，有的在水边活动，有的可以长期远离水边；有的在树干上生活，有的喜欢在树叶上活动；有的喜欢蛰伏在高山溪流露出水面的石头上或青苔上。大多数蛙类喜欢晚上出来活动。蛙类是著名的农林卫士，野外实习仅容许少量采集，带回室内鉴定，观察后放归采集地，以免破坏生态环境。

1. 蟾蜍科（Bufonidae）

多数皮肤粗糙，少数皮肤光滑。有或无耳后腺。舌呈长椭圆形，后端无缺刻，能自由伸出。四肢较短，有外跖突，指、趾末端正常。肩带弧胸型。椎体后凹型，荐椎前椎骨 7 ～ 8 枚。成体和亚成体均无肋骨；荐椎横突宽大，通常有骨髁 2 个。大多数种类头骨骨化程度高，且皮肤与头骨相粘连，上颌无齿。瞳孔横置。本科动物体长 20 ～ 250 mm。成体多营陆栖或穴居，也有营树栖生活的。本科在我国有 6 属 24 种。

蟾蜍类跳跃能力退化，体背有大量腺体，耳后腺发达，可长时间生活于陆地，是农业害虫的重要天敌。在村庄、农田中广泛分布。白天蛰伏，晚上活动，冬天大多沉入小河或池塘的水下越冬，开春即开始繁殖。蟾蜍遇到自己天敌时，会快速把身体鼓大几倍，并分泌皮肤腺液，以此防御并吓退天敌。观察蟾蜍不要把眼睛靠得太近，防止蟾蜍腺体喷入眼睛。一旦蟾蜍腺体喷入眼睛，应立即用水冲洗眼睛。

黑眶蟾蜍（*Duttaphrynus melanostictus*） 黑眶蟾蜍属。雄性蟾蜍体长 72 ~ 81 mm，雄性蟾蜍体长 95 ~ 112 mm。头宽大于头长，吻圆而高；头部两侧有黑色骨质棱，该棱沿吻棱经上眼睑内侧直到鼓膜上方。瞳孔横椭圆形；鼓膜大，椭圆形、耳后腺长椭圆形，不紧接眼后。头顶部显著凹陷，皮肤与头骨紧密相连。皮肤粗糙，全身除头顶外、满布瘰粒或疣粒，背部瘰粒多，腹部密布小疣，四肢刺疣较小。背面多为黄棕或黑棕色，有的具不规则棕红色斑。腹面乳黄色，多数有花斑（图 4-3-3）。

图 4-3-3 黑眶蟾蜍

生活于海拔 10 ~ 1700 m 的多种环境内，非繁殖期营陆栖生活。常活动在草丛、石堆、耕地、水塘边及住宅附近，行动缓慢，匍匐爬行。夜晚外出觅食，以蚯蚓、软体动物、甲壳类、多足类以及各种昆虫等为食。

分布区甚宽，其种群数量很多。IUCN 受胁等级：无危（LC）。

2. 姬蛙科（Microhylidae）

一般体型较小，该类群口小头尖，头小体短胖，有的呈球状。声囊只有 1 个，位于下颌。体形各异，树栖种类指、趾末膨大。许多种类在陆地上产卵，卵直接发育，孵化出非摄食性蝌蚪，有些种类有水生性幼体。多为陆栖，在静水中产卵。狭口蛙多穴居，一般在夏季大雨过后在临时水塘中产卵，卵漂浮于水面，20 天左右即可变态成幼蛙。本科动物我国已知 5 属 15 种。

饰纹姬蛙（*Microhyla fissipes*） 姬蛙属。体型小，略呈三角形，雄蛙体长 21 ~ 25 mm，雌蛙体长 22 ~ 24 mm。头小，头长宽几乎相等，吻钝尖，眼间距大于上眼睑宽。鼓膜不显。舌后端圆。背面皮肤有小疣，枕部有肤沟或无，由眼后至胯部前方有斜行大长疣。肛孔附近有小圆疣。腹面光滑。前肢细弱，指、趾端圆，均无吸盘，背面亦无纵沟，掌突两个。后肢粗短，趾间仅具蹼迹。背面颜色和花斑有变异，一般为粉灰色、黄棕色或灰棕色，其上有两个深棕色“∧”形斑，前后排列。咽喉部色深，胸、腹部及四肢腹面为白色（图 4-3-4）。

图 4-3-4 饰纹姬蛙

生活于海拔 1400 m 以下的平原、丘陵和山地的水田、水坑、水沟的泥窝或土穴内，或在水域附近的草丛中。雄蛙发出“嘎、嘎”的鸣叫声，主要以蚊类为食。

该蛙分布区甚宽，其种群数量很多。IUCN 受胁等级：无危（LC）。

花姬蛙（*Microhyla pulchra*） 姬蛙属。体略呈三角形，雄蛙体长 23 ~ 32 mm，雌蛙体长 28 ~ 37 mm。头小，头宽大于头长。吻端钝尖，突出于下唇。鼓膜不显。背面皮肤较光滑，疣粒少。两眼后方有一横沟，咽喉部有咽褶。后腹部、股下方及肛孔附近小疣颇多，其余腹面光滑。前肢细弱，前臂及手长小于体长之半，指、趾端圆，无吸盘和纵沟。外掌突大于内掌突。后肢粗壮，前伸贴体时胫附关节达眼部，左右跟部重叠，胫长大于体长之半，趾间半蹼，内、外跖突强，具游离刃。体色鲜艳，背面呈粉棕色缀有棕黑色及浅棕色花纹，两眼间有棕黑色短横纹，眼后方至体侧后部有若干宽窄不一、棕黑色和棕色重叠相套的“∧”形斑纹，体背后中部和肛两侧的棕黑斑纹不规则；四肢背面有粗细相间的棕黑色横纹，股部前后及胯部为柠檬黄色，腹部呈黄白色，雄蛙咽喉部密布深色点，雌蛙色较浅。蝌蚪头体扁平，尾肌发达，尾鳍宽，向后渐细。背面为黄绿色，尾部浅色，均有少数绯红色细点，体侧及腹面透明，吻宽圆，眼位于头部两极侧。口部位于吻端前上方，无唇齿和角质颌，上唇缘平滑，下唇缘薄膜状边缘突起少（图 4-3-5）。

图 4-3-5 花姬蛙

生活于海拔 10 ~ 1350 m 的平原、丘陵和山区，常栖息于水田、园圃及水坑附近的泥窝、洞穴或草丛中。

该蛙分布区宽，其种群数量较多。IUCN 受胁等级：无危（LC）。

花狭口蛙（*Kaloula pulchra*） 狭口蛙属。体型较大，呈三角形，雄蛙体长 55 ~ 77 mm、雌蛙体长 56 ~ 76 mm。头小，头宽大于头长；吻短，吻端圆；鼓膜不显。皮肤厚较光滑，背面有小圆疣，枕部肤沟明显，腹面皮肤为皱纹状，其间散有浅色疣粒，雄蛙咽喉部皮肤粗糙。前肢适中，前臂及手长等于或大于体长之半。指末节前宽后窄，末端平齐如切，呈“7”字形，关节下瘤发达，掌突 3 个，指间无蹼。后肢短而粗壮，前伸贴体时胫跗关节达肩后，左右跟部相距远，胫长约为体长的 1/3，趾末端圆，趾间基部有蹼。内跖突具游离刃，外跖突平置。背面有一条镶深色边的“八”形棕黄色带纹，从两眼至胯部，其内为褐色三角斑、外侧有一条褐色带纹从眼后至腹侧。四肢无横纹，有褐色斑点或斑纹。咽喉部为蓝紫色，胸腹及四肢腹面呈浅黄色，有紫色斑纹或不显。雄蛙具单咽下外声囊。胸、腹部有厚腺体，雄性腺显著（见图 4-3-6）。

图 4-3-6 花狭口蛙

生活于海拔 150 m 以下的住宅附近或山边的

石洞、土穴中或树洞里，主要以蚁类为食。

分布较宽，其栖息地的生态环境质量下降，但种群数量尚多。IUCN 受胁等级：无危（LC）。

花细狭口蛙（*Kalophrynus interlineatus*） 细狭口蛙属。体型较窄长，雄蛙体长 32 ~ 38 mm，雌蛙体长 40 mm 左右。头小而高、头长宽几乎相等。吻端略尖而斜向下方，突出于下唇。鼓膜隐蔽，鼓环清晰。口小，上、下颌均无齿，有犁骨棱，无犁骨齿。腭部有横置的两排锯齿状肤棱，前排短，后排长。舌长卵圆形，后端无缺刻。皮肤粗糙，除四肢内侧皮肤光滑外，背面密布扁平疣。腹面有大圆疣，一般从口角沿胸侧各有 5 ~ 7 个排列成行，有的个体腹侧也散有若干大圆疣。前肢较细，前臂及手长不到体长之半，第一和第二指几乎等长，指端钝圆，关节下瘤大而圆，指基下瘤很显著，掌突 2 个。后肢短，向前伸贴体胫跗关节达肩部，左右跟部相距远，胫长约为体长的 1/3，趾端钝圆，趾间具微蹼，跖间无蹼，关节下瘤发达，跖突两个，内跖突小而圆，外跖突椭圆形。背面呈棕色或略带灰色，体侧色深，但变异较大。体背面一般有 4 条明显的深色纵纹；四肢背面的深棕色横纹很醒目，当后肢弯曲时，横纹与背部纵纹相接；体侧自吻端至胯部为深棕色，与背面颜色界线分明，胯部常有 1 个圆斑；腹面肉黄色，整个咽喉部、胸部及前腹部为灰褐色或黑棕色，有的咽喉部中线两侧有两条深色宽纵纹。雄蛙有单咽下外声囊，雄性腺紫红色。卵径 1 mm 左右，深棕色，卵外胶膜在动物极一端有圆盘帽状漂浮器（图 4-3-7）。

图 4-3-7 花细狭口蛙

生活于海拔 30 ~ 300 m 的平原和丘陵地区，常栖息于耕作区或住宅周围的草丛中，很少在水内，在大水塘中则未见其踪迹。

因栖息地的生态环境质量下降和捕捉过度，其种群数量减少。IUCN 受胁等级：无危（LC）。

3. 角蟾科（Megophryidae）

皮肤光滑或具有大小疣粒。舌卵圆，后端游离，一般有缺刻。瞳孔大多纵置。指、趾末端不呈吸盘状，指间和外侧趾间无蹼，一般趾间无蹼或蹼不发达，关节下瘤多不明显，或趾下有肤棱。肩带弧胸型。椎体变凹型。荐椎前椎骨 8 枚。外形犹如蟾蜍科，表面粗糙，头小，颜色大多较深，能跳跃，舌为盘状，周围与口腔粘接，不能自如伸出。本科我国有 9 属 62 种，分布于秦岭以南地区。

短肢角蟾（*Boulenophrys brachykolos*） 布角蟾属。体型短粗，头宽大于头长。鼓膜大，超过眼径的一半。有犁骨齿。后肢短，左右跟部不相遇。指、趾间基部有蹼迹。背部皮肤粗糙，有皮肤棱。繁殖期后腹部、大腿腹面、肛周具有密集的有棘刺疣粒。雄性具单个咽下声囊，繁殖期成年雄性第一、二指背面有密集黑色绒毛状婚刺。

眼眶间三角形深色斑，个别个体体背有“X”形或“Y”形斑（图 4-3-8）。生活于海拔 0 ~ 300 m，属低地山溪物种。目前仅知分布于中国香港岛和广东深圳，在深圳主要分布在东部沿海山脉。IUCN 受胁等级：濒危（EN）。

图 4-3-8　短肢角蟾

4. 树蛙科（Rhacophoridae）

椎体为参差型或前凹型，吸盘发达，指、趾末两节间有间介软骨。指趾端部最后一节较宽，末端指骨 2 根，呈“Y”形。吸盘的背面一般无横凹痕，腹面呈肉垫状。多树栖。我国所产的属上颌有齿，一般舌后端缺刻深。瞳孔大多横置。多有筑泡沫卵巢的习性。卵粒藏于卵泡内或胶质团内，卵泡或被树叶包裹。蝌蚪生活于静水水域内。有的种类产卵于树洞或陆地上，有短暂的非摄食性的蝌蚪阶段，从卵直接发育成幼蛙，有的种类生活于溪流，卵贴附于溪边石头下，或水生植物上，或成小块状浮于水面，不成泡沫状。本科我国已知 6 属 47 种。

斑腿泛树蛙（*Polypedates megacephalus*）　泛树蛙属。体型扁而窄长，雄蛙体长 41 ~ 48 mm，雌蛙体长 57 ~ 65 mm。头部扁平，头长大于头宽或相等，鼓膜大而明显。背面皮肤光滑，有细小痣粒，体腹面有扁平疣，咽胸部的疣较小，腹部的疣大而稠密。指间无蹼，指侧均有缘膜，指、趾端均具吸盘和边缘沟。后肢细，较长，趾间蹼弱，指、趾吸盘背面可见“Y”形迹。背面颜色有变异，多为浅棕色、褐绿色或黄棕色，一般有深色“X”形斑或呈纵条纹，有的仅散有深色斑点。腹面呈乳白或乳黄色，咽喉部有褐色斑点，股后有网状斑（图 4-3-9）。

图 4-3-9　斑腿泛树蛙

生活于海拔 80 ~ 2200 m 的丘陵和山区，常栖息在稻田、草丛或泥窝内，或在田埂石缝以及附近的灌木、草丛中。傍晚发出“啪（pa）、啪、啪”的鸣叫声。行动较缓，跳跃力不强。

分布区很宽，其种群数量甚多。IUCN 受胁等级：无危（LC)。

大树蛙（*Zhangixalus dennysi*）　张树蛙属。体型大，体扁平而窄长，雄蛙体长 68 ~ 92 mm，雌蛙体长 83 ~ 109 mm。头部扁平，雄蛙头长宽几乎相等，雌蛙头宽大于头长，吻端斜尖。鼓膜大而圆；犁骨齿列强，几乎平置。背面皮肤较粗糙有小刺粒。腹部和后肢股部密布较大扁平疣。指、趾端均具吸盘和边缘沟，吸盘背面可见“Y”形迹，指间蹼发达，第三、四指间全蹼。后肢较长，前伸贴体时胫跗关节达眼部或超过眼部，胫长不到或接近体长之半，左右跟部不相遇或仅相遇，趾间全蹼，第一趾和第五趾游

图 4-3-10 大树蛙

离缘有缘膜，内跖突小，无外跖突。体色和斑纹有变异，多数个体背面为绿色，体背部有镶浅色线纹的棕黄色或紫色斑点，沿体侧一般有成行的白色大斑点或白纵纹，下颌及咽喉部为紫罗蓝色，腹面其余部位灰白色，指、趾间蹼有深色纹（图 4-3-10）。

生活于海拔 80 ~ 800 m 山区的树林里或附近的田边、灌木及草丛中。捕食金龟子、叩头虫、蟋蟀等多种昆虫及其他小动物。傍晚后雄蛙发出“咕噜，咕噜”或“咕嘟咕”连续清脆而洪亮的鸣叫声。

分布区宽，其种群数量多。IUCN 受胁等级：无危（LC）。

5. 雨蛙科（Hylidae）

背面多无棱嵴，上颌骨和前颌骨具齿，指、趾末两节有介间软骨。瞳孔多横置。肩带弧胸型，椎体前凹型，荐椎前椎骨 8 枚，无肋骨，大多数属荐椎横突宽大。本科动物体形 17 ~ 140 mm。指、趾端有吸盘。大多数雨蛙为树栖，多数属的卵和蝌蚪在水内发育。我国只有雨蛙属（*Hyla*）。

中国雨蛙（*Hyla chinensis*） 雨蛙属。雄蛙体长 30 ~ 33 mm，雌蛙体长 29 ~ 38 mm。头宽略大于头长，吻圆而高，吻棱明显，鼓膜圆约为眼径的 1/3。背面皮肤光滑，颗褶细、无疣粒，腹面密布颗粒疣，咽喉部光滑。指、趾端有吸盘和边缘沟，足比胫部短、外侧 3 趾间具 2/3 蹼。背面呈绿色或草绿色，体侧及腹面为浅黄色，有 1 条清晰的深棕色细线纹，由吻端至颞褶达肩部，在眼后鼓膜下方又有 1 条棕色细线纹，在肩部会合成三角形斑，体侧和股前后有数量不等的黑斑点，跗足部为棕色（图 4-3-11）。

图 4-3-11 中国雨蛙

生活于海拔 200 ~ 1000 m 的低山区。白天多匍匐在石缝或洞穴内，隐蔽在灌丛、芦苇、美人蕉以及高秆作物上。夜晚多栖息于植物叶片上鸣叫，头向水面，鸣声连续，音高而急。

分布区甚宽，其种群数量多。IUCN 受胁等级：无危（LC）。

华南雨蛙（*Hyla simplex*） 雨蛙属。雄蛙体长 31 ~ 39 mm，雌蛙体长 34 ~ 41 mm。头宽略大于头长，吻宽圆而高，吻端平直向下、吻棱明显，鼓膜圆。皮肤光滑，颗褶细而斜直，其上无疣粒，胸腹部及股腹面密布颗粒疣。指、趾端均有吸盘及边缘沟；后肢前伸贴体时胫附关节达眼后角，左右跟部重叠，足比胫短，内附褶呈棱状，除第五趾外，蹼均以缘膜达趾端，外侧 3 趾的蹼达第二关节下瘤。背面为绿色，体侧及腹面为乳黄或

图 4-3-12　华南雨蛙

乳白色，体侧及前后肢上均无黑色斑点，有 1 条醒目的黑色或深棕色细线纹，始自吻端，沿头侧及体侧至肛部，其上还有 1 条乳白色线纹与之平行，在头侧还有 1 条与之几成平行的乳白色细线纹，自鼻孔下方始，经上颌缘、鼓膜下方，至肩上方向后绕回鼓膜，在两细线纹之间为棕色宽纹（图 4-3-12）。

生活于海拔 50 ~ 1500 m 林木繁茂的地区。成蛙常栖息在林边灌丛或高秆作物、竹林或小树上。

分布区较宽，其种群数量多。IUCN 受胁等级：无危（LC）。

6. 蛙科（Ranidae）

肩带固胸型（个别属为弧固型）。椎体前凹型或参差型（第八椎体双凹，而荐椎双凸），荐椎前椎骨有 8 枚。成体和亚成体均无肋骨，后面的椎骨横突延长，荐椎横突呈圆柱状。关节髁 2 枚与尾杆骨相关节。尾杆骨无横突。大多数种类上颌有齿。指、趾末两节间无间介软骨，指、趾端部为尖或圆形，或有吸盘。瞳孔多横置。本科动物体长 30 ~ 320 mm。皮肤光滑或有疣粒。舌一般为长椭圆形，后端缺刻深或浅，能自由伸出。我国有 6 属 103 种。

黑斑侧褶蛙（*Pelophylax nigromaculatus*）　侧褶蛙属。雄蛙体长 49 ~ 70 mm，雌蛙体长 35 ~ 90 mm。头长大于头宽。吻部略尖，吻端钝圆，吻棱不明显。瞳孔呈横椭圆形、鼓膜大，为眼径的 2/3 ~ 4/5，眼间距小于上眼睑宽，犁骨齿成两小团。背面皮肤较粗糙，背侧褶宽，其间有长短不一的肤棱。肩上方无扁平腺体，体侧有长疣和痣粒，胫部背面有纵肤棱，体和四肢腹面光滑。指、趾末端钝尖。后肢较短，前伸贴体时胫跗关节达鼓膜和眼之间，左右跟部不相遇，胫长不到体长之一半，第四趾蹼达远端关节下瘤，其余趾间蹼达趾端，蹼凹陷较深。体色变异大，多为蓝绿色、暗绿色、黄绿色、灰褐色和浅褐色等，有的个体背脊中央有浅绿色脊线或体背及体侧有黑斑点，四肢有黑色或褐绿色横纹，股后侧有黑色或褐绿色云斑。体和四肢腹面为一致的浅肉色。雄性第一指有灰色婚垫，有一对颈侧外声囊，有雄性线。卵径 1.5 ~ 2 mm，动物极深棕色，植物极淡黄色。第 32 ~ 37 期蝌蚪全长平均 51 mm，头体长 20 mm 左右，尾长约为头体长的 159%。体肥大，体背呈灰绿色，尾肌较弱，尾鳍发达后段较窄，有灰黑色斑纹，末端钝尖（图 4-3-13）。

图 4-3-13　黑斑侧褶蛙

广泛生活于平原或丘陵的水田、池塘、湖沼区及海拔 2200 m 以下的山地。白天隐蔽于草丛和泥窝内，黄昏和夜间活动。跳跃力强，一次跳跃可达 1 m 以上。捕食昆虫纲、腹足纲、蛛形纲等小动物。

该蛙分布区虽然很宽，但因过度捕捉和栖息地的生态环境质量下降，其种群数量急剧减少。IUCN 受胁等级：近危（NT）。

沼水蛙（*Hylarana guentheri*） 水蛙属。雄蛙体长 59 ~ 82 mm，雌蛙体长 62 ~ 84 mm。头部较扁平，头长大于头宽：瞳孔呈横椭圆形，鼓膜圆约为眼径的 4/5。皮肤光滑，口角后方是颌腺，背侧褶显著，但不宽厚，从眼后直达胯部，无颞褶。体侧皮肤有小疣粒，胫部背面有细肤棱，整个腹面皮肤光滑，仅雄性咽侧外声囊部位呈皱褶状。指端钝圆，无腹侧沟。后肢较长，前伸贴体时胫附关节达鼻眼之间，胫长略超过体长之一半，左右跟部相重叠。趾端钝圆有腹侧沟，除第四趾蹼达远端关节下瘤外，其余各趾具全蹼，外侧跖间蹼达跖基部。背部颜色变异较大，多为棕色或棕黄色，沿背侧褶下缘有黑纵纹，体侧、前肢前后和后肢内外侧有不规则黑斑。颌腺为浅黄色，后肢背面多有深色横纹，体腹面为黄白色，咽胸部和腹侧有灰绿色或黑色斑，四肢腹面为肉色（图 4-3-14）。

图 4-3-14 沼水蛙

生活于海拔 1100 m 以下的平原或丘陵和山区。成蛙多栖息于稻田、池塘或水坑内，常隐蔽在水生植物丛间、土洞或杂草丛中，以捕食昆虫为主，还觅食蚯蚓、田螺以及幼蛙等。

分布区宽，其种群数量甚多。IUCN 受胁等级：无危（LC）。

大绿臭蛙（*Odorrana graminea*） 臭蛙属。雌雄蛙体长差异甚大，雄蛙体长 43 ~ 51 mm，雌蛙体长 85 ~ 95 mm。头扁平，头长大于头宽，瞳孔呈横椭圆形，眼间距与上眼睑几乎等宽，鼓膜为眼径的 1/2 ~ 2/3。犁骨齿斜列。皮肤光滑，背侧褶细或略显，颌腺在鼓膜后下方，颞部有细小痣粒，腹面光滑。指、趾均具吸盘及腹侧沟，吸盘纵径＞横径，第三指吸盘宽度不大于其下指节的 2 倍。后肢细长，前伸贴体时胫跗附关节超过吻端，胫长远超过体长之一半，左右跟部重叠颇多。无跗褶，趾间蹼均达趾端。体背面多为纯绿色，其深浅有变异，有的有褐色斑点，两眼间有一个小白点，体侧及四肢为浅棕色，四肢背面有深棕色横纹，股、胫部各有 3 ~ 4 条，腹面为白色或浅黄色，有的咽喉部有深色斑，四肢腹面为肉色或浅棕色。雄性第一指具灰白色婚垫，有一对咽侧外声囊，无雄性线。卵径 2.4 mm 左右，乳白色。蝌蚪全长平均 34 mm，头体长平均 11 mm，尾长约为头体长的 206%。头体细长而扁平，尾肌发达，尾部有深色细小斑点，尾鳍褶低矮，尾末端钝尖。卵径 2.4 mm，为乳白色（图 4-3-15）。

图 4-3-15 大绿臭蛙

生活于海拔 450 ~ 1200 m 森林茂密的大中型

山溪及其附近。流溪内大小石头甚多，环境极为阴湿，石头上长有苔藓等植物。成蛙白昼多隐匿于流溪岸边石头下或在附近的密林里落叶间；夜间多蹲在露出水面的石头上或溪旁岩石上。每年 5 月下旬至 6 月为繁殖盛期，卵群成团黏附在溪边石下，雌性怀卵数为 2240 ~ 3724 粒，少者仅 236 粒。蝌蚪栖息于流溪水内。

该蛙分布区甚宽，其种群数量很多。IUCN 受胁等级：无危（LC）。

花臭蛙（*Odorrana schmackeri*）　臭蛙属。雄蛙体长 43 ~ 47 mm，雌蛙体长 76 ~ 85 mm。头长略大于头宽或几乎相等，头顶扁平，瞳孔为横椭圆形，鼓膜大，约为第三指吸盘的 2 倍，犁骨齿呈两斜列。体和四肢背面较光滑或有疣粒，上眼睑、体后和后肢背面均无白刺；体侧无背侧褶，胫部背面有纵肤棱，体腹面光滑。指、趾具吸盘，纵径大于横径，均有腹侧沟，第三指吸盘宽度不大于其下方指节的 2 倍。后肢较长，前伸贴体时胫跗关节达鼻孔或眼鼻之间，胫长超过体长之一半，左右跟部重叠颇多。无跗褶，趾间全蹼，蹼缘缺刻深，第四趾第二个趾节以缘膜达趾端。体背面为绿色，间以深棕色或褐黑色大斑点，多近圆形，有的个体镶以浅色边，两眼间有一个小白点，四肢有棕黑色横纹，股、胫部各有 5 ~ 6 条。体腹面为乳白色或乳黄色，咽胸部有浅棕色斑，四肢腹面呈肉红色（图 4-3-16）。

图 4-3-16　花臭蛙

生活于海拔 200 ~ 1400 m 山区的大小山溪内。溪内大小石头甚多，植被较为繁茂，环境潮湿，两岸岩壁和长有苔藓。成蛙常蹲在溪边岩石上，头朝向溪内，体背斑纹很像树叶的阴影，也与苔藓颜色相似。

该蛙分布区宽，其种群数量多。IUCN 受胁等级：无危（LC）。

白刺湍蛙（*Amolops albispinus*）　湍蛙属。体型较小，雄性头体长 36.7 ~ 42.4 mm，雌性 43.1 ~ 51.9 mm。上下唇缘、颊部、颞部具白色刺粒（鼓膜除外）。犁骨齿强壮。无声囊。体背粗糙，布满大小瘰粒，体背呈黄褐色，其上有深棕色斑块，无背侧褶。跗部无腺体。栖息在低海拔至中海拔（60 ~ 500 m）地区，快速流动的溪流边岩石上，周围是潮湿的亚热带次生常绿阔叶林。为深圳梧桐山特有种，是 2016 年发现的新种，IUCN 受胁等级：易危（VU），种群较小（图 4-3-17）。

华南湍蛙（*Amolops ricketti*）　湍蛙属。雄蛙体长 42 ~ 61 mm，雌蛙体长 54 ~ 67 mm。头部扁平，头宽略大于头长，吻端钝圆，眼间距与上眼睑几乎等宽，鼓膜小或不显，有犁骨齿。皮肤粗糙，全身背面布满大、小痣粒或小疣粒，体侧大疣粒较多。无背侧褶，体腹面一般光滑，雄性股部和腹后部成颗粒状或有细皱纹。前肢较短，前臂及手长不到体长之半，指、趾末端均具吸盘及边缘沟。后肢适中，前伸贴体时胫跗关节达眼，胫长略大于体长之一半，左右跟部重叠，趾间全蹼。体背面多为灰绿色、棕色或黄绿色，布满不规则深棕色或棕黑色斑纹，四肢具棕黑色横纹，腹面为黄白色，咽胸部有深灰色大理石斑纹，四肢腹面肉为黄色，无斑（图 4-3-18）。

该蛙生活于海拔 410 ～ 1500 m 的山溪内或其附近。白天少见，夜晚栖息在急流处石头上或石壁上，一般头朝向水面，稍受惊扰即跃入水中。分布区很宽，其种群数量甚多。IUCN 受胁等级：无危（LC）。

图 4-3-17　白刺湍蛙

图 4-3-18　华南湍蛙

7. 叉舌蛙科（Dicroglossidae）

犁骨齿发达或无。一般鼻骨大，左、右鼻骨在中线相接触，与蝶筛骨或额顶骨相接触或略分开，蝶筛骨在背面多隐蔽，少显露，肩胸骨基部深度分叉或不分叉，舌骨的前角有前突，呈环状或长形，向内弯，指、趾骨末端尖或略大，呈圆形。指、趾末端尖或钝尖或膨大成球状，不形成吸盘状，腹侧无沟。蝌蚪口部有唇齿和唇乳突。体腹面无大的腹吸盘，体背面及腹面无腺体。本科我国分布有 8 个属的物种。

泽陆蛙（*Fejervarya multistriata*）　陆蛙属。雄蛙体长 38 ～ 42 mm，雌蛙体长 43 ～ 49 mm。头长略大于头宽，吻端钝尖，瞳孔呈横椭圆形，眼间距很窄，为上眼睑的 1/2，鼓膜为圆形。背部皮肤粗糙，无背侧褶，体背面有数行长短不一的纵褶，褶间、体侧及后肢背面有小疣粒，体腹面皮肤光滑。指、趾末端钝尖无沟。后肢较粗短，前伸贴体时胫附关节达肩部或眼部后方，左右跟部不相遇或仅相遇，胫长小于体长之半，外跖突小，趾间近半蹼，第五趾外侧无缘膜或极不显著。背面颜色变异颇大，多为灰橄榄色或深灰色，杂有棕黑色斑纹，有的头体中部有 1 条浅色脊线。上下唇缘有棕黑色纵纹，四肢背面各节有棕色横斑 2 ～ 4 条，体和四肢腹面为乳白色或乳黄色（图 4-3-19）。

图 4-3-19　泽陆蛙

生活于平原、丘陵和海拔 2000 m 以下山区的稻田、沼泽、水塘、水沟等静水域或其附近的旱地草丛。昼夜活动，主要在夜间觅食。

分布区甚宽，其种群数量很多。IUCN 受胁等级：无危（LC）。

虎纹蛙（*Hoplobatrachus chinensis*）　虎纹蛙属。体型硕大，雄蛙体长 66 ～ 98 mm、雌蛙体长 87 ～ 121 mm，体重可达 250 g 左右。头长大于头宽，吻端钝尖，下颌前缘有两个齿状骨突。瞳孔呈横椭圆形，眼间距小于上眼睑宽，鼓膜约为眼径的

图 4-3-20 虎纹蛙

3/4。体背面粗糙，无背侧褶，背部有长短不一、多断续排列成纵行的肤棱，其间散有小疣粒，胫部纵肤棱明显，头侧、手、足背面和体腹面光滑。指、趾末端钝尖，无沟；后肢较短，前伸贴体时胫跗关节达眼至肩部，左右跟部相遇或略重叠。第一、五趾游离侧缘膜发达，趾间全蹼。背面多为黄绿色或灰棕色，散有不规则的深绿褐色斑纹，四肢横纹明显，体和四肢腹面为肉色，咽、胸部有棕色斑，胸后和腹部略带浅蓝色，有斑或无斑（图 4-3-20）。

生活于海拔 20 ~ 1120 m 的山区、平原、丘陵地带的稻田、鱼塘、水坑和沟渠内。白天隐匿于水域岸边的洞穴内，夜间外出活动，跳跃能力很强，稍有响动即迅速跳入深水中。成蛙捕食各种昆虫，也捕食蝌蚪、小蛙及小鱼等。

该蛙分布区虽然甚宽，但由于栖息地的生态环境质量下降和过度捕捉，其种群数量减少。本种已被列为国家Ⅱ级重点保护野生动物。IUCN 受胁等级：未评估（NE）。

棘胸蛙（*Quasipaa spinosa*） 棘胸蛙属。体型甚肥硕，雄蛙体长 106 ~ 142 mm，雌蛙体长 115 ~ 153 mm。头宽大于头长，吻端圆，吻棱不显，鼓膜隐约可见。皮肤较粗糙，长短疣断续排列成行，其间有小圆疣，疣上一般有黑刺，眼后方有横肤沟，颞褶显著，无背侧褶，雄蛙胸部布满大小肉质疣，向前可达咽喉部，向后止于腹前部，每 1 疣上有 1 枚小黑刺。雌蛙腹面光滑。前肢粗壮，前臂及手长近于体长的一半，指、趾端呈球状、后肢适中，前伸贴体时胫跗关节达眼部，趾间全蹼，外侧跖间蹼达跖长之半，跗褶清晰，第五趾外侧缘膜达跖基部。体背面颜色变异大，多为黄褐色、褐色或棕黑色，两眼间有深色横纹，上、下唇缘均有浅色纵纹，体和四肢有黑褐色横纹，腹面为浅黄色，无斑或咽喉部和四肢腹面有褐色云斑（图 4-3-21）。

图 4-3-21 棘胸蛙

生活于海拔 600 ~ 1500 m 林木繁茂的山溪内。白天多隐藏在石穴或土洞中，夜间多蹲在岩石上。捕食多种昆虫、溪蟹、蜈蚣、小蛙等。

分布区甚宽，其栖息地的生态环境质量下降和捕捉过度，其种群数量减少。IUCN 受胁等级：易危（VU）。

中国浮蛙（*Occidozyga obscura*） 浮蛙属。体小而粗壮，雄性体长 24.2 ~ 27.5 mm，雌性体长 31.5 ~ 32.2 mm。吻短，呈三角形。鼻孔背位。眼背侧位。颊部倾斜，不凹陷或凸出。眼间距小于鼻间距。舌窄长，无缺刻，后端尖，无乳突。无犁骨棱和犁骨齿。颞褶清晰，隆起且表面粗糙，于颞区上方弯曲。鼓膜隐蔽，鼓环不显。指间微蹼，

图 4-3-22　中国浮蛙

趾间满蹼。左右跟部不相遇，后肢前伸贴体时胫跗关节达眼前后角之间。体背橄榄棕色至深棕色；背部和腹侧散布不规则黑色斑纹；背中部具一草绿色条纹，边界清晰；侧线系统灰棕色至黄棕色。颞褶橄榄棕色至深棕色。喉部和腹部皮肤乳白色；喉部具一对明显或不明显的纵向深色条纹；四肢腹面深灰色，腿部腹侧具乳白色疣粒（图 4-3-22）。

海拔 200 ~ 800 m 的低地丘陵区的天然或人工池塘和水田。昼伏夜出，繁殖期为 4-8 月，期间鸣叫频繁，雄性发出连续“咕咕”声。

分布于广东、广西、福建、香港、澳门、海南。IUCN 受胁等级：无危（LC）。

8. 外来种

牛蛙（*Lithobates catesbeianus*）　蛙科牛蛙属。体型大而粗壮，雄蛙体长 152 mm，雌蛙体长 160 mm 左右，大者可达 200 mm 左右。头长与头宽几乎相等，吻端钝圆，鼻孔近吻端朝向上方，鼓膜甚大，与眼径等大或略大。犁骨齿分左右两团。背部皮肤略显粗糙，有极细的肤棱或疣粒，无背侧褶，颞褶显著。前肢短，指端钝圆，关节下瘤显著，无掌突。后肢较长，前伸贴体时胫跗关节达眼前方，跗趾关节下瘤显著，有内跖突，无外跖突，趾间全蹼。雄蛙鼓膜较雌蛙的大，第一指内侧有婚垫，咽喉部为黄色，有 1 对内声囊。生活时绿色或绿棕色，带有暗棕色斑纹，头部及口缘呈鲜艳的绿色，四肢具横纹或点状斑，腹面为白色，有暗灰色细纹（图 4-3-23）。

图 4-3-23　牛蛙

牛蛙为外来种。引进我国主要生活于气候温暖地区的沼泽、湖塘、水坑、沟渠、稻田以及水草繁茂的静水域内。该蛙体型大，能捕食其他身体较小的蛙类和蝌蚪，已成为当地土著蛙类的天敌。

该蛙原产于北美落基山脉以东地区。多年来，先后被引种到世界许多地区驯养。我国北京以南地区均有养殖，以南方省区养殖成功居多，有的已逃逸到自然环境中，在当地自然繁衍。

第五章 爬行动物实习

爬行动物在中生代曾盛极一时，种类繁多，留存至现代生存者仅为少数。大多数爬行动物体表被以角质鳞片，缺乏皮肤腺。除蛇类和少数蛇蜥外，均具发达的五趾型附肢。爬行动物所产的卵具坚硬的卵壳或革质的卵膜，在胚胎发育中有羊膜、卵黄膜、尿囊膜和绒毛膜，可使胚胎发育不受外界水环境限制和束缚。因而，爬行动物成为第一批摆脱对水的依赖而真正征服陆地的脊椎动物，较两栖动物更能适应多种多样的生活环境。除龟鳖等营水陆两栖生活外，蛇和蜥蜴等大多数爬行类生活在陆地上。爬行动物是典型的变温动物，体温随环境温度变化而改变，因此具有明显的昼夜和季节周期性活动规律，以及冬眠的习性。

爬行动物实习
拓展资源

第一节 爬行动物的生态习性

一、生境与习性

爬行动物广泛栖息于各种环境中，大致可分为水体和陆地两大类。龟鳖类和部分蛇类生活于淡水和海洋环境中，多数栖息于树林、荒漠、农田、洞穴、乱石堆和稻草丛等场所。爬行动物中，许多种类具有保护色，如生活于沙漠地带的种类，体多呈黄色；生活于草地及树栖种类，则多呈绿色；有些种类还可随环境而改变体色，如避役（变色龙）等。有些种类在防卫时，常表现出防御姿态，如眼镜蛇在遇到危险或准备捕捉猎物时，常将身体前部抬起，颈部膨大，露出颈背部的眼镜框状花纹。爬行动物的繁殖方式可分为卵生和卵胎生，卵生种类占多数。蜥蜴类、鳄类和蛇类的卵被以柔软的革质卵膜；栖息于寒冷地区的蜥蜴、蛇、海蛇多以卵胎生方式繁殖。在陆栖脊椎动物中，爬行动物的种类和数量仅次于鸟类，占据了多种栖息环境，表现出多样化的生活习性。根据其生境及生活习性可大致分为以下 5 个种类。

（一）陆栖类

包括大多数蜥蜴类、蛇类和部分龟鳖类。蜥蜴类与龟鳖类具有较发达的四肢，而蛇类的运动依靠腹鳞的活动和身体左右弯曲来完成。如蝰科中的烙铁头蛇等种类。其活动规律一般是在雨前雨后、空气湿度较大时外出活动，气温太低或太高和雨天活动较少。中午烈日暴晒时，多隐藏于阴湿的地方。蝮蛇、烙铁头蛇等多为夜行性，眼镜蛇等则主要在白天活动。

（二）穴居类

头小，眼隐于鳞下，听道退化；身体多呈蛇形，四肢不甚发达或完全退化消失，无活动的眼睑，鳞片平滑，腹鳞没有分化或不发达，如盲蛇科的钩盲蛇。

（三）沙地生活类

后肢的趾上覆有角质小齿等，颜色大多呈沙土色，如鬣蜥科的荒漠沙蜥。

（四）树栖类

包括壁虎、各种树蜥和树栖蛇类，身体一般呈绿色。飞蜥的体侧有翅状的皮膜；避役具有适于握住树枝的指和趾，而且尾具有一定的缠绕性；树栖蛇类身体细长，尾部也较长，适于缠绕，如游蛇科的过树蛇、林蛇，蝰科的竹叶青等。

（五）水栖类

栖于淡水中的蛇类，一般体形粗短，海蛇具侧扁的尾，适于游泳。水栖蛇类，如淡水水蛇与海蛇，鼻孔开口于吻之背方，具瓣膜，入水后可将鼻孔关闭；水栖龟类的四肢变为桨状，适于划水。

二、食性

绝大多数爬行动物属于肉食性种类。龟鳖类主要以鱼、虾为食；大多数蜥蜴取食昆虫、蛛形类、蠕虫类和软体类动物；夜间活动的壁虎类则以鳞翅目昆虫等为食；体型较大的巨蜥则捕食蛇类、鱼类甚至小型哺乳动物。蛇的食性很广，蜘蛛、昆虫、鱼、蛇、鸟、鼠和兔等都是蛇的食物。不同种类动物摄食的对象不同，金环蛇主要摄食其他蛇类，以及鱼、蛙、蜥蜴、鼠或其他小型哺乳动物；银环蛇的摄食对象是鱼、蛙、蜥蜴、鼠或其他小型哺乳动物；眼镜蛇的摄食对象除了与银环蛇相同外，还摄食蜥蜴和小型哺乳动物；尖吻蝮主要捕食鼠或其他小型哺乳动物。

第二节　爬行动物识别的形态学基础及野外调查

一、爬行动物的外部形态术语

（一）龟鳖类

爬行动物中的“板”指一类甲片依附的各类骨板的名称；“盾”是指表面的每一

种甲片的名称。龟鳖类背甲和腹甲的盾片和骨板分布见图 5-2-1 及图 5-2-2。

椎板：中央一列，一般有 8 块。

颈板：相当于颈盾部位的 1 块骨板。

臀板：椎板之间，通常有 1 ~ 3 枚，由前至后分别称为第一上臀板、第二上臀板和臀板。

肋板：椎板两侧的骨板，通常有 8 对。

缘板：背甲边缘的两列骨板，一般 11 对。

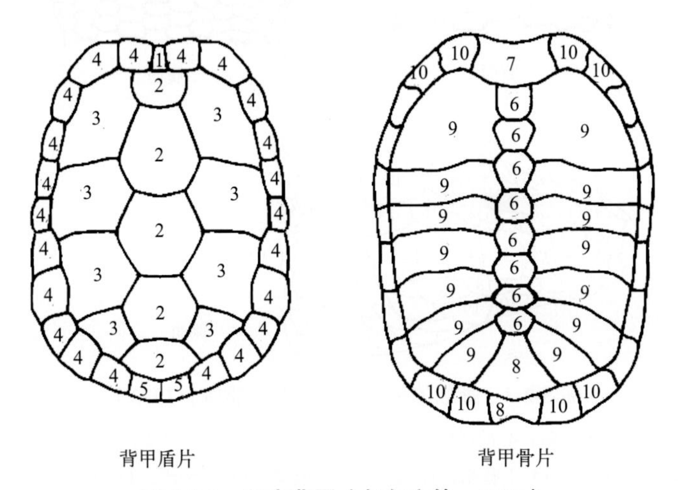

图 5-2-1　龟壳背甲（赵尔宓等，1993）

1. 椎盾；2. 颈盾；3. 肋盾；4. 缘盾；5. 臀盾；6. 椎板；7. 颈板；8. 臀板；9. 肋板；10. 缘板

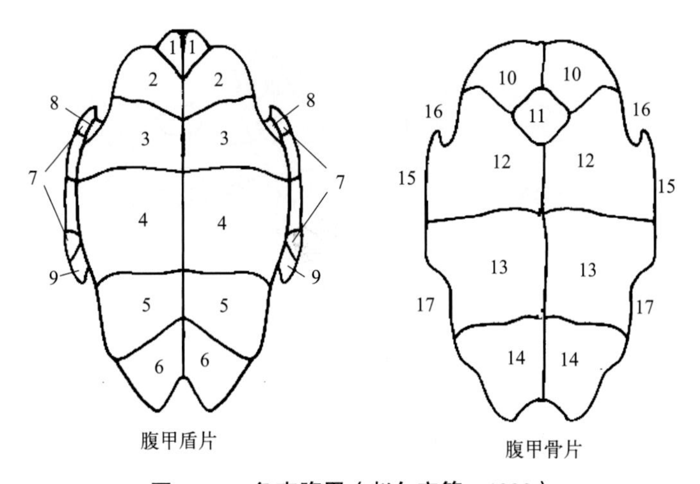

图 5-2-2　龟壳腹甲（赵尔宓等，1993）

1. 喉盾；2. 肱盾；3. 胸盾；4. 腹盾；5. 股盾；6. 肛盾；7. 背甲缘盾；8. 腋盾；9. 胯盾；10. 上板；11. 内板；12. 舌板；13. 下板；14. 剑板；15. 甲桥；16. 腋凹；17. 胯凹

（二）蜥蜴亚目

蜥蜴的头部鳞被见图 5-2-3 及图 5-2-4。

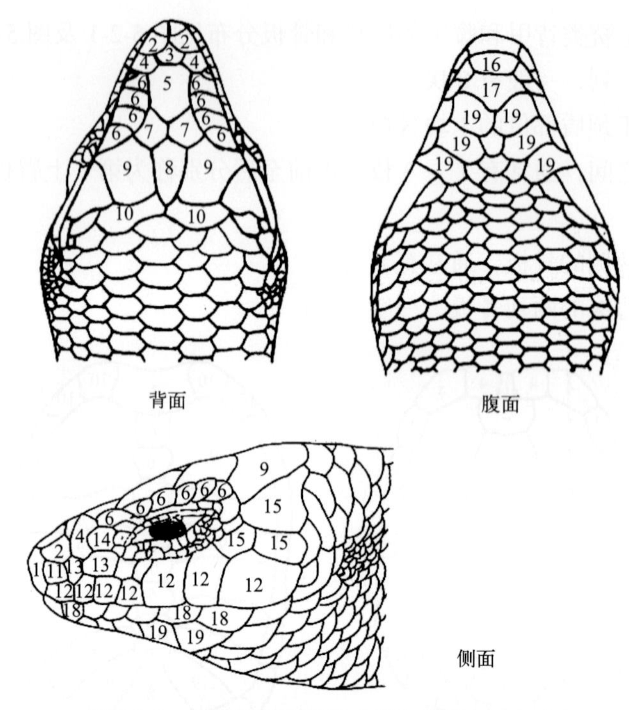

图 5-2-3　蜥蜴的头部鳞被（赵尔宓等，1993）

1. 吻鳞；2. 上鼻鳞；3. 额鼻鳞；4. 前额鳞；5. 额鳞；6. 眶上鳞；7. 额顶鳞；8. 顶间鳞；9. 顶鳞；10. 颈鳞；11. 鼻鳞；12. 上唇鳞；13. 颊鳞；14. 上睫鳞；15. 颞鳞；16. 颏鳞；17. 后颏鳞；18. 下唇鳞；19. 颏片

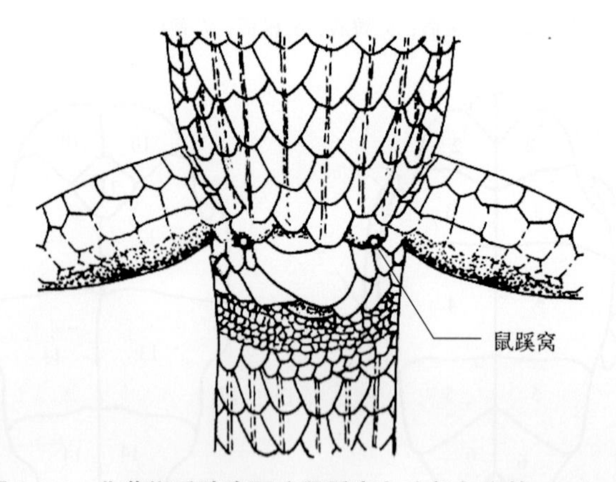

图 5-2-4　北草蜥后肢腹面（鼠蹊窝）（赵尔宓等，1993）

（三）蛇亚目

蛇的头部鳞被见图 5-2-5。

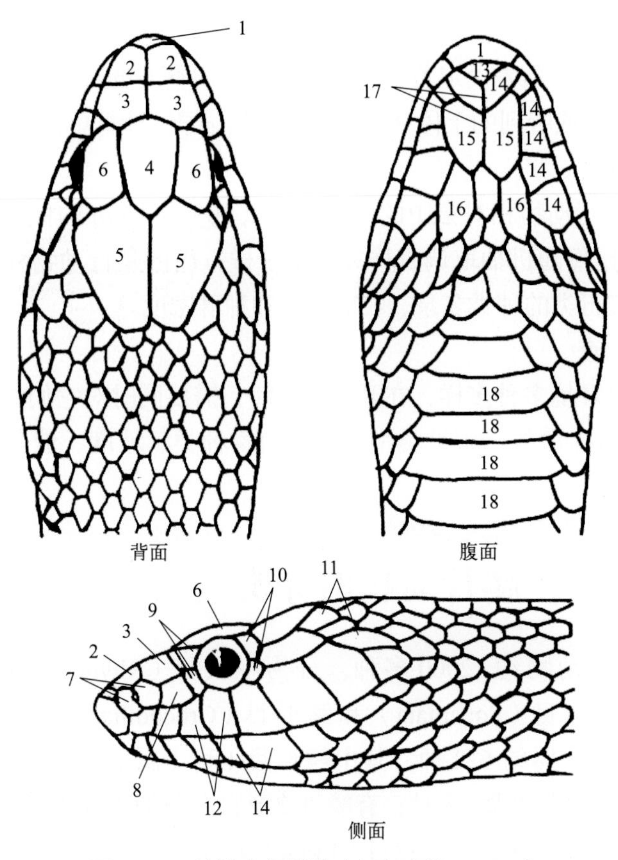

图 5-2-5 蛇的头部鳞被（赵尔宓等，1993）

1. 吻鳞；2. 鼻间鳞；3. 前额鳞；4. 额鳞；5. 顶鳞；6. 眶上鳞；7. 鼻鳞；8. 颊鳞；9. 眶前鳞；10. 眶后鳞；11. 颞鳞；12. 上唇鳞；13. 颏鳞；14. 下唇鳞；15. 前颏片；16. 后颏片；17. 颏沟；18. 腹鳞

二、野外调查与识别

（一）实体及活动痕迹识别方法

爬行动物生境类型多样，森林、河流、池塘、居民区都有其踪迹，它们均小心谨慎，行动敏捷，并且活动范围较大，活动后留下的痕迹不易被发现，因此在野外实习中行动要非常小心，动作迅速，最好的识别方法是拍摄到它们的影像资料，与图鉴上的种类进行对比，鉴定它们的种类。

（二）访问调查法

由于爬行动物活动比较隐蔽，加上可能受到调查时间、季节等因素的限制，很难在短期实习的调查中将某一地区的物种都记录到。因此，访问当地村民、特别是有狩猎经验的村民，通过访谈和图片指认，可获得该地区的爬行动物种类、数量的大体信息，尤其是当地居民经常捕捉的种类（如眼镜蛇、蟒蛇等）的分布情况，帮助我们了解该地区的爬行动物分布情况。

（三）样线和样方调查法

样线法：在调查前预先设定若干条调查路线，调查人员沿着样线行走，同时搜寻爬行动物，将所见到或听到的个体种类及数量详细记录，计算单位面积的物种丰富度、目标物种的种群密度。

样方法：在爬行动物相对集中的区域内，以 10 m × 10 m 的标准将调查区域网格化，再以 10% 的比例随机抽取调查样方，记录样方内的爬行动物种类和数量，最后可得出该区域内爬行类的种类名录、相对丰度和种群密度。

（四）生境调查

爬行动物栖息环境多种多样，在开展调查时，需要同时对它们的栖息环境进行记录，包括 GPS 位置、海拔、植被类型、主要植物种类、坡度、坡向、湿度和温度等影响因子。

第三节　爬行动物的分类概况及常见物种

全球现存爬行动物约 12000 多种，分为喙头目（Rhynchocephalia）、龟鳖目（Testudines）、有鳞目（Squamata）和鳄形目（Crocodilia）4 个目。我国现存爬行动物 3 目 35 科 131 属约 622 种，其中鳄形目 1 科 1 属 1 种，即扬子鳄（*Alligator sinensis*）；龟鳖目 6 科 18 属 35 种；有鳞目 2 亚目，分别为蜥蜴亚目（Lacertilia）和蛇亚目（Serpentes），其中，蜥蜴亚目 10 科 42 属 262 种，蛇亚目 18 科 70 属 324 种。

我国现有爬行纲动物分目检索

1　体短（略扁平），有由骨板形成的硬壳，上下颌无齿而覆以角质鞘
　　…………………………………………………………… 龟鳖目（Testudines）

体较长，无骨质硬壳，上下颌具齿 ……………………………………………… 2

2　体表被覆瓦状或镶嵌排列的鳞片，端生齿或侧生齿，泄殖孔横
　裂，交接器成对 ……………………………………………… 有鳞目（Squamata）

　体表被革质皮肤，颌齿生于齿槽内（槽生齿），泄殖孔纵裂，交接器单枚
　　…………………………………………………………… 鳄形目（Crocodilia）

一、龟鳖目（Testudines）

四肢短小，背腹面具坚固的龟壳，龟壳分背甲和腹甲，背腹甲靠甲桥以骨缝或韧带相连，脊椎骨和肋骨大都与背甲的骨质板愈合，间锁骨和锁骨参与腹甲组成。头、四肢和尾从龟壳边缘伸出。典型陆地生活的龟，背甲较高拱，可承受较大压力，不易被捕食者伤害，四肢较长而粗壮；水生龟一般具流线形的壳，有利于游泳时减少水的阻力，四肢较扁平，指、趾间具蹼。鳖是底栖生活的代表，无角质盾片，而覆以革质皮肤，背甲边缘形成裙边，便于隐藏于水底淤泥下，四肢与水生龟相似。许多龟鳖类

以植物为主食，兼食少量动物，有些种类以动物性食物为主；另一些种类为杂食性，组成其食物成分的动物，主要为行动缓慢的动物，如蠕虫、软体动物、甲壳类、昆虫幼虫、小鱼和小蛙等。龟鳖类的代谢率较低，生长速度较慢。有的龟可活130 ~ 190年，有些种类只能活几十年。

平胸龟（*Platysternon megacephalum*） 头大，不能缩入龟壳内；头背部鳞片为整块。腹甲扁平，背甲亦扁平，背中央有1条显著的纵走隆起脊棱。上颌钩曲如鹰嘴，故又名大头龟、鹰嘴龟。五趾型附肢，具爪，指间具蹼。尾长，亦不能缩入壳内；尾鳞方形，环形排列。头背部呈棕红色或橄榄绿色，盾片具放射状细纹；腹甲呈黄绿色或黄色。

栖息于较宽广山溪中，夜间活动。肉食性，以小鱼、螺、蛙等为食。分布于我国东南地区长江以南各省区、云南、贵州，种群很小，偶见。属国家二级重点保护野生动物，IUCN红色名录为极危（CR）等级物种，中国物种红色名录为极危（CR）等级物种，CITES附录Ⅰ物种。

二、有鳞目（Squamata）

此目分为蜥蜴亚目和蛇亚目。

（一）蜥蜴亚目（Lacertilia）

蜥蜴分布广泛，热带地区最多。栖息环境有穴居、树栖、半水栖和陆栖，在沙漠地带和住房墙壁上也有分布。其四肢及尾的形态结构适应于不同栖息环境。除了穴居种类外均具发达的四肢。壁虎指趾下端有1列或2列片状鳞排列成黏着吸盘。体被角质鳞有颗粒状、疣状、圆形、方形和板形。鼓膜下陷，外耳道明显。多数种类眼睑可动。尾较长，遇险能自己尾断，尾能再生。蜥蜴类捕食各种昆虫、蜘蛛和其他无脊椎动物，或捕食小型脊椎动物。壁虎夜间活动，其他蜥蜴多在白天捕食。多数蜥蜴具领域行为，较大的雄体通常占据较好和较大的栖息地，遇同种其他个体入侵，常显示出对抗行为。环境温度对一些种类的性别也具有决定作用，已知壁虎和鬣蜥低温孵出多为雌性，而高温孵出多为雄性。

我国蜥蜴亚目（Lacertilia）常见科检索表

1. 头部背面无大形成对的鳞甲 ······································2
   头部背面有大形成对的鳞甲 ······································ 5
2. 趾端膨大，大多无动性眼睑 ························· 壁虎科（Gekkonidae）
   趾侧扁；有动性眼睑 ······································ 3
3. 舌头、呈二深裂状；背鳞呈粒状；体形大 ··············· 巨蜥科（Varanidae）
   舌短、背端稍凹；体形适中 ······································ 4
4. 尾上具2个背棱 ························· 异蜥科（Xenosauridae）
   尾不具棱或仅有单、正中背棱 ························· 鬣蜥科（Agamidae）
5. 无附肢，身体呈蛇形，腹鳞方形，具棱 ··············· 蛇蜥科（Anguidae）

有附肢 ………………………………………………………………………………… 6

6. 腹鳞方形；股窝或鼠蹊窝存在 ………………………… 蜥蜴科（Lacertidae）

腹鳞圆形；无股窝或鼠蹊窝 ……………………………… 石龙子科（Scincidae）

华南地区常见的蜥蜴亚目种类如下。

1. 壁虎科（Gekkonidae）

中国壁虎（*Gekko chinensis*） 壁虎属。全长 110 ~ 150 mm，头体长大于尾长。吻鳞宽是高的 2 倍，上缘无裂缝；1 对上鼻鳞被 1 枚大小与之相当的鳞隔开。瞳孔纵置。体背呈灰褐色，深浅随环境而变化；体背具有浅色横斑 5 ~ 6 条，原生尾具横斑 8 ~ 12 条；体腹面呈浅肉色。指、趾间具蹼，攀瓣宽，不对分，全部指、趾末节均与扩展部联合，头、体及尾的背侧被均匀粒鳞，尾基部每侧有肛疣 1 个；颗粒鳞间散布疣粒，疣粒一直分布到尾的前端，肛前孔和股孔多达 17 ~ 27 个（图 5-3-1）。

图 5-3-1 中国壁虎

栖息于石壁岩缝、树洞或房舍墙壁顶部。夜晚常见于垃圾桶、大树树干上，也常见于路灯灯罩部位。为中国特有种和常见种。在我国分布于香港、澳门、广东、广西、海南和福建。属国家“三有”保护动物。

2. 石龙子科（Scincidae）

中国石龙子（*Plestiodon chinensis*） 石龙子属。身体粗壮，四肢和尾发达。吻短圆；没有后鼻鳞；上唇鳞 7 枚，少数 9 枚；下唇鳞 7 枚；额鳞与前 2 枚眶上鳞相接；环体鳞 24 行，少数 22 行或 26 行。第四趾趾下瓣 17 枚。幼体背黑色有 1 条不分叉的乳白色线纹起于顶间鳞，2 条背侧线起于最后 1 枚眶上鳞，尾呈蓝色。亮丽的幼年色斑随着年龄增长而消失，头变成红棕色，体背呈橄榄色或橄榄棕色，有红色或橘红色斑块出现在体侧，腹面为乳白色有灰色鳞缘，腹表面其余部分乳白色或黄色（图 5-3-2）。

图 5-3-2 中国石龙子

栖息于低海拔地区，包括耕田和城市绿地。日行性动物。卵生。在我国分布于台湾、香港、澳门、福建、浙江、江苏、安徽、江西、湖南、广东、广西、海南、云南和贵州。国家“三有”保护动物。

南滑蜥（*Scincella reevesii*） 滑蜥属。体纤细，四肢短，前后肢贴体相向时指趾端相遇。头顶被大型对称鳞，2 枚前额鳞彼此相接；扩大颈鳞 0 ~ 3 对。无股窝和鼠蹊窝，亦无肛前孔；有眼睑窗。背鳞等于或略大于体侧鳞，环体中段鳞 26 ~ 30 行；第四趾趾下瓣 15 ~ 18 枚；体背呈浅棕色或黄褐色，散布不规则黑色斑点或线纹；自吻端经鼻孔、眼上方、颈侧至尾末端有黑褐色纵纹，该纹较宽，跨 3 行鳞。头腹面白色，散布不规则黑色斑点，体腹面白色或浅黄色，尾腹面橘红色（图 5-3-3）。

图 5-3-3 南滑蜥

栖息于低山、丘陵甚至城市公园的树林下地面。日行性陆栖动物。常见于落叶堆中，喜在路上晒日光浴，常被碾压致死。以昆虫为食。卵生。常见种。在我国分布于广东、香港、海南、广西和四川攀枝花。国家“三有”保护动物。

股鳞蜓蜥（*Sphenomorphus incognitus*） 蜓蜥属。头顶被大型对称鳞；无股窝或鼠蹊窝，亦无肛前孔。下眼睑被鳞，无眼睑窗；无上鼻鳞。额鼻鳞与额鳞相接，前额鳞一般不相接；眶上鳞 4 枚；股后外侧有 1 团大鳞；第四趾趾下瓣 17 ~ 22 枚。体背为深褐色，具密集黑色斑点；体两侧各有 1 条上缘锯齿状的黑色纵带，杂浅黄色斑点；体腹面呈浅黄色，有黑色斑点。幼体尾为橘红色（图 5-3-4）。

图 5-3-4 股鳞蜓蜥

栖息于丘陵、山地阴湿灌木丛间，常见于路边。多在中午活动。以小型无脊椎动物等为食。卵胎生。中国特有种和常见种。在我国分布于台湾、福建、江西、广东、海南、广西、云南和湖北等。属国家“三有”保护动物。

中国棱蜥（*Tropidophorus sinicus*） 棱蜥属。尾长显著长于头体长，但由于所见多为再生尾，通常尾短于头体长，在具有原生尾的个体，尾长可达头体长的 1.2 倍。雄性腹鳞、四肢腹面鳞片均具强棱，尾下鳞弱棱；雌性腹鳞和尾下鳞、后肢腹面鳞平滑无棱，后肢腹面鳞片弱棱。体背呈黄棕色、棕色至红黑色，吻背多浅棕色。体背和尾背具深浅相间的宽横纹，两侧有白色或浅色斑；唇有白斑。腹面喉颈部为灰黑色，胸和体腹面为肉色，尾下呈亮黑色（图 5-3-5）。

图 5-3-5 中国棱蜥

栖息于山溪及其附近，也见于铺满落叶的山间小路上。为卵胎生。常见种。在我国分布于广东、广西和香港。属国家“三有”保护动物。

3. 鬣蜥科（Agamidae）

中国树蜥（*Calotes wangi*） 树蜥属，在国内很长一段时间曾被认为是变色树蜥。全长约 40 cm。体背面呈浅棕色、灰色或橄榄绿色。体背具深棕色斑块，眼周围具辐射状黑纹。生殖季节雄性头部呈

图 5-3-6 中国树蜥

红色。尾巴较长，为头体长的 2 ~ 3 倍（图 5-3-6）。

栖息于平原的灌丛带、农耕地边缘、河边、路旁的草丛或树干上。日行性，白天喜欢在灌木丛或地面上晒太阳，夜晚则在细树枝上休息。主要以小型昆虫和无脊椎动物为食。它们的每只眼睛都能独立活动，可分别看不同的目标。雄性个体的头部较大，雌性体色较为暗淡。

4. 外来种

锯尾蜥虎（*Hemidactylus garnotii*） 蜥虎属。中等体型，身体侧扁。第二对颏片与上唇鳞被小鳞隔开；体背被均匀颗粒鳞，无疣鳞；尾部两侧具锯齿状疣鳞。体背呈浅灰色至灰褐色，有规则散布的浅色白斑（图 5-3-7）。

图 5-3-7 锯尾蜥虎

锯尾蜥虎东原产地为南亚和南亚，其引入可能与 20 世纪后期全球化贸易相关，引入后栖息于丘陵或山区农舍墙壁、海滨红树林、木栈道等生境，营孤雌生殖。在我国分布于广东、广西、海南、云南、香港、台湾等地。尽管尚未造成严重生态灾害，但其扩张潜力值得持续关注。

（二）蛇亚目（Serpentes）

体细长，分头、躯干和尾 3 部分，呈圆筒形，通身被覆鳞片。能吞食比自己头大几倍的动物。蛇体腹面贴地，腹鳞前后移动，爬行前进。舌细长，前端凹入很深成分叉形，具舌鞘，常不断迅速伸缩，舌尖不断摆动，收集周围空气中的化学物质，再送入口腔顶部犁鼻器的两个囊内，产生嗅觉。无外耳道和鼓膜。游蛇科中少数种类上颌骨的后端长有 2 ~ 4 枚较长大而有沟的毒牙（后沟牙）。眼镜蛇科在上颌骨前端每侧有 1 枚毒牙（前沟牙），蝰科上颌上有管状毒牙（管牙）。蛇的视觉器官不发达，只在近距离感知运动的物体有效。蝮亚科蛇类在鼻孔和眼之间有一颊窝，是热感受器，能使蛇觉察到比自己热或冷的物体存在，还能测知其方向和距离。蛇对栖息地的振动极敏感。其眼的晶状体呈球形，只能见近处物体。四肢退化，带骨和胸骨亦退化，但少数种类尚保存退化的腰带，亦有少数种类有残留的后肢。泄殖腔孔横裂，无膀胱。躯干延长，内部器官或一侧退化或前后排列。

蛇摄食时囫囵吞下。较小的食物咬住后直接吞下；较大的食物咬住后用身体缠住、缢缩猎物，使其窒息死亡后再吞食。毒蛇则在咬住动物后，将毒液注入捕获物体内，使其中毒麻痹后方才吞食。蛇多为卵生；有些蛇的受精卵在输卵管内发育直至孵出幼蛇，成卵胎生种类。卵生种类常在树叶下、腐烂圆木的髓腔内或在土壤内建一简单窝洞，产卵于其中，上面常有简单的覆盖物。蛇一般不护幼，只有少数种类有护幼现象，雌蛇常守护卵直至幼蛇孵出。

我国蛇亚目（Serpentes）常见科检索表

1. 头、尾与躯干部的界限不分明；眼在鳞下；上颌无齿；体的背、腹面均被有相

似的圆鳞；尾非侧扁 ………………………………盲蛇科（Typhlopidae）
头、尾与躯干部界限分明；眼不在鳞下；上下颌具齿；鳞多为长方形……… 2

2. 上颌骨平直，毒牙存在时恒久竖起… ……………………………………… 3
上颌骨高度大于长度；具有能竖起的管状毒牙 …………… 蝰科（Viperidae）

3. 颊沟存在 ……………………………………………………………………… 4
颊沟缺 ………………………………………………… 钝头蛇科（Pareidae）

4. 前方上颌牙不具沟 ………………………………………………………… 5
前方上颌牙具沟 ……………………………………………………………… 7

5. 后肢退化为距状爪，头部背面被以大多数细鳞 ………… 蟒科（Pythonidae）
后肢无遗留；头部背面被覆少数大形整齐的鳞片 ……………………………… 6

6. 额鳞后缘与成对顶鳞相接触 …………………………… 游蛇科（Colubridae）
额鳞后缘与单个形大的枕鳞相接触；背鳞较大 … 闪鳞蛇科（Xenopeltidae）

7. 尾圆 …………………………………………………… 眼镜蛇科（Elapidae）
尾侧扁 ……………………………………………… 海蛇科（Hydrophiidae）

华南地区常见种类如下所述。

1. 盲蛇科（Typhlopidae）

钩盲蛇（*Indotyphlops braminus*） 印度盲蛇属。无毒蛇。全长 84 ~ 164 mm，是中国已知蛇类最小的一种。体纤细，圆筒状，形似蚯蚓。头小，头颈无区分。眼隐于眼鳞下，呈 2 个黑色小圆点。吻端钝圆，超出下颌很多。尾短钝，末端有几丁质钩刺。鼻鳞全裂为二；头部鳞显著大于体背鳞，背鳞和腹鳞分化不明显，大小相似，覆瓦状排列，环体一周鳞 20 行。整体呈黑褐色，具金属光泽；背面较腹面色深；头部呈棕褐色；吻和尾尖色淡（图 5-3-8）。

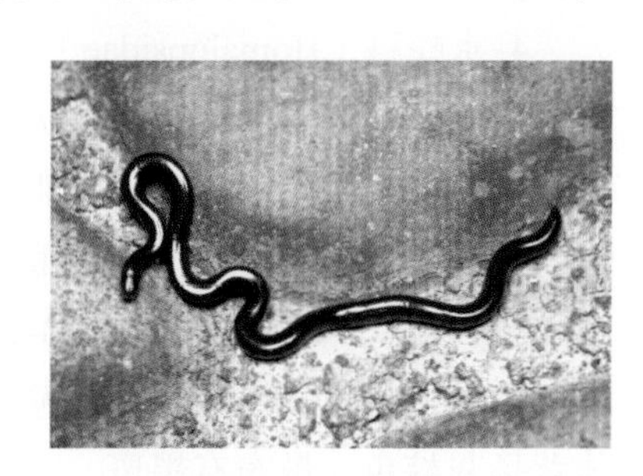

图 5-3-8 钩盲蛇

见于人类活动区（如小片林地），也见于山区林下。夜行性穴居动物，也会钻出地面活动。主要以蚂蚁和白蚁等昆虫为食。卵生。常见种，在我国分布于江西、浙江、福建、台湾、香港、广东、广西、海南、云南、贵州、重庆和湖北。属国家“三有”保护动物。

2. 蟒科（Pythonidae）

蟒蛇（*Python bivittatus*） 蟒属。又名缅甸蟒。大型无毒蛇，全长可超过 6 m，以 3 ~ 4 m 常见。主要识别特征在于其上下唇有唇窝，泄殖腔孔两侧有爪状后肢残余特殊斑纹；头颈背部有一暗棕色矛形斑，体背为棕褐色、灰褐色或黄色，体背

图 5-3-9 蟒蛇

和体侧由颈部开始至尾末端排列有数个大型镶黑边的斑块。腹面呈黄白色（图 5-3-9）。

栖于热带亚热带低山丛林，可长期生活于水中。以爬行类、两栖类、鸟类和鼠类为食，也可吃较大型的动物，如鹿类、野猪等。在我国分布于云南东部至福建，包括海南和香港。我国的香港和澳门常见，尽管我国内地经常有分布报道，但实际并不常见，我国的内地种群极度濒危，被列为国家二级重点保护野生动物，IUCN 红色名录易危（VU）等级物种，CITES 附录 Ⅱ 、中国物种红色名录为极危（CR）等级。

3. 钝头蛇科（Pareidae）

横纹钝头蛇（*Pareas margaritophorus*） 钝头蛇属。身体细长，稍侧扁。头与颈部区分显著。吻短而钝圆。眼小，虹膜黑色；瞳孔黑色镶白边，直立。颊部微凹，颊鳞单枚，不入眶。上唇鳞不入眶。背鳞通体 15 行，光滑或中央几行有弱棱。肛鳞完整，单枚。尾下鳞双行。上体灰黑色至深紫棕色，身体和尾有数条黑白双色横斑，该横斑是由多枚前部分白色后部分黑色鳞片缀连而成。上下唇为白色，有黑斑。腹为白色，有黑斑（图 5-3-10）。

图 5-3-10 横纹钝头蛇

栖息于平原、丘陵和山区，多见于农耕地附近。以蜗牛、蛞蝓等为食。卵生。常见种。分布于我国香港、广东、广西、海南、云南和贵州。属国家“三有”保护动物。

4. 水蛇科（Homalopsidae）

中国水蛇（*Myrrophis chinensis*） 沼蛇属。体粗壮。头颈区分稍显。吻鳞宽钝，圆，背视可见。鼻孔背侧位。眼小，瞳孔小，圆形。尾短。左右鼻鳞相接。鼻间鳞小，单枚，不与颊鳞相接。颊鳞单枚。眶前鳞单枚。眶后鳞 2 枚，少数 1 枚。上唇鳞 7 枚，仅第 4 枚入眶。背鳞平滑，23-23-21（19）行。腹鳞 138 ~ 154 枚。肛鳞对分。尾下鳞对分，40 ~ 51 对。体背呈灰棕色，散布有黑斑，在颈背形成黑线，一系列密集的黑色斑点为背中线。上唇鳞下部和整个下唇鳞为黄白色。背鳞外侧有 2 ~ 3 行呈粉棕色。腹鳞前部分为暗灰色，后部分为黄白色（图 5-3-11）。

图 5-3-11 中国水蛇

夜行性水生蛇类。栖息于平原、丘陵、山脚的溪流、池塘和水田。以小型鱼类和蝌蚪为食。卵胎生。不常见。属国家“三有”保护动物，中国物种红色名录易危（VU）等级物种。

5. 蝰科（Viperidae）

白唇竹叶青（*Trimeresurus albolabris*） 竹叶青属。为中等体型前沟牙毒蛇。鳞被、体色变化较大。头大，呈三角形，颈细，有颊窝；头背被小鳞，仅鼻间鳞及眶上鳞略大。通体绿色，最外背鳞行上半部为白色，略带黄色，在体侧形成白色纵线纹；该最外鳞行下半部分红色，或橄榄绿色，略带红色。虹膜为橘红色或黄色，略带橘色。尾背及尾尖呈焦红色。鼻间鳞大，显著大于头背其他鳞片，彼此相切或间隔 1 枚小鳞（图 5-3-12）。

图 5-3-12　白唇竹叶青

栖息于平原、丘陵和山区，常见于水域附近或低矮灌木上。尾具有缠绕性。以蛙类、蜥蜴类和鼠类为食。种群较大，广东沿海尤其珠江口甚常见。属国家“三有”保护动物。

6. 眼镜蛇科（Elapidae）

金环蛇（*Bungarus fasciatus*）　环蛇属。体细长。头呈卵圆形，与颈部区分不明显。尾较短，末端钝圆。眼小，瞳孔圆形。无颊鳞。眶前鳞单枚。眶后鳞 2 枚，少数单枚。上唇鳞 7 ~ 8 枚；下唇鳞 7 ~ 8 枚。背鳞光滑，通常通体 15 行，脊鳞扩大，脊棱明显。肛鳞完整。尾下鳞单行。通体具黑黄相间环纹，两者几乎等宽（图 5-3-13）。

图 5-3-13　金环蛇

栖息于平原丘陵，常见于近水区域。食物包括鱼类、蛙类、蜥蜴类、蛇类和小型哺乳动物。属夜行性蛇类。卵生。在我国分布于福建、广东、香港、海南、广西和云南。为常见种。由于被过度捕杀，中国物种红色名录列为濒危（EN）等级物种，属国家“三有”保护动物。

银环蛇（*Bungarus multicinctus*）　环蛇属。体细长。头呈卵圆形，与颈部区分不明显。眼小，瞳孔圆形。无颊鳞。眶前鳞单枚。眶后鳞 2 枚，少数单枚。上唇鳞 6 ~ 8 枚；下唇鳞 6 ~ 8 枚。背鳞光滑，通体 15 行。腹鳞 198 ~ 231 枚。肛鳞完整。尾下鳞完整，少数前 3 枚对分。体背为黑色，有窄白斑带。腹面为黄白色或灰白色，散布黑斑（图 5-3-14）。

图 5-3-14　银环蛇

栖息于平原丘陵，常见于近水区域。食物包括鱼类、蛙类、蜥蜴类、蛇类和小型哺乳动物。夜行性蛇类。卵生。在我国分布于华东（除山东）、华南、西南、湖北和湖南。为常见种。属国家“三有”保护动物，中国物种红色名录濒危（EN）等级物种。

舟山眼镜蛇（*Naja atra*）　眼镜蛇属。体长可达 2 m。头稍区别于颈部。眼中等大小。无颊鳞。眶前鳞单枚，通常与鼻间鳞相接。眶后鳞 3 枚，少数 2 枚。上唇鳞 7 枚，第二枚最高，入眶，第四枚也入眶；下唇鳞 7 ~ 10 枚。第四枚和第五枚大，通常有 1 枚三角形小鳞在这两枚鳞之间的唇边缘上。背鳞光滑斜列，中段鳞 19 枚或 21 枚。腹鳞 158 ~ 185 枚。肛鳞完整，少数对分。尾下鳞对分，38 ~ 53 对。生活时体色变异较大。通常体背呈浅灰色、黄褐色、灰黑色至亮黑色，有或没有成对的浅黄色成对距离不等的横斑，幼体该斑显著。头侧浅色。颈背有眼镜状斑纹扩展至浅色喉部，喉部通常有 1 对黑斑。腹面为白色至深灰色杂以白色或黑色斑(图 5-3-15)。

图 5-3-15　舟山眼镜蛇

栖息于森林、灌丛、草地、红树林、开阔地，甚至人口稠密地区。属日行性和夜行性蛇类。食物包括鱼类、蛙类、蜥蜴类、蛇类、鸟类和鸟卵、小型哺乳动物。卵生。在我国南方常见。属国家“三有”保护动物，IUCN 红色名录易危（VU）等级物种，中国物种红色名录易危（VU）等级物种，CITES 附录 Ⅱ 物种。

7. 游蛇科（Colubridae）

翠青蛇（*Ptyas major*）　鼠蛇属。体型中等。头颈区分显著。眼大，瞳孔圆形。尾细长。上唇鳞 7 ~ 9 枚；下唇鳞 6 枚。颊鳞单枚。眶前鳞单枚，眶后鳞 2 枚。颞鳞 1 ~ 2 枚。背鳞光滑，通体 15 行，但雄性背鳞有弱棱。腹鳞 156 ~ 189 枚。肛鳞对分。尾下鳞对分，72 ~ 97 对。体背呈亮绿色，幼体有黑色斑点。腹面和上唇鳞下部、下唇鳞为浅黄绿色，或乳黄色（图 5-3-16）。

图 5-3-16　翠青蛇

栖息于丘陵和山地森林。日行性陆栖蛇类物，有时也在夜间活动。食物包括蚯蚓和昆虫幼虫。卵生。在我国广布，为常见种。属国家“三有”保护动物。

细白环蛇（*Lycodon neomaculatus*）　白环蛇属。体细长，圆筒状，最大体长可达 0.9 m。头扁平，吻钝圆。瞳孔直立。无眶前鳞；前额鳞入眶；颊鳞 1 枚，入眶；背鳞有弱棱，背鳞 17-17-15 行；肛鳞对分。头前部为黑色，喉部灰白色；体背黑色或灰黑色，全身具白色环纹，有时背后段环纹不显（图 5-3-17）。

生活于平原、丘陵和山地。捕食壁虎、蜥蜴等。卵生。分布于我国中南半岛、印度尼西亚和菲律宾。在我国福建、广东、香港、海南和广西等较常见。属国家“三有”保护动物。

图 5-3-17　细白环蛇

黄斑渔游蛇（*Fowlea flavipunctata*）　渔游蛇属。体型中等。头颈区分显著。眼大，圆形。颊鳞单枚。眶前鳞单枚。眶后鳞 2 ~ 3 枚。上唇鳞 7 ~ 9 枚；下唇鳞 9 ~ 10 枚。背鳞 19-19-17 行，中间 9 ~ 15 行有起棱。腹鳞 125 ~ 152 枚。肛鳞对分。尾下鳞对分，54 ~ 89 对。体背面呈橄榄绿色。头后颈背有“V”形黑斑。身体和尾有模糊的黑色横斑，幼体在斑纹间染红色。有 2 个显著的黑色斜斑纹，1 个在眼下，1 个在眼后。腹面为灰白色或浅黄色。腹鳞有黑色鳞缘（图 5-3-18）。

图 5-3-18　黄斑渔游蛇

栖息于森林、灌木丛、草地、红树林、开阔水域和社区。半水栖蛇类。食物包括鱼类、蛙类及其卵和蝌蚪、蜥蜴类、昆虫和小型哺乳动物。卵生。在我国分布于华东（除山东）、华南、西南地区，以及湖南和陕西。为常见种。属国家“三有”保护动物。

香港后棱蛇（*Opisthotropis andersonii*）　后棱蛇属。水栖蛇类，成年个体全长 378 ~ 462 mm，尾长仅为全长的 15% ~ 20%。体圆筒形，头与颈部区分不明显。眼小，瞳孔圆形。吻鳞宽大于高，吻宽为头宽的 31% ~ 37%，背视刚刚可见。鼻孔背置，在单一鼻鳞上。鼻鳞与第一、第二枚上唇鳞相接。颊鳞单枚，长超过高的 2 倍，入眶或不入眶，并与第二至第四或第五枚上唇鳞相接。上唇鳞 7 ~ 8 枚，最后 1 枚上唇鳞短于之前的上唇鳞；下唇鳞 7 ~ 10 枚。背鳞通体 17 行，背鳞在前颈部光滑，随后起弱棱，尾棱较强。腹鳞 141 ~ 174 枚。肛鳞对分。尾下鳞对分，43 ~ 60 对。头及体背呈橄榄绿色至橄榄棕色，每个鳞两侧有清晰或不清晰黑纹。腹面呈黄色，有黑斑（图 5-3-19）。

图 5-3-19　香港后棱蛇

栖息于山区溪流。为夜行性蛇类，低山区常绿阔叶林内溪流物种，溪流多为石底。主要以小型鱼类和水生无脊椎动物为食。中国特有种。仅分布于我国香港和深圳。国家“三有”保护动物，IUCN 近危（NT）物种；中国物种红色名录评定为易危（VU）等级。

乌华游蛇（*Trimerodytes percarinatus*）　华游蛇属。体粗壮而长，最大全长近 1.6 m。头与颈部区分显著。鼻孔侧位。鼻鳞对分。颊鳞单枚。眶前鳞单枚，偶尔 2 枚。眶后鳞 3 ~ 5 枚。通常有小型睡下鳞。上唇鳞 8 ~ 10 枚，通常有 2 枚入眶，偶尔只有 1 枚入眶。下唇鳞 8 ~ 11 枚。背鳞起棱，19-19-17 排列，最外行弱棱或光滑。腹鳞 131 ~ 160 枚。肛鳞对分。尾下鳞对分，44 ~ 87 对。成年体背呈橄榄棕色，幼年个体背呈橄榄色，有超过 36 个镶浅色边缘的黑色斑带，该斑带在背部分叉，通常该斑带在成年个体不明显，幼年个体显著。体侧的斑带间在幼体为桃红色。体腹面发白或发灰色，有不完整暗色斑带（图 5-3-20）。

图 5-3-20　乌华游蛇

栖息于常绿植被山间水域附近。水生蛇类，以鱼类和蛙类为食。卵生。在我国分布于华东（除山东）、华中、华南、西南地区，以及西北地区的甘肃和陕西。为常见种。属国家“三有”保护动物，中国物种红色名录易危（VU）等级物种。

红脖颈槽蛇（*Rhabdophis helleri*） 颈槽蛇属。中等体型，成年全长超过1 m。吻长。头颈区分显著。颈背有1个纵行沟槽，即为颈槽；两侧为成对扩大鳞片。鼻孔侧位，鼻鳞对分。颊鳞单枚。眶前鳞单枚。背鳞起棱，19-19-17排列，全部具棱或最外2行光滑。肛鳞对分。尾下鳞双行。成年和幼体体色有较大变化，幼年个体头背和前颈背呈灰色，其后依次为黑色和明黄色围领，黄色围领后至体前段背猩红色有黑斑纹，体侧下部为黄色；向后至尾背均为橄榄绿色，有深色横纹和块斑。成年个体头和前颈背为橄榄绿色，黑色和黄色围领消失；其后至体前段猩红色，余部鳞片外露部分为橄榄绿色，隐藏部分为深灰色，因此通常为橄榄绿色，有深色斑，但当其吞食猎物时，身体变粗，隐藏部分的鳞片外露，此时该部位整体呈深灰色（图5-3-21）。

图 5-3-21 红脖颈槽蛇

栖息于山间水域附近。白天活动，夜间会在灌丛等隐蔽且安全的地方休息。以蟾蜍和蛙类为食。卵生。在我国分布于福建、广东、香港、海南、广西、云南、四川和贵州。为常见种。属国家“三有”保护动物。

第六章

鸟类实习

鸟类实习拓展资源

鸟类是自然界的重要组成部分，它们通过食物链控制着昆虫、鼠类等繁殖迅速生物的数量，从而维护森林、草原、农田及城市生态系统的平衡。同时，它们是人类的亲密朋友，对人类生活的很多方面都有着深远的影响。人们利用休息时间到山林、原野、海滨、湖沼、草地等自然环境中寻找鸟类的踪迹。在不影响鸟类正常活动的情况下观察它们的外形姿态、行为方式、栖息环境，关注鸟与自然、人类的关系，不仅能欣赏到它们绚丽的羽毛、婉转的鸣唱、丰富的行为，更可以将自身融入自然，感受大自然给予的欢欣和喜悦。

鸟类野外实习最重要的就是鸟类的野外识别。鸟类的野外识别，是利用视觉、听觉上得到的信息，迅速地确认鸟的类群甚至种名。增长野外识别鸟种的能力，必须坚持亲身实践，长期认真观察。面对千姿百态的鸟类，对其进行识别也有一定的方法和规律，本章将一一展开进行描述。

第一节　鸟类识别的形态学基础

在野外对鸟类的识别主要依靠对其外部形态特征的判断，而了解鸟类的躯体构造是鸟类识别的基础。鸟的躯体呈纺锤形，分头、颈、躯干、四肢（翼与腿）和尾五部分。

一、鸟类的头部结构

鸟类头部的前端是角质的喙，鼻孔着生在上喙的基部，上部自前向后是额、头顶和枕，两侧是眼和被羽毛遮盖的外耳孔，下部侧面自前往后依次为眼先、颊和耳羽，下喙的基部为颏（图 6-1-1）。

图 6-1-1　鸟类头部具体名称示意图

喙：即鸟嘴，分上喙和下喙两部分，也称上嘴和下嘴。额（前头）：头的最前部，与上嘴基部相连。眼先：嘴角之后，眼睛之前区域。眼圈：眼的周缘，形为圈状。耳羽：为耳孔的羽毛，在眼睛之后。颊：位于眼的下方，喉的上方，下嘴基部的上后方。颏：位于下嘴基的后下方，喉的前方。喉：头的下方，前接颏。顶冠纹：在头的正中处，自前向后的纵纹。侧冠纹：在头顶两侧的纵纹。眉纹（眼斑）：在眼上方的斑纹，长的为眉纹，短的为眉斑。过眼纹（贯眼纹）：自嘴基、前头或眼先，过眼而至眼后的纵纹。颊纹（额纹）：自前而后，过颊的纵纹。下颊纹（颚纹）：从下嘴基部，向后延伸，介于颊和喉之间的纵纹

二、鸟类的颈、躯干和四肢

鸟的颈部长而灵活，颈的前面是喉。躯干部的背面自前往后分为肩、背和腰，侧面为胁，腹面分为胸和腹（图 6-1-2）。肩部着生一对翼，腰部着生一对后肢。鸟类的前肢变为翼，也称翅，是鸟类的飞行器官（图 6-1-3）。后肢（腿）由股、胫跗、跗跖和趾组成（图 6-1-2）。多数鸟类的脚趾为三前一后，适合抓握树枝。游禽趾间有蹼膜相连，便于划水。

图 6-1-2　鸟类身体各部位名称示意图

背：下颈之后，腰部之前。肩：背两侧，两翅的基部。腰：前为背，后接尾上覆羽。胁：腰的两侧，近下方。胸：躯干下方，前接前颈，后接腹部。腹：躯干下方，前接胸部，后接尾下覆羽。尾下覆羽：位于尾羽的基部，下体肛门后面。

图 6-1-3　鸟类翅膀各部分名称示意图

初级飞羽：此一列飞羽最长，有 9 ~ 10 根，均附着在掌指和指骨。其在尾上覆羽翼的外侧者称外侧初级飞羽；内侧者称内侧初级飞羽。次级飞羽：位于初级飞羽之次，而且也较短，均附着于尺骨。依其位置的先后，也有外侧和内侧的区别。三级飞羽：为飞羽中最后的一列，亦附生于尺骨上，实应称为最内侧次级飞羽。初级覆羽：位于初级飞羽的基部。大覆羽：位于次级飞羽的基部。尾上覆羽：位于尾羽的基部，下体腰部的后面。

三、鸟类的尾部结构

尾在飞行中起着平衡和舵的作用，降落时起刹车的作用。尾端有发达的尾羽，尾羽基部上面覆盖尾上覆羽，下面覆盖尾下覆羽（图 6-1-2）。快速起飞和灵活转向的鸟往往具有较长的尾，短尾和秃尾的鸟只能直线起飞和降落。

第二节　野外识别鸟类的方法

一、根据形态特征识别鸟类

（一）体型大小和形状

鸟类的体型大小是野外鸟类鉴别最重要的环节。一般情况下，相同类群的鸟类具有相似的外型和比例。在野外，人们很难判断鸟类确切的体长，但是可以将自己熟知的鸟类作为标准，通过比较了解鸟的类群。

与绣眼鸟相似的鸟有：树莺、太阳鸟、柳莺、鹪鹩等；

与麻雀相似的鸟有：鹀、鹨、文鸟、山雀、燕雀、金翅等；

与鸽子相似的鸟有：岩鸽、斑鸠、黄鹂、杜鹃、鵐等；

与喜鹊相似的鸟有：灰喜鹊、红嘴蓝鹊、乌鸦、松鸦等；
与野鸭相似的鸟有：鸊鷉、雁、天鹅等；
与鹭相似的鸟有：鸻、鹬、鹳、鹤等；
与鹰相似的鸟有：隼、雀鹰、鸢、鹞、鵟、鹫等。

（二）嘴的形态

鸟类嘴的形态变化非常大，主要与摄取食物有关。
喙短而尖细：利于啄食，如黄眉柳莺；
喙短而粗壮：利于嗑食，如麻雀；
喙粗壮而向下钩曲：利于撕裂，如红隼；
喙笔直而端尖：利于啄刺，如普通翠鸟；
喙长而笔直：如苍鹭；
喙上下扁平：如绿头鸭；
喙长而扁平端膨大：如琵鹭。

（三）翅型和尾型

当鸟类在空中慢飞或翱翔时，容易观察其翅型。对于一些难以接近的鸟，靠翅型的特征可以进行初步分类。一般根据翅的最外侧飞羽与内侧飞羽的长度比较，可将翅型分为三种：尖翼、圆翼和方翼。鹰和隼体型和嘴型差别不大，但是在翅型上有着明显的区别。鹰的翅多是圆形，隼的翅是尖长的，在高空飞翔时一目了然。家燕和雨燕的翅均为尖形，但家燕的翅具明显的翼角，雨燕的翼角不明显，翅长呈粗镰刀状。

在分类时还经常将翅型和尾型综合考虑。根据各枚尾羽的长度，尾型可分为：平尾（如鹭）、圆尾（如八哥）、凸尾（如伯劳）、楔尾（如啄木鸟）、凹尾（如沙燕）、叉尾（如卷尾燕）、铗尾（如鸥燕）。如鹰科鸟类的翅是圆形的，如果同时具有叉形尾，就是鸢的特征。如果翅具有像家燕那样的翼角，但有浅叉状尾的鸟类就可能是沙燕，家燕的尾是深叉状的。

二、根据羽色识别鸟类

鸟类的羽色是野外识别的重要依据。在观察鸟羽颜色时，首先要注意鸟体的主要颜色，然后尽快准确注意头、颈、尾、翅、胸、腹、腰等部位的颜色，并记录其最突出的特征。对于头顶、眉纹、贯眼纹、眼周、翅斑、腰羽、尾端等处的羽色要特别注意。以下是一些羽色具有显著特征鸟种的例子。

几乎全为黑色：鸬鹚、乌鸫、噪鹃、黑卷尾、发冠卷尾、乌鸦等；
几乎全为白色：天鹅、白鹭、朱鹮、白鹇、白马鸡等；
黑白两色：喜鹊、白鹡鸰、鹊鸲、反嘴鹬等；
以灰色为主：灰鹤、杜鹃、岩鸽、普通鳾等；
以蓝色为主：蓝马鸡、蓝翡翠、普通翠鸟、红嘴蓝鹊、蓝歌鸲，蓝矶鸫、蓝姬鹟等；

以绿色为主：绯胸鹦鹉、绿啄木鸟、红嘴相思鸟、绣眼鸟、柳莺等；
以黄色为主：黄鹂、黄鹡鸰、白眉鹟、金翅雀、黄雀等；
以红色（棕红）为主：红腹锦鸡、棕背伯劳、朱雀（雄）、红交嘴雀（雄）、红隼等；
以褐色（棕色）为主：部分雁、鸭、鹰、隼、鸻、鹬、鹎、云雀、画眉、麻雀等。

三、根据行为特征识别鸟类

鸟类的行为通常是长期进化的结果，鸣唱点的喜好、栖息地的选择、觅食的方法、群栖的习性，都可为野外识别提供参考。

（一）鸟类的飞翔特征

鸟类的飞行曲线多种多样，伯劳、翠鸟的飞行路线近乎一条直线；麻雀、乌鸦直飞时翅膀一直扇动；鸽子、白头鹎直飞时翅膀反复扇一会停一会；而鹡鸰、云雀、燕雀、鹀及啄木鸟的飞行曲线呈规律的波浪状；百灵和云雀常垂直起飞与降落；鹰、隼、鹞、雕、山鸦等则善于选择上升气流处，在空中翱翔盘旋着寻觅猎物；鱼狗、黑翅鸢善于空中定点振翅悬停。

鸟类飞行时的体态也有许多特征可用于鉴别。如鹤和鹭飞行，当翅拍打空气时，鹭的翅端弯曲程度更深，而且飞行时鹭的颈和足是弯曲的，鹤是伸直的，区分起来比较容易。鸟类的飞行动作千姿百态，在野外观察时应抓住主要特征，除了飞行路线、姿态外还应注意扇翅的频率、节奏、幅度等。天鹅、雁、鹤等在迁徙时常列队飞行，红嘴蓝鹊、灰喜鹊及松鸦常鱼贯式飞行，队列的类型也可以用于鉴定鸟群。

（二）鸟类的停落姿势

鸟类的停落姿势各式各样，因种而异。例如，许多水禽喜欢在水面上停落，可以根据其姿态区分种类。在观察时要注意其体型大小、身体露出水面的情况，头颈的长短和角度，尾部与水面的角度等。越善于潜水的鸟，后肢越靠后，停落于水面时身体后部露出水面部分越少。在这方面䴙䴘、鸊鷉、天鹅、鸥及雁有明显的区别。啄木鸟攀缘在树干上；伯劳停栖在空旷地中突出的树枝或木桩上，尾部上下摆动；鹡鸰停在地面上下摆动尾部；矶鹬喜欢停在水边摆动尾部。麻雀只能跳跃着行走；而大嘴乌鸦跳跃和步行都行。苍鹭在水边长时间停立等鱼儿游来；青脚鹬在浅水处追逐小鱼；环颈鸻总是走走停停。

四、根据叫声识别鸟类

鸟类的集群、报警、个体间识别、占据领域、求偶炫耀、交配等行为都和鸣叫有关。许多行为的完成都伴有特定的叫声，多种鸟的鸣叫存在着特异性，可以作为野外识别的依据。对于鸟类的叫声要注意音频的高低，鸣叫的节律、音色等特点。

（一）单调粗厉的鸣叫声

大嘴乌鸦为“啊……”；小嘴乌鸦为“哇……”；绿头鸭为“嘎—嘎—嘎—”；

绿啄木鸟为“哈—哈……”；环颈雉为“咯—咯……”；鹭、鹤、雁的叙鸣声都不悦耳。

（二）嘹亮重复音节的鸣叫声

重复一个音节的有普通夜鹰的“哒、哒、哒……”；普通翠鸟的“嘀、嘀、嘀……”。

重复两个音节的有白鹡鸰的“叽呤、叽呤……”；白胸苦恶鸟的“苦恶、苦恶……”；大杜鹃的“布谷、布谷……”。

重复三个音节的有大山雀的“仔仔嘿……”；柳莺的“驾驾吉……”；青脚鹬的“丢—丢—丢”；斑鸠的“咕—咕—咕”。

重复四个音节的有四声杜鹃的类似“割麦割谷”等。

重复五六个音节的有小杜鹃的类似“阴天打酒喝”。

重复八九个音节的有冠纹柳莺的“滋—滋—滋—贵—滋—滋—贵—滋—滋”。

以上都是非常容易辨别的典型叫声。

（三）尖细颤抖的鸣叫声

大多为小型鸟类。小鹬鹏为“嘟、噜、噜、噜”；太平鸟、燕雀等小型鸟类边飞边鸣，发出似摩擦金属或昆虫振翅，既颤抖又尖细的声音。

（四）吹哨音

一般响亮清晰，如红翅凤头鹃的“xu-xu”的两声一度，似吹长哨；蓝翡翠的响亮的串铃声；山树莺先发一序音再接两声高亢哨音。

（五）婉转多变的鸣叫声

绝大多数雀形目鸟类的鸣叫韵律丰富，悠扬悦耳，各具特色，如画眉、乌鸫、八哥、红耳鹎等，黄鹂还能发出似猫叫的声音，画眉、乌鸫还能模仿其他鸟鸣叫。

五、根据生境识别鸟类

鸟类有不同生境和栖息地，可分为森林、灌木丛、荒漠、草原、农田、湿地和海岸等。大部分的鸟需要混合的生活栖息地。根据不同的生境，可以将鸟类分为数个群落。

（一）海岸滩涂及水面鸟类群落

该群落分布于海岸及广阔的泥沼滩涂（落潮时）和海边水面（涨潮时），属于典型的湿地环境。由鹭类、鹬鸻类等涉禽与鸥类、鸭类及鸬鹚等游禽构成的混合集群，其规模可达数千甚至上万只。

（二）基围水洼灌木草丛鸟类群落

该群落分布于基围鱼塘、芦丛沟洼、基围干燥地的灌木草丛，属于湿地向陆地的过渡地带。多样的生境类型孕育了丰富的鸟类生态类群，形成了以红嘴鸥（游禽）、池鹭（涉禽）、翠鸟（攀禽）、鹰类（猛禽）、珠颈斑鸠（陆禽），以及暗绿绣眼鸟、红耳鹎（鸣禽）等为代表的多元化群落结构，直观体现了生境异质性与鸟类生态类型的对应关系。

（三）灌丛树林田地鸟类群落

该群落分布于以常绿林为主的高坡林地、居民区之间的树林、灌丛及田地等。该群落以丰富的本地繁殖鸟类为特征，涵盖树麻雀、斑文鸟、珠颈斑鸠等广布种，以及具有区域指示性的褐翅鸦鹃、棕背伯劳等物种。典型呈现热带亚热带林缘 - 农田鸟类区系特征，有力佐证了区域动物地理区划与生态地理动物群的高度耦合性。

六、根据取食方式识别鸟类

根据取食高度位置和主要取食方法，可相对地把鸟类分为多种集团。

地面拾取集团：包括黑脸噪鹛、紫啸鸫、斑文鸟。

中下层拾取集团：包括白眶雀鹛和红头穗鹛等，主要在中下层林木和灌丛的叶层和小枝上取食。

下层拾取集团：如画眉，主要在灌丛和地面上啄取食物，有时也在粗枝或干枯了的树干上啄剥树皮，探取树皮下的昆虫。

上层拾取集团：包括红头长尾山雀、暗绿绣眼鸟、啄花鸟、叉尾太阳鸟等。这是一群主要活动在远离树干的树冠外层的小型鸟类，啄花鸟和叉尾太阳鸟都有鼓翼悬停在空中吸取花蜜的本领。

中上层拾取集团：包括噪鹛、大拟啄木鸟、栗背短脚鹎、绿翅短脚鹎、黄颊山雀、中杜鹃、大山雀等，主要活动在树冠层，其取食活动多在树冠内层并较多地利用树枝，而且个体也较大。其中短脚鹎等也有鼓翼悬停在空中吸食花蜜的本领，但悬停的时间较短。

中层拾取集团：由黑领噪鹛、栗头凤鹛和白腹凤鹛鸟等组成。主要活动在树冠层，但有时也到森林的中下层觅食。

空中出击集团：由鹰等组成。其取食方式中，出击和追捕空中飞过的昆虫占了很大的比例。

树干探取集团：黄嘴啄木鸟等，主要在树干和粗枝上用嘴探取树皮下和木质部内的昆虫为食。

七、根据季节识别鸟类

季节的变化对鸟类的影响很大。有些鸟类夏季离去，冬季到来；有些鸟类终年停留在一个地方。根据季节变化可以将鸟类分为以下几种。

（一）留鸟

指终年栖息于同一地域，不见有迁徙现象的鸟。一般所谓留鸟，就是指它于一年四季之间，常有一部分留栖于繁殖区域而不迁移的，如喜鹊，麻雀等。有些留鸟有逐饵漂泊的习性，如啄木鸟、山斑鸠等，夏天居住在山林间，冬季迁到平野上来。

（二）候鸟

所谓候鸟，即随季节的不同，因气候的寒暖而改变其栖息地域的鸟类。可分为 3 类：

（1）夏候鸟：春夏季飞来当地营巢繁殖的鸟，称为夏候鸟。这些鸟类在秋冬季则全部离开营巢地区。它们过冬的地点通常是距离营巢地相当远的南方，但翌年春暖才又返回到营巢地。如黄河、长江流域的家燕、白鹭等。

（2）冬候鸟：和夏候鸟恰恰相反。它们在北方繁殖，每年秋冬南来当地过冬避寒。如黄河、长江流域的雁、鸭等。

（3）旅鸟：这是指一些繁殖在北方，越冬在南方，而仅仅在南迁北徙的旅程中，路过当地的鸟类。在当地逗留几天或几十天，时间是非常短暂的，所以亦称过路鸟。如鹬等在黄河、长江流域，就是旅鸟。

（三）迷鸟

这是指有些鸟类的出现完全出于偶然。它们可能由于狂风或其他自然因素，偏离通常的栖息地或正常的迁徙途径，而转到异地，如长尾贼鸥、太平鸟、埃及雁等。

随着季节变化，鸟类活动也出现变化，5 ~ 6 月正是鸟类的繁殖季节，这时鸟类的活动主要是围绕繁殖而开展的，领域性行为明显，且多单个或成对零星活动分布和活动区域比较稳定。7 月末，有些鸟类开始集家族小群活动。冬季，鸟类集群和混群活动相当普遍，小者十多只一群，大者数量也不多，一般四五只一群小群较多，大群较少。常见的混合群体有赤红山椒鸟和灰喉山椒鸟、栗背短脚鹎和绿翅短脚鹎；白眶雀鹛和栗头凤鹛；黄眉柳莺、黄腰柳莺和红头长尾山雀；暗绿绣眼鸟和红头长尾雀等。领域性行为在冬季也消失了。一些种类，如赤红山椒鸟、黄眉柳莺等，有集群飘移的现象。

第三节　鸟类的观察与记录

一、鸟类观察的准备工作

鸟类生性机警，一旦发觉有人靠近就会迅速飞走，因此在观鸟前必须做好充足的准备工作。

（一）工具的准备

1. 望远镜

观鸟时需要与鸟类保持一定距离，因此我们通常使用望远镜来“拉近”距离。观鸟用的望远镜有双筒望远镜和单筒望远镜。双筒望远镜是观鸟必备的基本工具，主要用于大面积寻视以及林鸟的观测。通常选择视野较宽的双筒望远镜（8 倍或 10 倍），手持稳定，不易疲劳，适合野外高频率使用（可扫二维码查看使用教学视频）。单筒望远镜放大倍数高（20 ~ 60 倍），通常用于观察远距离的水鸟或旷野鸟类，需要配备三脚架及云台进行固定。

2. 鸟类图鉴

鸟类图鉴是用于野外识别鸟种的工具书，可以借助图鉴中的鸟类图片通过形态、羽色等特征迅速识别鸟类。鸟类图鉴常具有地域性，可根据实习地点进行选择。

（二）其他

地图：便于了解实习点的地名、道路及河流等地理知识，有助于规划观测路线。

GPS：可随时记录观测点的地理位置，可与地图配合使用，确定观察者的位置。目前已有较成熟、便利的手机 GPS 软件可以使用。

记录本：用于记录观鸟时间、地点、鸟种、数量等信息。遇到不易辨认的鸟种需及时记录特征及行为等，以便日后查阅相关资料确认。

录音机：用于记录鸟类的鸣叫声。

以上工具都可用手机软件进行记录。

着装：避免穿戴颜色鲜艳的衣帽，尽量穿与环境颜色相近的素色服装或迷彩服，并穿着防滑鞋类。野外活动时，为防止蛇、蚊虫等叮咬，应穿长袖上衣和长裤。

背包：用于携带上述物品，并适当添加雨具、个人药品、食物及水壶等。

二、鸟类观察的注意事项

注意隐蔽，人身安全，尊重鸟类，保护环境。

第四节　鸟类种群数量调查统计方法

鸟类是生态系统中的重要组成部分，鸟类的种群数量统计是鸟类资源调查中不可或缺的一环。鸟类的种群数量统计数据可用于研究鸟类种群特性、种群密度和数量波动等问题，以探讨鸟类在生物群落和生态系统中所处的位置及所起的作用。一般采用样线法和样点法。

一、样线法

在实习地先经过一段区系调查，熟悉了当地鸟种的组成、活动规律和鸟类鸣叫声音之后，可在该地区选择几种不同生境，并择取具有代表性的地段和路线进行统计，选择鸟类活动最强的时间。一般在日出后 2 ~ 3 个小时和日落前 2 ~ 3 个小时最为适宜。要选晴朗、温暖、无风的天气，阴雨及大风天会影响鸟类的正常活动，因此会影响统计的效果。

具体方法：统计前在记录本右页画好统计表格。左页空白做记录，记录调查的地点、时间、生境及其特征、气候状况等。统计时以每小时 3 km（速度可用 CPS 测定）的速度前进，速度要均匀，不要停留，将每侧 25 m 范围内看到、听到的鸟的种类和个体数记录下来。由前向后飞的鸟计数，但由后向前的鸟不计，以免重复。记录方法是先写种名，其后记录数量。见到单只鸟可用画“正”的办法计数，几只一起可用阿拉伯数记录。繁殖季节，对同一路线可重复调查 3 ~ 4 次，以使数据更加可靠。如果鸟的个体数占遇到的总数的 10% 以上，或每小时遇见 10 只以上，则为优势种，用“+++”表示；若百分数为 1% ~ 10% 或每小时遇见 1 ~ 10 只，则为普通种，用“++”表示；百分数在 1% 以下或遇到 1 只以下，则为稀有种，用“+”表示。但由于调查地区和季节不同，鸟的数量状况也不同，划分三种等级的标准可因地制宜地进行调整。

一般某一地区鸟类优势种只有少数几种，大多为普通种。如果把优势种划得太多，就显示不出其相对性了。线路两侧宽度一般在 15 ~ 40 m 之间，如林密则宽度可小些，林空旷时宽度可稍大些。利用线路统计法得出的数量，显然只是个相对数值，但仍能帮助了解某一地区、某一时间鸟类的组成及数量的一般状况。该数据在进一步应用时，具有一定的参考价值。

样线法经过半个多世纪的实践检验和不断完善，已成为研究鸟类生态、地理以及在大面积内研究鸟类分布的基本方法，并用于区系动态的定量分析。

二、样点法

样点法是从线路统计法发展而来的一种方法，在熟悉当地环境和鸟类的情况下，依生境选定相当数目的样点（统计点），详细记述每点周围的环境特征。样点选择是随机的，样点之间的距离应根据生境类型确定，一般在 0.2 km 以上，在每个样点观测 3 ~ 10 分钟。选定的样点应设标记，以备不同时期（如隔半个月或 1 个月）进行重复统计。要在鸟类活动最强的清晨进行样点统计，同时制图记录样点内各种鸟类的位置（连续多次观察可了解鸟的活动路线或巢区）。统计时间依研究对象及内容，从 5 分钟到 20 分钟不等。但一经确定后，应多年不变，以备在不同时期（例如，间隔半个月或 1 个月）进行重复统计，从而获得鸟类群落结构及其动态的资料。每季度定时进行数次观察，便能了解该生境鸟类的群落结构和变化情况。

另有“线—点统计法”，实际是一种简化了的样点统计法。基本要点：先依大比例地图确定工作地区内的统计路线，沿路线每隔一定距离（如 200 m）标出一个统计样点，于清晨沿预定路线行进，行进时不做鸟类数量统计，至每一统计样点时，停留 3 分钟，将样点附近所看到及所听到的鸟类种名和数量记录下来。一般在繁殖季节的早期，对路线进行三次重复统计，能比较准确地了解有关鸟类的数量及分布概况。对于有条件的地区，甚至可骑自行车或乘汽车来完成该项工作。

第五节　野外常见鸟类的分类与特征

世界上现存的鸟类有约 11 250 种（IOC 15.1），我国记录 1516 种（中国鸟类名录 12.0），是世界上鸟类种类最多的国家之一。世界现生鸟类分为 3 个总目，分别为古颚总目（又称平胸总目）、楔翼总目（又称企鹅目）及今颚总目（又称突胸总目），我国仅有今颚总目的鸟类分布。

鸟类的生态类群

根据鸟的生活环境和习性等特征，可将我国的鸟类分为6个生态类群。

一、游禽

游禽是适应于水中游泳或潜水捕食和生活的鸟类。体羽厚而致密，尾脂腺发达，腿短而侧扁并移到体后，趾间有发达的蹼。在游泳或潜水时，双脚直伸至尾后滑动，有如船桨。在陆地行走时十分笨拙。喜欢栖息于水域环境，常在水中或近水处营巢。游禽的嘴型与其食性或捕食方式相关，有的直而尖（潜鸟、䴙䴘），有的嘴尖具利钩（鸬鹚），有的嘴缘有成排锯齿（秋沙鸭），有的嘴扁（雁鸭类）。游禽中海洋性种类的翅窄而长，而潜水捕食种类的翅较短而圆，能在水下灵活转动身体以追击猎物。包括雁形目、鹈形目、鲣鸟目、潜鸟目、䴙䴘目和鸻形目的鸥科。

二、涉禽

涉禽类是适应于浅水或岸边栖息生活的鸟类，最明显的特征是嘴长、颈长、腿长，即“三长”，包括鹳形目、鹤形目和鸻形目的鸟类。为了适应涉水捕食的生活习性，其嘴、颈和腿比其他生态类群的鸟类显著加长；许多种类的胫部和跗跖部为角质鳞所覆盖，不具羽毛；趾间基部有时有蹼（称为半蹼），有些种类的脚趾细长，能在莲叶和浮萍上疾走，如水雉等。嘴形较多样，如鹳、鹤等大型涉禽嘴粗壮而锐尖，有如鱼叉，行动缓慢；鸻鹬类嘴较细弱，行动迅速；琵鹭的嘴端如琵琶。尾大多较短，大型种类的翅长而宽，可作短距离的翱翔；小型种类翅短而尖，飞行迅速而灵活，体羽大多以灰、褐色为主。

三、猛禽

猛禽为性格凶悍的肉食性鸟类，包括鹰形目、隼形目和鸮形目的所有种类。体形一般较大，嘴强健有力而尖端钩曲，翼宽大善于翱翔或细长利于快速飞行，腿脚粗壮有力，趾端有弯曲的利爪，体色以褐、灰色为主，常布以斑点或条纹。鹰形目和隼形目鸟类为昼行性猛禽，翅长而尖，飞行迅猛，大多善于高空翱翔，巡查地面猎物并俯冲抓捕，平时栖息于高树上或岩崖处。鸮形目鸟类为夜行性猛禽，羽毛柔软，飞行无声，眼大适于夜行。多数种类两眼朝前，眼周着生放射状细毛，构成面盘。

四、攀禽

攀禽是典型的森林鸟类，大多不善于长距离飞行，适应于树栖攀缘，脚短健，有多种多样的足型和嘴型。佛法僧目的足型为并趾，前三趾的足趾基部有不同程度的连并现象；啄木鸟目（䴕形目）和鹃形目为对趾型足，足趾的第二和第三趾朝前，第一和第四趾朝后；雨燕目的足型为前趾型，其后趾反转朝前，以四趾向前在岩崖等地攀爬。佛法僧目中翠鸟科鸟类适应于林间溪流中啄食鱼类，嘴粗壮似啄木鸟，尾短翅短圆；佛法僧科鸟类嘴短而粗壮，嘴尖而有钩，能在空中上下翻飞追捕飞虫；啄木鸟目（䴕形目）嘴型呈凿形或粗壮，尾楔形；鹃形目鸟类的嘴较纤细而下弯，适宜捕食昆虫，尾及翅均长，外型似隼；雨燕目在生活方式和食性方面与家燕有很大的生态趋同性，嘴短宽，口须发达，翅长而尖，善在空中疾飞兜捕飞虫。

五、陆禽

包括鸡形目、沙鸡目和鸽形目的所有种类。生活习性上不尽相同，鸡形目鸟类属于草原或森林草原类型，嘴短钝而坚强，嘴峰弧形，切缘锋利，适宜切碎坚硬的植物种子；鼻孔被羽毛或细须覆盖；翅较短圆，能在短距离内快速飞行，但不善于长途飞翔，大多为留鸟。鸽形目鸟类属于森林草原类型，嘴相对较细弱，基部有韧性，嘴尖端厚硬，嘴基部鼻孔被柔软皮肤掩盖，称为蜡膜；筑巢于森林边缘的树上和山崖岩缝间，翅较长。

六、鸣禽

为中小型善于鸣唱的鸟类。鸣禽具有复杂的鸣肌，能支配鸣管发出复杂的鸣声，是雄鸟繁殖期求偶炫耀和保卫领域的一种主要方式，许多种类还会模仿其他鸟类的鸣叫。善树栖，能在林间灵活跳跃和穿飞，足趾大多为三趾朝前，踇趾指朝后，后趾及爪发达，这种四趾在一平面上，基部不连并的足型为离趾足。跗跖部后缘的鳞片常愈合为整块的鳞板。鸣禽的繁殖行为复杂，筑巢巧妙，在巢址类型和巢材上有广泛的生态适应。

华南地区常见鸟类

一、雁形目（Anseriformes）

大中型游禽。喙宽而扁，有些具钩，喙端具角质嘴甲。翼窄而尖，善于长距离快速飞行。脚具蹼，善游水。尾短而尾脂腺发达，大多数种类雌雄异色。营巢生境多样，从沼泽至树上，既有地面巢，也有洞巢。非繁殖期常喜集群。杂食性，食物从水生植物、藻类到水生昆虫、软体动物及鱼类等。大多数种类具迁徙习性。全世界共 3 科 56 属 178 种，全球分布广泛。中国有 1 科 24 属 61 种，全国分布广泛。

鸭科（Anatidae）

白眉鸭（*Spatula querquedula*） 体长约 40 cm。雄鸟头呈棕褐色，具宽阔的白色眉纹；胸、背为棕色而腹白；肩羽形长，黑白色；翼镜为闪亮绿色带白色边缘。雌鸟褐色的头部图纹显著，腹白，翼镜为暗橄榄色带白色羽缘。繁殖期过后雄鸟似雌鸟，仅飞行时羽色图案有别。虹膜为栗色；嘴为黑色；脚为蓝灰。通常少叫。雄鸭发出呱呱叫声似拨浪鼓。雌鸟发出轻“kwak”声（图 6-5-1）。繁殖于中国东北、西北。冬季南迁至北纬 35° 以南包括中国台湾及海南的大部分地区。不常见。冬季常结大群。时常见于沿海潟湖。白天栖于水上，夜晚进食。

图 6-5-1　白眉鸭

琵嘴鸭（*Spatula clypeata*）　体长约 50 cm，嘴特长，末端呈匙形。雄鸟：腹部栗色，胸白，头深绿色而具光泽。雌鸟褐色斑驳，尾近白色，贯眼纹深色。色彩似雌绿头鸭但嘴形清楚可辨。飞行时浅灰蓝色的翼上覆羽与深色飞羽及绿色翼镜形对比。虹膜呈褐色；嘴为繁殖期雄鸟近黑色，雌鸟橘黄褐色；脚为橘黄。叫声似绿头鸭但声音轻而低，也发出“quack”的鸭叫声（图 6-5-2）。繁殖于中国东北及西北，冬季迁至北纬 35° 以南包括中国台湾的大部分地区。地方性常见。喜沿海的潟湖、池塘、湖泊及红树林沼泽。

图 6-5-2　琵嘴鸭

A. 雄性；B. 雌性

赤颈鸭（*Mareca penelope*）　体长约 47 cm。雄鸟特征为头栗色而带黄色冠羽。体羽余部多为灰色，两胁有白斑，腹白，尾下覆羽黑色。飞行时白色翅羽与深色飞羽及绿色翼镜成对照。雌鸟通体棕褐或灰褐色，腹白；飞行时浅灰色的翅覆羽与深色的飞羽成对照；下翼深灰色。虹膜呈棕色；嘴为蓝绿色；脚为灰色。雄鸟发出悦耳哨笛声“whee-oo”，雌鸟为短急的鸭叫（图 6-5-3）。繁殖于中国东北甚或西北。冬季迁至北纬 35° 以南包括中国台湾及海南的广大地区。地方性常见。与其他水鸟混群于湖泊、沼泽及河口地带。

图 6-5-3　赤颈鸭

A. 雄性；B. 雌性

绿头鸭（*Anas platyrhynchos*）　体长约 58 cm，为家鸭的野型。雄鸟头及颈为深绿色带光泽，白色颈环使头与栗色胸隔开。雌鸟呈褐色斑驳，有深色的贯眼纹。虹膜呈褐色；嘴为黄色；脚为橘黄色。雄鸟为轻柔的“kreep”声。雌鸟似“quack-quack-quack”声（图 6-5-4）。繁殖于中国西北和东北。越冬于西藏西南及北纬 40° 以南的华中、华南广大地区。地区性常见鸟。多见于湖泊、池塘及河口。

图 6-5-4　绿头鸭（左雌性，右雄性）

针尾鸭（*Anas acuta*）　体长约 55 cm。尾长而尖。雄鸟头呈棕色，喉白色，两胁有灰色扇贝形纹，尾黑，中央尾羽特别延长，两翼呈灰色具绿铜色翼镜，下体白色。雌鸟暗淡褐色，上体多黑斑；下体皮黄色，胸部具黑点；两翼呈灰色，翼镜为褐色；嘴及脚为灰色。与其他雌鸭区别于体型较优雅，头淡褐，尾形尖。虹膜呈褐色；嘴呈蓝灰色；脚呈灰色。甚安静。偶发出喉音“kwuk-kwuk”声（图 6-5-5）。新疆西北部及西藏南部有繁殖记录。冬季迁至北纬 30° 以南的大部地区。喜沼泽、湖泊、大河流及沿海地带。常在水面取食，有时探入浅水。

图 6-5-5　针尾鸭（左雌性，右雄性）

绿翅鸭（*Anas crecca*）　体长约 37 cm。绿色翼镜在飞行时显而易见。雄鸟有明显的金属亮绿色，带皮黄色边缘的贯眼纹横贯栗色的头部，肩羽上有一道长长的白色条纹，深色的尾下羽外缘具皮黄色斑块；其余体羽多灰色。雌鸟褐色斑驳，腹部色淡翼镜亮绿色，前翼色深，头部色淡。虹膜呈褐色；嘴呈灰色；脚呈灰色。雄鸟叫声为似“kirik”的金属声；雌鸟叫声为细高的短“quack”声（图 6-5-6）。繁殖于东北各省及新疆西北部的天山。冬季迁至北纬 40° 以南的非荒漠地区。地区性常鸟。常成对或成群栖于湖泊或池塘，与其他水禽混杂。飞行时振翼极快。

A B

图 6-5-6 绿翅鸭

A. 雄性；B. 雌性

凤头潜鸭（*Aythya fuligula*） 体长约 42 cm。头带特长羽冠。雄鸟为黑色，腹部及体侧为白色。雌鸟呈深褐色，两胁褐色而羽冠短。飞行时二级飞羽呈白色带状。尾下羽偶为白色。雌鸟有浅色脸颊斑。雏鸟似雌鸟但眼为褐色。头形较白眼潜鸭顶部平而眉突出。虹膜呈黄色；嘴及脚呈灰色。冬季常少声。飞行时发出沙哑、低沉的“kur-r-r，kur--r”叫声（图 6-5-7）。繁殖在中国东北，迁徙时经中国大部地区至华南越冬。地方性常见。常见于湖泊及深池塘，潜水找食。飞行迅速。

图 6-5-7 凤头潜鸭（左雌性，右雄性）

二、鸡形目（Galliformes）

主要在地面取食的陆禽。喙尖而有力，脚强健而善于奔跑和刨食。有些种类雌雄异色，雄鸟羽色更为醒目和艳丽，体羽颜色丰富。两翼圆短，多数尾羽较发达。栖息地环境多样，从戈壁荒漠到热带雨林。营巢于地面或树上。杂食性，主要取食植物的种子和果实，也捕食昆虫和小型无脊椎动物。大多数种类不善飞行。留鸟，极少数具迁徙习性。全世界共 5 科 84 属 299 种，全球分布广泛。中国有 1 科 27 属 64 种，全国分布广泛。

雉科（Phasianidae）

灰胸竹鸡（*Bambusicola thoracicus*） 体长约 33 cm。特征为额、眉线及颈项呈蓝灰色，与脸、喉及上胸的棕色成对比。上背、胸侧及两胁有月牙形的大块褐斑。飞行时翼下有两块白斑。雄雌同色。虹膜呈红褐；嘴呈褐色；脚呈绿灰色。叫声为刺耳的“people pray，people pray，people pray”（图 6-5-8）。中国南方特有种。以家庭群栖居。飞行笨拙、径直。活动于干燥的矮树丛、

图 6-5-8 灰胸竹鸡

竹林灌丛，至海拔 1000 m 处。

三、䴙䴘目（Podicipediformes）

中小型游禽。形态似鸭而喙嘴尖直，雌雄同色，体羽以灰褐色、黑色和栗色为主。颈细直，尾极短。脚具瓣蹼，喜潜水觅食。主要分布于河流、湖泊、沼泽和水塘等淡水水域，成对或集小群活动，主要以水生昆虫、甲壳类和鱼类为食。营浮巢，很少在陆地活动。多数种类具迁徙习性。全世界共 1 科 6 属 23 种，全球分布广泛。中国有 2 属 5 种，全国分布广泛。

䴙䴘科（Podicipedidae）

小䴙䴘（*Tachybaptus ruficollis*） 体长约 27 cm。繁殖羽：喉及前颈偏红色，头顶及颈背为深灰褐，上体褐色，下体偏灰，具明显黄色嘴斑。非繁殖羽：上体灰褐，下体白。虹膜呈黄色；嘴呈黑色；脚呈蓝灰，趾尖呈浅色。重复的高音吱叫声“ke-ke-ke-ke”，求偶期间相互追逐时常发出此声（图 6-5-9）。属留鸟及部分候鸟，分布于中国各地。喜清水及有丰富水生生物的湖泊、沼泽及涨过水的稻田。通常单独或分散成小群活动。

图 6-5-9 小䴙䴘

凤头䴙䴘（*Podiceps cristatus*） 体长约 50 cm，外型优雅。颈修长，具显著的深色羽冠，下体近白，上体纯灰褐。繁殖期成鸟颈背为栗色，颈具鬃毛状饰羽。与赤颈䴙䴘的区别在脸侧白色延伸过眼，嘴形长。虹膜呈近红色；嘴呈黄色，下颚基部带红色，嘴峰近黑；脚呈近黑色。成鸟发出深沉而洪亮的叫声。雏鸟乞食时发出笛声“ping-ping”（图 6-5-10）。指名亚种为地区性常见鸟，广泛分布于较大湖泊。繁殖期成对做精湛的求偶炫耀，两相对视，身体高高挺起并同时点头，有时嘴上还衔着植物。

图 6-5-10 凤头䴙䴘

四、鹈形目（Pelecaniformes）

中到大型涉禽和游禽。上喙具鼻沟，喙长、腿长、颈长。雌雄同色，脚具全蹼或蹼不发达（如鹮科和鹭科），一些种类飞行时脖子弯曲。翼宽阔，尾羽较短。多单独或成群栖息于江河、湖泊、沼泽和沿海等湿地生境，营巢于树上或地面，部分种类营群巢。喜食昆虫类、两栖爬行类、鱼类乃至小型哺乳类动物等。多数种类具有迁徙习性。全世界共 5 科 34 属 118 种，全球分布广泛。中国有 3 科 15 属 35 种，全国分布广泛。

1. 鹮科（Threskiornithidae）

黑脸琵鹭（*Platalea minor*） 体长约 76 cm。长长的嘴呈灰黑色而形似琵琶。似冬季的白琵鹭但嘴全灰，脸部裸露皮肤呈黑色且稍扩展。虹膜呈褐色；嘴呈深灰色；腿及脚呈黑色（图 6-5-11）。除繁殖期外平时寂静无声。繁殖于辽东沿海岛屿，迁徙经东部沿海和长江中下游，越冬于东南沿海，包括台湾和海南。喜泥泞水塘、湖泊或泥滩，在水中缓慢行进，嘴往两旁甩动以寻找食物，一般单独或成小群活动；部分夜行性。

图 6-5-11　黑脸琵鹭

2. 鹭科（Ardeidae）

大型的长腿涉禽，广布全世界。颈长，嘴长且直，呈矛尖形，用以捕捉鱼类、小型脊椎动物及无脊椎动物。飞行时易与琵鹭及鹳区分，因为鹭飞行时颈弯曲呈“S”形。有些种类繁殖期具细长粉羽。在树枝上营巢，巢材通常为树枝。中国有 21 种，多数都具特色，但区分白色的鹭种时要细心。

黄斑苇鳽（黄苇鳽）（*Ixobrychus sinensis*）

体长约 32 cm。成鸟：顶冠黑色，上体淡黄褐色，下体皮黄色，黑色的飞羽与皮黄色的覆羽成强烈对比。亚成鸟似成鸟但褐色较浓，全身满布纵纹，两翼及尾黑色。虹膜呈黄色；眼周裸露皮肤呈黄绿色；嘴呈绿褐色；脚呈黄绿色。通常无声。飞行时发出略微刺耳的断续轻声“kakak-kakak”（图 6-5-12）。繁殖于中国东北至华中和西南，以及台湾和海南岛。越冬在热带地区。喜河湖港汊地带的河流及水道边的浓密芦苇丛，也喜稻田。

图 6-5-12　黄苇鳽

栗苇鳽（*Ixobrychus cinnamomeus*） 体长约 41 cm。成年雄鸟：上体为栗色，下体为黄褐色，喉及胸具由黑色纵纹而成的中线，两胁具黑色纵纹，颈侧具偏白色纵纹。雌鸟：色暗、褐色较浓。亚成鸟：下体具纵纹及横斑，上体具点斑。虹膜呈黄色；嘴基部裸露皮肤呈橘黄色；嘴呈黄色；脚呈绿色。受惊起飞时发出呱呱叫声、求偶叫声为低声的“kokokokoko”或“geg-geg”（图 6-5-13）。常见的低地留鸟，分布于我国辽宁至华中、华东、西南地区，以及海南岛和台湾的淡水沼泽和稻田。越冬在热带区域。性羞怯孤僻，白天栖于稻田或草地，夜晚较

图 6-5-13　栗苇鳽

活跃。受惊时一跳而起，飞行低，振翼缓慢有力。营巢在芦苇或深草中。

夜鹭（*Nycticorax nycticorax*） 体长约 61 cm。成鸟：顶冠黑色，颈及胸白，颈背具两条白色丝状羽，背黑，两翼及尾灰色。雌鸟体型较雄鸟小。繁殖期腿及眼先成红色。亚成鸟具褐色纵纹及点斑。虹膜呈亚成鸟呈黄色，成鸟呈鲜红色；嘴呈黑色；脚呈污黄色。飞行时发出深沉喉音“wok”或“kowak-kowak”，受惊扰时发出粗哑的呱呱声（图 6-5-14）。常见于华东、华中及华南地区的低地。冬季迁徙至中国南方沿海包括海南岛。白天群栖树上休息。黄昏时鸟群分散进食，发出深沉的呱呱声。取食于稻田、草地及水渠两旁。结群营巢于水上悬枝，甚喧哗。

图 6-5-14 夜鹭

A. 繁殖羽；B. 亚成鸟

池鹭（*Ardeola bacchus*） 体长约 47 cm。繁殖羽：头及颈部呈深栗色，胸紫酱色。冬季：站立时具褐色纵纹，飞行时体白而背部深褐。虹膜呈褐色；嘴呈黄色（冬季）；腿及脚呈绿灰色。通常无声，争吵时发出低沉的呱呱叫声（图 6-5-15）。常见于华南、华中及华北地区的水稻田中。栖于稻田或其他漫水地带，单独或分散成小群进食。每晚三两成群飞回群栖处，飞行时振翼缓慢，翼显短。与其他水鸟混群营巢。

图 6-5-15 池鹭

A. 繁殖羽；B. 非繁殖羽

牛背鹭(*Bubulcus coromandus*） 体长约 50 cm。繁殖羽：体白，头、颈、胸为橙黄色；虹膜、嘴、腿及眼先在繁殖期呈亮红色，余时为橙黄色。非繁殖羽：体白，仅部分鸟额部为橙黄色。与其他鹭的区别在于体型较粗壮，颈较短而头圆，嘴较短厚。虹膜呈黄色；嘴呈黄色；脚呈暗黄至近黑色。于巢区发出呱呱叫声，余时寂静无声（图 6-5-16）。常见于我国南半部的低洼地区。与水牛等家畜关系密切,捕食水牛等家畜从草地上引来或惊起的苍蝇。傍晚小群列队低飞过有水地区回到群栖地点。结群营巢于水上方。

图 6-5-16　牛背鹭

苍鹭（*Ardea cinerea*）　体长约 92 cm。成鸟：过眼纹及冠羽呈黑色，飞羽、翼角及两道胸斑为黑色，头、颈、胸及背为白色，颈具黑色纵纹，余部灰色。幼鸟的头及颈为灰色，较深，但无黑色。虹膜呈黄色；嘴呈黄绿色；脚呈偏黑色。发出深沉的喉音呱呱声“kroak”及似鹅的叫声“honk”（图 6-5-17）。地区性常见留鸟，分布于我国全境的适宜生境。冬季北方鸟南下至华南及华中地区。性孤僻，在浅水中捕食。冬季有时成大群。飞行时翼显沉重。停栖于树上。

图 6-5-17　苍鹭

草鹭（*Ardea purpurea*）　体长约 80 cm。特征为顶冠黑色并具两道饰羽，颈棕色且颈侧具黑色纵纹。背及覆羽为灰色，飞羽为黑色，其余体羽为红褐色。虹膜呈黄色；嘴呈褐色；脚呈红褐色。粗哑的呱呱叫声（图 6-5-18）。地区性常见留鸟，分布于我国华东、华中、华南地区，以及海南岛和台湾低地。喜栖息于稻田、芦苇地、湖泊及溪流中。性孤僻，常单独在有芦苇的浅水中，低歪着头伺机捕鱼及其他食物。飞行时振翅显缓慢而沉重。结大群营巢。

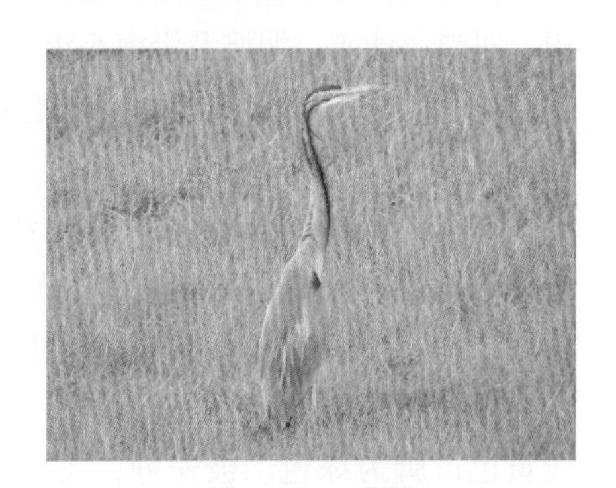

图 6-5-18　草鹭

大白鹭（*Ardea albus*）　体长约 95 cm。比其他白色鹭体型大许多，嘴较厚，颈部具特别的纽结。繁殖羽：脸颊裸露皮肤为蓝绿色，嘴黑色，腿部裸露皮肤为红色，脚黑。非繁殖羽：脸颊裸露皮肤呈黄色，嘴黄色而嘴端常偏深，脚及腿为黑色。虹膜为黄色。遇危险时发出低声的呱呱叫“kraa”（图 6-5-19）。华南地区常见。一般单独或成小群在湿润或漫水的地带活动。站姿甚高直，从上往下刺戳猎物。飞行优雅，振翅缓慢有力。

图 6-5-19　大白鹭

图 6-5-20 中白鹭

中白鹭（*Ardea intermedia*） 体长约 69 cm，嘴相对短，颈呈“S”形。于繁殖羽时其背及胸部有松软的长丝状羽，嘴及腿繁殖期呈粉红色，脸部裸露皮肤为灰色。虹膜为黄色；嘴为黄色、端褐色：腿及脚为黑色。甚安静，受惊起飞时发出粗喘声 kroa-kr（图 6-5-20）。见于中国南方地区的低洼潮湿地区。喜栖息稻田、湖畔、沼泽地、红树林及沿海泥滩。与其他水鸟混群营巢。

图 6-5-21 白鹭

白鹭（*Egretta garzetta*） 体长约 60 cm。与牛背鹭的区别在于体型较大而纤瘦，嘴及腿为黑色，趾为黄色，繁殖羽纯白，颈背具细长饰羽，背及胸具蓑状羽。虹膜为黄色；脸部裸露皮肤为黄绿，于繁殖期为淡粉色；嘴为黑色；腿及脚为黑色，趾为黄色。于繁殖巢中发出呱呱叫声，其余时候安静无声（图 6-5-21）。指名亚种为常见留鸟及候鸟，分布在中国南方地区。喜栖息于稻田、河岸、沙滩、泥滩及沿海小溪流。成散群进食，常与其他种类混群。有时飞越沿海浅水追捕猎物。夜晚飞回栖处时呈“V”字队形。与其他水鸟一道集群营巢。

图 6-5-22 岩鹭

岩鹭（*Egretta sacra*） 体长约 58 cm。灰色型较常见，体羽深灰色并具短冠羽，近白色的颏在野外清楚可见。与其他鹭的区别为腿偏绿色且相对较短，习性也不同。虹膜为黄色；嘴为浅黄色；脚为绿色。极安静，飞行时偶尔发出“gyaaah，gyaaah”的鼻音（图 6-5-22），偶在我国海南岛、香港、台湾、澎湖列岛及南沙群岛繁殖。福建、浙江及广东沿海有候鸟。几乎总是见于沿海岸线地带，在岩石或悬崖面上休息，或在水边捕食。巢筑于小岛大砾石下的石堆上。

五、鲣鸟目（Suliformes）

大中型海洋性鸟类。喙粗长，上喙具鼻沟，尖端带钩明显。雌雄同色，体羽以黑色、白色、红色和褐色为主。两翼尖长或短圆；脚短且多具全蹼；尾长，呈深叉型或楔形，鸬鹚尾长且硬直。多栖息于海洋、湖泊和河流等湿地，飞行能力强。营巢于矮树、灌木和崖壁。多数种类善于游泳和潜水，以鱼类和其他水生动物为食。普遍具迁徙或游荡习性。全世界共 4 科 8 属 61 种，分布于旧大陆和澳洲界北部。中国有 3 科 4 属 12 种，少数鸬鹚分布较广，其余多见于东部和南部沿海。

鸬鹚科（Phalacrocoracidae）

普通鸬鹚（*Phalacrocorax carbo*）　体长约 90 cm。有偏黑色闪光，嘴厚重，脸颊及喉白色。繁殖期颈及头饰以白色丝状羽，两胁具白色斑块。亚成鸟：深褐色，下体为白色。虹膜为蓝色；嘴为黑色，下嘴基裸露皮肤为黄色；脚为黑色。繁殖期发出带喉音的咕哝声，其他时候无声（图 6-5-23）。繁殖于中国各地的适宜生境。大群聚集青海湖。迁徙经我国中部，冬季至我国南方省份、海南岛及台湾越冬。于繁殖地常见，其他地点罕见。在水里追逐鱼类。游泳时半个身子在水下，常停栖在岩石或树枝上晾翼。飞行呈“V”字形或直线。

图 6-5-23　普通鸬鹚

A. 繁殖羽；B. 非繁殖羽；C. 亚成鸟

六、鹰形目（Accipitriformes）

以肉食性为主的猛禽，体型大小不一。喙强壮带钩，基部覆蜡膜，上喙具锤状突或双齿突。雌雄大多同色，但一般雌性个体略大于雄性，羽色多以褐色、白色、黑色和棕色为主。翼型多样，善飞行；脚大多强健有力，具锋利而弯曲的爪；尾中等长，尾型多样。栖息环境多样，从高山裸岩、森林、荒野、戈壁到沼泽、湖泊、河流、海岸和岛屿。寿命较长。主要为肉食性，捕捉昆虫、鱼类、两栖爬行类、鸟类及小型哺乳动物等，或食腐，个别种类也吃植物果实。超过一半的种类具有迁徙习性。全世界共 4 科 75 属 266 种，全球广泛分布。中国有 2 科 24 属 5 种，全国广泛分布。

1. 鹗科（Pandionidae）

鹗（*Pandion haliaetus*）　体长约 55 cm。头及下体为白色，特征为具黑色贯眼纹。上体多暗褐色，深色的短冠羽可竖立。亚种的区别在头上白色及下体纵纹的多少。虹膜为黄色；嘴为黑色，蜡膜灰色；裸露跗跖及脚为灰色。繁殖期发出响亮哀怨的哨音。巢中雏鸟见亲鸟时发出大声尖叫（图 6-5-24）。分布广泛。留鸟分布在中国多数地区，夏候鸟见于东北及西北地区。为捕鱼之鹰，从水上悬枝深扎入水捕食猎物，或在水上缓慢盘旋或振羽停在空中然后扎入水中。

2. 鹰科（Accipitridae）

黑翅鸢（*Elanus caeruleus*） 体长约 30 cm。特征为黑色的肩部斑块及形长的初级飞羽。成鸟：头顶、背、翼覆羽及尾基部为灰色，脸、颈及下体为白色。唯一一种振羽停于空中寻找猎物的白色鹰类。亚成鸟似成鸟但沾褐色。虹膜为红色；嘴为黑色，蜡膜黄色；脚为黄色。叫声：轻柔哨音“wheep，wheep”（图 6-5-25）。罕见留鸟见于云南、广西、广东及香港的开阔低地及山区，高可至海拔 2000 m。曾在湖北及浙江有过记录。喜立在死树或电线杆上，也似红隼悬于空中。

图 6-5-24 鹗

图 6-5-25 黑翅鸢

凤头鹰（*Accipiter trivirgatus*） 体长约 42 cm。具短羽冠。成年雄鸟：上体为灰褐色，两翼及尾具横斑；下体呈棕色，胸部具白色纵纹；腹部及大腿为白色，具近黑色粗横斑；颈白，有近黑色纵纹至喉，具两道黑色髭纹。亚成鸟及雌鸟：似成年雄鸟但下体纵纹及横斑均为褐色，上体褐色较淡。飞行时两翼显得比其他的同属鹰类较为短圆。虹膜从褐色至成鸟为绿黄色；嘴为灰色，蜡膜黄色；腿及脚为黄色。发出“he-he-he-he-he-he”的尖厉叫声及拖长的吠声（图 6-5-26）。区域性非罕见，见于我国中南及西南地区。栖息于有密林覆盖处。繁殖期常在森林上空翱翔，同时发出响亮叫声。

图 6-5-26 凤头鹰

松雀鹰（*Accipiter virgatus*） 体长约 33 cm。似凤头鹰但体型较小并缺少冠羽。成年雄鸟：上体为深灰色，尾具粗横斑，下体为白色，两胁为棕色且具褐色横斑，喉白而具黑色喉中线，有黑色髭纹。雌鸟及亚成鸟：两胁棕色少，下体多具红褐色横斑，背为褐色，尾褐色且具深色横纹。亚成鸟胸部具纵纹。虹膜为黄色；嘴为黑色，蜡膜灰色；腿及脚为黄色。好鸣叫，常发出尖细的“啾—啾啾啾啾啾”的降调叫声（图 6-5-27）。广布于海拔 300 ~ 1200 米的多林丘陵山地，但不多见。常在林间静立伺机找寻爬行类或鸟类猎物。

图 6-5-27 松雀鹰

黑鸢（*Milvus migrans*） 体长约 55 cm。浅叉形尾为本种识别特征，飞行时初级飞羽基部浅色斑与近黑色的翼尖成对照。头有时比背色浅。亚成鸟头及下体具皮黄色纵纹，虹膜为棕色；嘴为灰色；蜡膜为黄色；脚为黄色。尖厉嘶叫“ewe-wi-r-rr-r”。喜开阔的乡村、城镇及村庄。优雅盘旋或缓慢振翅飞行（图 6-5-28）。栖息于柱子，电线、建筑物或地面，在垃圾堆中找食腐物。

普通鵟（*Buteo japonicus*） 体长约 55 cm。上体呈深红褐色，脸侧皮黄色具近红色细纹，栗色的髭纹显著；下体偏白色上具棕色纵纹，两胁及大腿为棕色。飞行时两翼宽而圆，初级飞羽基部具特征性白色块斑。尾近端处常具黑色横纹。在高空翱翔时两翼略呈“V”形。虹膜为黄色至褐色；嘴为灰色，端黑色，蜡膜为黄色；脚为黄色。叫声为响亮的咪叫声。甚常见，高可至海拔 3000 m。喜开阔原野且在空中热气流上高高翱翔，在裸露树枝上歇息。飞行时常停在空中振羽（图 6-5-29）。

图 6-5-28 黑鸢

图 6-5-29 普通鵟

七、鹤形目（Gruiformes）

为体型多样的涉禽和游禽。喙细长而尖，颈长。两翼宽阔，尾短，多数具较强的飞行能力。脚长，有的具瓣蹼，后趾不发达或比前趾稍高。雌雄同色，多以白色、黑色、棕色和红色为主。多数栖息于森林或荒漠、开阔草原、沼泽湿地等，营巢于地面。以昆虫、甲壳类、鱼类、小型两栖爬行类和小型哺乳动物为食，也吃植物的种子、根茎叶芽和果实。过去曾包括多个类群，现仅包含鹤类和秧鸡类。全世界 6 科 52 属 189 种，全球广泛分布。中国有 2 科 16 属 30 种，分布遍及全国。

秧鸡科（Rallidae）

黑水鸡（*Gallinula chloropus*） 体长约 31 cm。体羽全青黑色，仅两胁有白色细纹形成的线条以及尾下有两块白斑，尾上翘时此白斑尽显。虹膜为红色；嘴为暗绿色，嘴基红色；脚为绿色。叫声为响而粗的嘎嘎叫声“pruruk-pruuk-pruuk”（图 6-5-30）。多见于湖泊、池塘及运河。栖水性强，常在水中慢慢游动，在水面浮游植物间翻拣寻找食物，也取食于开阔草地。于陆地或水中尾不停上翘。不善飞，起飞前先在水上助跑很长一段距离。

白骨顶（*Fulica atra*） 体长约40 cm。具显眼的白色嘴及额甲。整个体羽深黑灰色，仅飞行时可见翼上狭窄近白色后缘。虹膜为红色；嘴为白色；脚为灰绿色。叫声响亮，叫声似“kiki-kiki”（图6-5-31）。强栖水性和群栖性；常潜入水中在湖底找食水草。繁殖期相互争斗追打。起飞前在水面上长距离助跑。

图6-5-30 黑水鸡

图6-5-31 白骨顶

白胸苦恶鸟（*Amaurornis phoenicurus*） 体长约33 cm。头顶及上体灰色，脸、额、胸及上腹部呈白色，下腹及尾下为棕色。虹膜为红色；嘴为偏绿色，嘴基红色；脚为黄色。黎明或夜晚久鸣不息，鸣声响亮，声如“苦恶、苦恶、苦恶”，可持续15分钟（图6-5-32）。华南地区常见留鸟。通常单个活动，偶尔两三成群，于湿润的灌丛、湖边、河滩、红树林及旷野走动找食。多在开阔地带进食，因而较其他秧鸡类常见。也攀于灌丛及小树上。

图6-5-32 白胸苦恶鸟

八、鸻形目（Charadriiformes）

与湿地紧密联系的涉禽和游禽，形态变化多样。喙型从短到细长，从反嘴到勺嘴，变化较多；颈或短或长。多雌雄同色，部分物种在繁殖期雌雄异色；多数羽色较单一，以黑色、白色、灰色、褐色和棕色为主。两翼多尖长而善飞行；脚或短或长，蹼型多样；尾短圆或细长。有的类群善于行走和奔跑，有些种类擅长游泳。几乎栖息于各种湿地类型，多数营巢于地面、水面和礁石。杂食性，主要以软体动物、甲壳动物、昆虫及鱼类为食。多数具有迁徙习性。全世界约19科88属386种，全球广泛分布。中国有13科49属137种，全国广泛分布。

1. 反嘴鹬科（Recurvirostridae）

黑翅长脚鹬（*Himantopus himantopus*） 体长约37 cm。特征为细长的嘴呈黑色，两翼黑色，长长的腿红色，体羽白色。颈背具黑色斑块。幼鸟呈褐色较浓，头顶及颈背为灰色。虹膜为粉红色；嘴为黑色；腿及脚淡红色。叫声为高音管笛的“kik-kik-kik”

声（图 6-5-33）。繁殖在新疆西部、青海东部及内蒙古西北部。越冬鸟于我国台湾、广东及香港有记录。喜沿海浅水及淡水沼泽地。

图 6-5-33　黑翅长脚鹬

反嘴鹬（*Recurvirostra avosetta*）　体长约 43 cm。修长的腿呈灰色，黑色的嘴细长而上翘。飞行时从下面看体羽全为白色，仅翼尖黑色。具黑色的翼上横纹及肩部条纹。虹膜为褐色；嘴为黑色；脚为黑色。经常发出清晰似笛的叫声“kluit，kluit，kluit”（图 6-5-34）。繁殖于中国北部；冬季结大群在东南沿海及西藏至印度越冬。进食时嘴往两边扫动。善游泳，能在水中倒立。飞行时不停地快速振翼并做长距离滑翔。成鸟能佯装断翅状的表演以将捕食者从幼鸟身边引开。

图 6-5-34　反嘴鹬

2. 鸻科（Charadriidae）

灰头麦鸡（*Vanellus cinereus*）　体长约 35 cm。头及胸为灰色；上背及背褐色；翼尖、胸带及尾部横斑黑色，翼后余部、腰、尾及腹部为白色。亚成鸟体色似成鸟，但褐色较浓而无黑色胸带。虹膜为褐色；嘴为黄色，端为黑色；脚为黄色。告警时叫声为响而哀的“chee-it，chee-it”声，飞行时为尖声的“kik”（图 6-5-35）。繁殖于中国东北各省至江苏和福建；迁徙经华东及华中地区，越冬于云南及广东。不常见。栖息于近水的开阔地带、河滩、稻田及沼泽。

图 6-5-35　灰头麦鸡

金斑鸻（*Pluvialis fulva*）　体长约 25 cm。头大，嘴短厚。冬羽为金棕色，过眼纹、脸侧及下体均色浅。翼上无白色横纹，飞行时翼羽不成对照。繁殖期雄鸟脸、喉、胸前及腹部均为黑色；脸周及胸侧白色。雌鸟下体也有黑色，但不如雄鸟多。虹膜为褐色；嘴为黑色；腿为灰色。叫声为清晰而尖厉的突发音，单个或双音哨音“chi-vt”或“tu-ee”（图 6-5-36）。经中国全境。冬候鸟常见于我国北纬 25° 以南的沿海及开阔地区，以及海南和台湾。单独或成群活动。栖息于沿海滩涂、沙滩、开阔多草地区、草地及机场，尤其是近海机场。

图 6-5-36　金斑鸻

A. 繁殖羽；B. 非繁殖羽

灰斑鸻（*Pluvialis squatarola*）　体长约 28 cm。嘴短厚，体型较金斑鸻大，头及嘴较大，上体为褐灰色，下体为近白色，飞行时翼纹和腰部偏白色，黑色的腋羽于白色的下翼基部形成黑色块斑。繁殖期雄鸟下体为黑色似金斑鸻，但上体多呈银灰色，尾下为白色，虹膜为褐色；嘴为黑色；腿为灰色。叫声为哀伤的三音节哨音“chee-woo-ee”，不甚清晰，音调各有升降（图 6-5-37）。繁殖于全北界北部；越冬于热带及亚热带沿海地带。迁徙途经中国东北、华东及华中地区。常见冬候鸟于华南地区、海南、台湾和长江下游的沿海及河口地带。以小群在沿海滩涂及沙滩取食。

金眶鸻（*Charadrius dubius*）　体长约 16 cm。嘴短。与环颈鸻及马来沙鸻的区别在于具黑色或褐色的全胸带，腿黄色。黄色眼圈明显，翼上无横纹。成鸟黑色部分在亚成鸟期为褐色。飞行时翼上无白色横纹。虹膜为褐色；嘴为灰色；腿为黄色。飞行时发出清晰而柔和的拖长降调哨音“pee-oo”（图 6-5-38）。通常出现在沿海溪流及河流的沙洲，也见于沼泽地带及沿海滩涂；有时见于内陆。

图 6-5-37　灰斑鸻

图 6-5-38　金眶鸻

3. 彩鹬科（Rostratulidae）

彩鹬（*Rostratula benghalensiss*）　体长约 25 cm。尾短。雌鸟头及胸呈深栗色，眼周呈白色，项纹为黄色；背及两翼偏绿色，背上具白色的“V”形纹并有白色条带绕肩至白色的下体。雄鸟体型较雌鸟小而色暗，多具杂斑而少皮黄色，翼覆羽具金色点斑，眼斑黄色。虹膜为红色；嘴为黄色；脚为近黄色。通常无声，但雌鸟求偶时叫声深沉，也发出轻柔叫声。为适宜生境下的区域性常见留鸟和季候鸟，高可至海拔

900 m（图 6-5-39）。繁殖于北至环渤海区域、西至四川盆地的北方地区，在长江以南为留鸟，地方性常见。栖息于沼泽型草地及稻田。行走时尾上下摇动，飞行时双腿下悬。

图 6-5-39　彩鹬（左雌性，右雄性）

4. 水雉科（Jacanidae）

水雉（*Hydrophasianus chirurgus*）　体长约 33 cm。飞行时白色翼明显。非繁殖羽头顶、背及胸上横斑呈灰褐色；颏、前颈、眉、喉及腹部为白色；两翼近白黑色的贯眼纹下延至颈侧，下枕部为金黄色。初级飞羽羽尖特长，形状奇特。虹膜为黄色；嘴为黄色 / 灰蓝（繁殖期）；脚为棕灰 / 偏蓝（繁殖期）。告警时发出响亮的鼻音喵喵声（图 6-5-40）。繁殖于中国北纬 32° 以南，包括台湾、海南及西藏东南部的所有地区。为地方性常见的夏候鸟或旅鸟，南方偶有越冬个体。常在小型池塘及湖泊的浮游植物，如睡莲及荷花的叶片上行走。挑挑拣拣地找食，间或短距离跃飞到新的取食点。

图 6-5-40　水雉

5. 鹬科（Scolopacidae）

中杓鹬（*Numenius phaeopus*）　体长约 43 cm。眉纹色浅，具黑色顶纹，嘴长而下弯，似白腰杓鹬但体型小许多，嘴也相应短。较常见的亚种 variegatus 腰部偏褐，但一些个体腰及翼下为白色。虹膜为褐色；嘴为黑色；脚为蓝灰色。独特的高声平调哨音，如马嘶“he-he-he-he-he-he-he”（图 6-5-41）。迁徙时常见于中国大部地区，尤其于华东及华南沿海河口地带，少数个体在台湾及广东越冬。喜沿海泥滩、河口、沿海草地、沼泽及多岩石海滩，通常结小群至大群，常与其他涉禽混群。

图 6-5-41　中杓鹬

白腰杓鹬（*Numenius arquata*）　体长约 55 cm。嘴甚长而下弯，腰为白色，渐变成尾部色及褐色横纹，与大杓鹬区别在腰及尾较白，与中杓鹬区别在体型较大，头部无图纹，嘴相应较长。虹膜为褐色；嘴为褐色；脚为青灰色。其叫声为响亮而哀伤的升调哭腔“cur-lew”（图 6-5-42）。繁殖于中国东北。迁徙时途经中国多数地区。数

图 6-5-42　白腰杓鹬

量不多，但冬季比大杓鹬常见。为我国长江下游、华南与东南沿海、海南岛、台湾及西藏南部的雅鲁藏布江流域的定期候鸟。喜河口、河岸及沿海滩涂，常在近海处。多见单独活动，有时结小群或与其他种类混群。

黑尾塍鹬（*Limosa limosa*） 体长约 42 cm。似斑尾塍鹬，但体型较大，嘴不上翘，过眼纹显著，上体杂斑少，尾前半部近黑色，腰及尾基为白色，白色的翼上横斑明显。虹膜为褐色；嘴为嘴基粉色；脚为绿灰色。通常无声，飞行时偶尔发出响亮的“wikka-wikka-wikka”或“kip-kip-kip”声（图 6-5-43）。大群的迁徙鸟经中国大部分地区，少量个体于南方沿海及台湾越冬。光顾沿海泥滩、河流两岸及湖泊。利用长喙在泥滩中觅食，喜食软体动物、蠕虫、昆虫、蜘蛛、鱼卵和植物种子。

图 6-5-43 黑尾塍鹬

翻石鹬（*Arenaria interpres*） 体长约 23 cm。头及胸部具黑色、棕色及白色的复杂图案。嘴形颇具特色。飞行时翼上具醒目的黑白色图案。虹膜为褐色；嘴为黑色；脚为橘黄色。其叫声为断断续续的似金属晃动声“trik-tuk-tuk-tuk”或悦耳的“kee-oo”声（图 6-5-44）。迁徙时甚常见，经中国东部，部分鸟留于台湾、福建及广东越冬。部分非繁殖鸟夏季见于海南岛。结小群栖于沿海泥滩、沙滩及海岸岩石。有时在内陆或近海开阔处进食。通常不与其他种类混群。在海滩上翻动石头及其他物体找食甲壳类。奔走迅速。

图 6-5-44 翻石鹬

翘嘴鹬（*Xenus cinereus*） 体长约 23 cm。嘴长而上翘；上体灰色，具晦暗的白色半截眉纹；黑色的初级飞羽明显；繁殖期肩羽具黑色条纹；腹部及臀呈白色。飞行时翼上狭窄的白色内缘明显。虹膜为褐色；嘴为黑色，嘴基黄色；脚为橘黄色。叫声为轻柔悦耳的哨音“huhu-hu”或较尖的颤音“tee-ee-tee”或“t-ter-tee”（图 6-5-45）。迁徙时常见于中国东部及西部地区。部分非繁殖鸟整个夏季可见于中国南部。喜沿海泥滩、小河及河口，觅食时与其他涉禽混群，但飞行时不混群。通常单独或一两只在一起活动，偶成大群。

图 6-5-45 翘嘴鹬

矶鹬（*Actitis hypoleucos*） 体长约 20 cm。嘴短，性活跃，翼不及尾。上体呈褐色，飞羽近黑色；下体为白色，胸侧具褐灰色斑块。特征为飞行时翼上具白色横纹，腰无白色，外侧尾羽无白色横斑。翼下具黑色及白色横纹。虹膜为褐色；嘴为深灰色；脚为浅橄榄绿色。细而高的管笛音“twee-wee-wee-wee”（图 6-5-46）。为常见种。繁殖于中国西北及东北地区；冬季南迁至北纬 32° 以南的沿海、河流及湿地。喜不同的栖息生境，从沿海滩涂和沙洲至海拔 1500 m 的山地稻田及溪流、河流两岸。行走时头不停地点动，并具两翼僵直滑翔的特殊姿势。

图 6-5-46　矶鹬

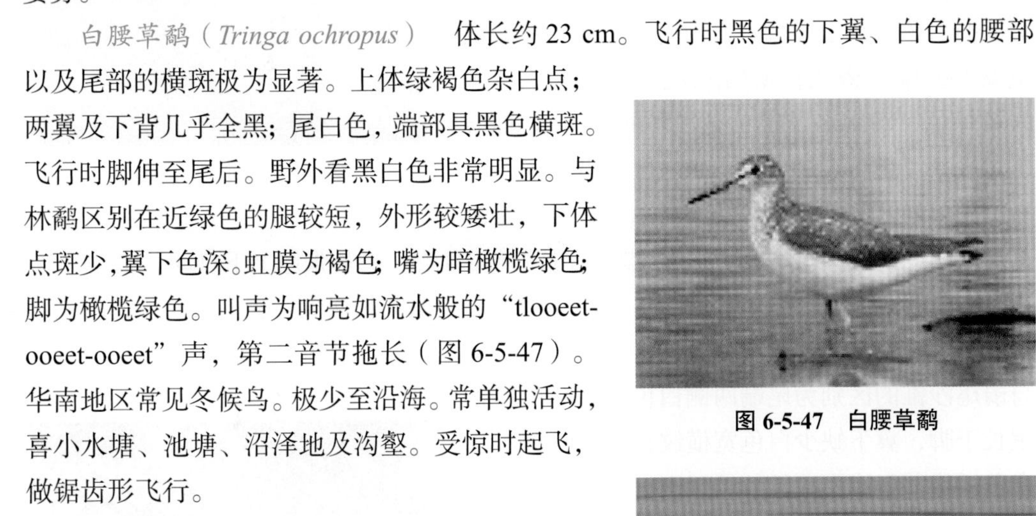

白腰草鹬（*Tringa ochropus*）　体长约 23 cm。飞行时黑色的下翼、白色的腰部以及尾部的横斑极为显著。上体绿褐色杂白点；两翼及下背几乎全黑；尾白色，端部具黑色横斑。飞行时脚伸至尾后。野外看黑白色非常明显。与林鹬区别在近绿色的腿较短，外形较矮壮，下体点斑少，翼下色深。虹膜为褐色；嘴为暗橄榄绿色；脚为橄榄绿色。叫声为响亮如流水般的“tlooeet-ooeet-ooeet”声，第二音节拖长（图 6-5-47）。华南地区常见冬候鸟。极少至沿海。常单独活动，喜小水塘、池塘、沼泽地及沟壑。受惊时起飞，做锯齿形飞行。

图 6-5-47　白腰草鹬

红脚鹬（*Tringa totanus*）　体长约 28 cm。上体呈褐灰色，下体为白色，胸具褐色纵纹。比红脚的鹤鹬体型小，矮胖，嘴较短较厚，嘴基为红色较多。飞行时腰部白色明显，次级飞羽具明显白色外缘。尾上具黑白色细斑。虹膜为褐色；嘴为基部红色、端黑；脚为橙红色。飞行时发出降调的悦耳哨音“teu hu-hu”，在地面时为单音“teyuu”（图 6-5-48）。为常见种。各亚种南迁越冬时可经过国内大部分地区。喜泥岸、海滩、盐田、干涸的沼泽及鱼塘、近海稻田，偶尔在内陆。通常结小群活动，也与其他水鸟混群。

图 6-5-48　红脚鹬

泽鹬（*Tringa stagnatilis*）　体长约 23 cm。额为白色，嘴黑而细直，腿长而偏绿色。两翼及尾近黑，眉纹较浅。上体呈灰褐色，腰及下背为白色，下体为白色。与青脚鹬区别在于体型较小，

图 6-5-49　泽鹬

额部色浅，腿相应地长且细，嘴较细而直。虹膜为褐色；嘴为黑色；脚为偏绿色。叫声为重复的“tu-ee-u”声。冬季常闻重复的“kiu”声，似青脚鹬，但调高；被赶时发出重复的“yup-yup-yup”声（图 6-5-49）。甚常见。繁殖在内蒙古东北部呼伦湖地区。迁徙经过我国华东沿海、海南岛及台湾。喜湖泊、盐田、沼泽地、池塘并偶尔至沿海滩涂。通常单只或两三成群，但冬季可结成大群。甚羞怯。

青脚鹬（*Tringa nebularia*） 体长约 32 cm。腿长近绿色，灰色的嘴长而粗且略向上翻。站立时：上体呈灰褐色具杂色斑纹，翼尖及尾部横斑近黑；下体为白色，喉、胸及两胁具褐色纵纹。背部的白色长条于飞行时尤为明显。翼下具深色细纹。虹膜为褐色；嘴为灰色，嘴端黑色；脚为黄绿色。喧闹。发出响亮悦耳的“chew chew chew”声（图 6-5-50）。华南地区常见冬候鸟。喜沿海和内陆的沼泽地带及大河流的泥滩。通常单独或两三成群。觅食时嘴在水里左右甩动寻找食物。头紧张地上下点动。

图 6-5-50 青脚鹬

大沙锥（*Gallinago megala*） 体长约 28 cm。两翼长而尖，头形大而方，嘴长。野外易与针尾沙锥混淆，但大沙锥尾较长，腿较粗而多为黄色，飞行时脚伸出较少。与扇尾沙锥的区别为尾端两侧白色较多，飞行时尾长于脚，翼下缺少白色宽横纹，飞行时翼上无白色后缘。与澳南沙锥较难区别，但大沙锥初级飞羽长过三级飞羽。春季时胸及颈色较暗淡。虹膜为褐色；嘴为褐色；脚为橄榄灰色。粗哑喘息的大叫声，似扇尾沙锥但音较高而不清晰。通常只叫一声（图 6-5-51）。分布状况：迁徙时常见于中国东部及中部地区，越冬在海南岛、台湾、广东及香港，偶见于河北。习栖息于沼泽及湿润草地，包括稻田。习性同其他沙锥但不喜飞行，起飞及飞行都较缓慢、较稳定。

图 6-5-51 大沙锥

6. 鸥科（Laridae）

红嘴鸥（*Chroicocephalus ridibundus*） 体长约 40 cm。眼后具黑色点斑（冬季），嘴及脚红色，深巧克力褐色的头罩延伸至顶后，于繁殖期延至白色的后颈。翼前缘白色，翼尖的黑色并不长，翼尖无或微具白色点斑。第一冬鸟尾近尖端处具黑色横带，翼后缘为黑色，体羽杂褐色斑。虹膜为褐色；嘴为红色（亚成鸟嘴尖黑色）；脚

图 6-5-52 红嘴鸥（前繁殖羽，后非繁殖羽）

为红色（亚成鸟色较淡）。沙哑的“kwar”叫声（图 6-5-52）。华南地区常见冬候鸟。在陆地时，停栖于水面或地上。

粉红燕鸥（*Sterna dougallii*） 体长约 39 cm。白色的尾甚长而叉深。夏季成鸟头顶呈黑色，翼上及背部为浅灰色，下体为白色，胸部淡粉色。冬羽前额为白色，头顶具杂斑，粉色消失。初级飞羽外侧羽近黑色。虹膜为褐色；嘴为黑色，繁殖期嘴基红色；脚为繁殖期偏红色，其余为黑色。捕鱼时发出悦耳的“chew-it”声，告警时发出沙哑的“aaak”声（图 6-5-53）。罕见季候鸟。越冬于海上，偶见于中国南海。栖于珊瑚岩和花岗岩岛屿及沙滩，一般不常见。常与其他燕鸥混群。飞行优雅，俯冲入水捕食鱼类。

图 6-5-53 粉红燕鸥

黑枕燕鸥（*Sterna sumatrana*） 体长约 31 cm。具形长的叉形尾及特征性的枕部黑色带。上体呈浅灰色，下体为白色，头为白色，仅眼前具黑色点斑，颈背具黑色带。第一冬鸟头顶具褐色杂斑，颈背具近黑色斑。虹膜为褐色；嘴为黑色，嘴端黄色；脚为黑色。尖厉的“tsi-chee-chi-chip”叫声，告警时为“chit-chit-chitrer”声（图 6-5-54）。繁殖于中国东南及华南沿海的海上岩礁及岛屿，中国南沙群岛也有分布。有些鸟冬季在海南岛附近及更南的海岛上越冬。喜群栖，与其他燕鸥混群，喜沙滩及珊瑚海滩，极少到泥滩，从不到内陆。

图 6-5-54 黑枕燕鸥

九、鸽形目（Columbiformes）

中小型林栖性陆禽。形态似家鸽，体羽以蓝灰色、褐色、白色或绿色为主。喙短钝，两翼多长而尖善飞行，具圆形尾或楔形尾，脚短而强健，善于在地面和树干上行走。多数栖息于森林，也见于岩壁和地面，喜集群活动。营巢于林间、灌木、岩缝甚至建筑物。主要以植物嫩芽、种子、果实和嫩叶，以及昆虫和小型无脊椎动物为食。全世界 1 科 49 属 344 种，多数分布在东洋界和澳洲界。中国有 8 属 33 种，广泛分布于全国各地。

鸠鸽科（Columbidae）

山斑鸠（*Streptopelia orientalis*） 体长约 32 cm。与珠颈斑鸠区别在于颈侧有带明显黑白色条纹的块状斑。上体有深褐色扇贝斑纹，羽缘为棕色，腰为灰色，尾羽近黑色，尾梢浅灰色。下体多偏粉色，脚红色。虹膜为黄色；嘴为灰色；脚为粉红色。叫声为悦耳的“kroo kroo-kroo-kroo”声（图 6-5-55）。常见且分布广泛。成对活动，多在开阔农耕区、村庄及寺院周围，取食于地面。

灰斑鸠（*Streptopelia decaocto*） 体长约32 cm。明显特征为后颈具黑白色半领圈。较之山斑鸠以及体小得多的粉色火斑鸠，其色浅而多灰色。虹膜为褐色；嘴为灰色；脚为粉红色。叫声为响亮的三音节“gu，gu ~ gu”声，重音在第二音节（图6-5-56）。除青藏高原外较广泛分布于我国各地，多为留鸟。相当温驯。栖于农田及村庄的房子、电线杆及电线上。

图 6-5-55 山斑鸠

图 6-5-56 灰斑鸠

火斑鸠（*Streptopelia tranquebarica*） 体长约23 cm。特征为颈部的黑色半领圈前端为白色。雄鸟头部偏灰色，下体偏粉色，翼覆羽棕黄色。初级飞羽近黑色，青灰色的尾羽羽缘及外侧尾端为白色。雌鸟色较浅且暗，头为暗棕色，体羽红色较少。虹膜为褐色；嘴为灰色；脚为红色。叫声为深沉的“cru ~ u ~ u ~ u”声，重复数次，重音在第一音节（图6-5-57）。为华南、华东地区开阔林地和较干旱的沿海林地与次生植被条件下的留鸟，并越过青藏高原南部及东部至华北、华中、华东和华南的大多数地区。北方种群于南方越冬。在地面急切地边走边找食物。

图 6-5-57 火斑鸠

珠颈斑鸠（*Spilopelia chinensis*） 体长约30 cm。尾略显长，外侧尾羽前端的白色甚宽，飞羽较体羽色深。明显特征为颈侧满是白点的黑色块斑。虹膜为橘黄色；嘴为黑色；脚为红色。叫声为不断重复2 ~ 4声嘶哑的咕咕叫“ker-kuk-kurr”，最后一音加重（图6-5-58）。常见留鸟，见于华中、西南、华南及华东各地开阔的低地及村庄。人类共生，栖于村庄周围及稻田，地面取食，常成对立于开阔路面。受干扰后缓缓振翅，贴地而飞。

图 6-5-58 珠颈斑鸠

绿翅金鸠（*Chalcophaps indica*） 体长约25 cm。下体为粉红色，头顶为灰色，额白色，腰为灰色，两翼具亮绿色。雌鸟头顶乌灰色。飞行时背部两道黑色和白色的横纹清晰可见。虹膜为褐色；嘴为红色，嘴尖为橘黄色；脚为红色。叫声深柔哀婉的拖长双音“tuk-hoop”，重音在第二音节（图 6-5-59）。常见。分布于华南的热带区。通常单个或成对活动于森林下层植被浓密处。极快速地低飞，穿林而过，起飞时振翅有声。饮水于溪流及池塘。

图 6-5-59　绿翅金鸠

十、鹃形目（Cuculiformes）

中型攀禽。体形瘦长，雌雄大多同色，羽色多样。喙较长而略下弯。大多两翼尖长，飞行姿态似猛禽；脚短，对趾型；尾长。多单独栖息于森林、灌丛、荒漠、芦苇丛等多种生境。叫声洪亮且独特。绝大多数种类具巢寄生习性，自己不营巢而将卵产于其他鸟类巢中，由义亲代为育雏。食虫性，主要以毛虫和其他昆虫为食。多数种类具迁徙习性。全世界共 1 科 33 属 149 种，全球广泛分布。中国有 9 属 20 种，全国广泛分布。

杜鹃科（Cuculidae）

褐翅鸦鹃（*Centropus sinensis*）　体长约 52 cm。体羽全为黑色，仅上背、翼及翼覆羽为纯栗红色。虹膜为红色；嘴为黑色；脚为黑色。叫声为一连串深沉的“boo”即声，开始时慢，渐升速而降调；复又音调上升，速度下降至一长串音高相等的或缩短的四声“boop”叫声。也有突然的“plunk”声（图 6-5-60）。中国南方的常见留鸟，上至海拔 800 m。喜林缘地带、次生灌木丛、多芦苇河岸及红树林。常下至地面活动，但也在小灌丛及树间跳动。

图 6-5-60　褐翅鸦鹃

噪鹃（*Eudynamys scolopaceus*）　体长 42 cm 左右，雄鸟全身蓝黑色，但幼鸟存在斑点。雌鸟褐色，全身布满白色斑点，尾羽具有规则的白色横斑。虹膜——红色，嘴——浅绿色，脚——蓝灰色。南方常见留鸟，常伫立在高树的顶端鸣叫。声音为嘹亮的双音节“Ko-el”声，日夜鸣叫，有时声音会尖锐刺耳（图 6-5-61）。杂食性，以榕树等植物的种子和果实为主要食物，也吃毛毛虫、蚱蜢、甲虫等昆虫。

八声杜鹃（*Cacomantis merulinus*）　体长 21 cm 左右。成鸟头部灰色，背部及尾部褐色，胸腹部橙褐色；亚成鸟上体褐，具黑色横斑，下体偏白色且多横斑。虹膜——绯红；嘴——上黑下黄；脚——黄色。叫声为哀婉的 tay-ta-tee, tay-ta-tee，速度音高均升；另一种叫声为两三个哨音减弱为一连串下降的 pwee, pwee, pwee, pee-pee-pee-pee-pee

声。有时晚上彻夜鸣叫（图 6-5-62）。喜开阔林地、次生林及农耕区，包括城镇村庄。叫声熟悉于耳，但却难见其鸟。在我国为海拔 2000m 以下地区的常见留鸟和候鸟。

图 6-5-61 噪鹃

A. 雄性；B. 雌性

图 6-5-62 八声杜鹃

A. 雄性；B. 雌性

十一、鸮形目（Strigiformes）

为行为独特的夜行性猛禽，俗称猫头鹰。雌雄同色，体羽多以褐色、灰色和棕色为主，体态圆胖且健壮，栖息时常直立；大多具面盘，部分种类具耳羽簇，双眼向前且圆而大。多单独或成对栖息于热带至温带的森林，也见于荒漠、草原等开阔生境。绝大多数为夜行性，主要靠视觉和听觉捕食，飞行时无声。主要以鸟类、鼠类和其他小型动物为食。少数种类具迁徙习性。全世界 2 科 28 属 248 种，全球广泛分布。中国有 2 科 12 属 32 种，遍布全国。

鸱鸮科（Strigidae）

领角鸮（*Otus lettia*） 体长约 24 cm。具明显耳簇羽及特征性的浅沙色颈圈。上体偏灰或沙褐色，并多具黑色及皮黄色的杂纹或斑块；下体为皮黄色，具条纹为黑色。虹膜为深褐色；嘴为黄色；脚为黄色。雄鸟发出轻柔的升调“woo”叩声，及一连串间隔 1 秒的粗哑叫声。雌鸟叫声较尖而颤，为降调的“wheoo”或“pwok”声，每分钟约 5 次，也发出轻柔的吱吱声。雄雌鸟常成双对唱（图 6-5-63）。甚常见的角鸮，可至海拔 1600 m，包括城郊的林荫道。大部分夜间栖于低处，繁殖季节叫声哀婉。从栖处跃下地面捕捉猎物。

图 6-5-63 领角鸮

斑头鸺鹠（*Glaucidium cuculoides*） 体长约 24 cm。无耳羽簇；上体棕栗色而具赭色横斑，沿肩部有一道白色线条将上体断开；下体几乎全为褐色，具红褐色横斑；臀片白色，两胁栗色；白色的颏纹明显，颏下线为褐色和皮黄色。虹膜为黄褐色；嘴为偏绿色而端为黄色；脚为绿黄色。晨昏时发出快速的颤音，调降而音量增。另发出一种似犬叫的双哨音，音量增高且速度加快，反复重复（图 6-5-64）。华南地区可见。常光顾庭园、村庄、原始林及次生林。主要为夜行性，但有时白天也活动多在夜间和清晨鸣叫。

图 6-5-64 斑头鸺鹠

十二、雨燕目（Apodiformes）

小型林栖性攀禽，包括雨燕和蜂鸟。喙短弱或细长，有的嘴裂宽阔，嘴须发达；有的嘴尖长而无明显嘴须。雌雄同色或差异较小，但蜂鸟多为雌雄异色。雨燕羽色较暗淡，而蜂鸟体色艳丽。两翼尖长而善飞行。脚短而弱，尾长，以平尾和叉尾为主，蜂鸟尾型多变。雨燕等主要以昆虫为食，而蜂鸟专食花。有的类群不迁徙，有的则具有超乎寻常的迁徙能力。全世界约 4 科 127 属 486 种，全球广泛分布，但蜂鸟现仅分布于美洲。中国有 2 科 6 属 15 种，全国广泛分布，南方物种多样性较高。

雨燕科（Apodidae）

小白腰雨燕（*Apus nipalensis*） 体长约 15 cm。喉及腰为白色，尾为凹形而非叉形。与体型较大的白腰雨燕区别在于色彩较深，喉及腰色更白，尾部几乎为平切。虹膜为深褐色；嘴为黑色；脚为黑褐色。叫声非常响亮。飞行时发出响亮而高亢的快速重复颤音“ci ~ ~ ~ ~ ci ~ ci ~ ci ~ ci ~ ci”，尤其是在傍晚夜宿前（图 6-5-65）。为常见留鸟及季节性候鸟，上至海拔 1500 m。见于我国长江流域及其以南地区，包括台湾。常成大群活动，在开阔

图 6-5-65 小白腰雨燕

地的上空捕食，飞行平稳。营巢于屋檐下、悬崖或洞穴口。

十三、佛法僧目（Coraciiformes）

体色艳丽的树栖性中小型攀禽。喙长且有力，头大而颈短，两翼多宽长。雌雄大多同色，或略有区别，体羽常具结构色。脚短，并趾型。尾多为平尾或圆尾，有的中央尾羽延长，极具特色。多栖息于河流、湖泊、森林、原野等生境，营巢于洞中。主要以昆虫、甲壳类、鱼类、两栖爬行类为食，也以植物果实与种子为食。绝大多数不具迁徙习性。全世界约6科35属178种，遍布于全球热带和亚热带区域，少数见于温带。中国有3科11属23种，除少数种类外，多见于南方各地。

1. 翠鸟科（Alcedinidae）

白胸翡翠（*Halcyon smyrnensis*） 体长约27 cm。颏、喉及胸部呈白色；头、颈及下体余部为褐色；上背、翼及尾为蓝色鲜亮如闪光（晨光中看似青绿色）；翼上覆羽上部及翼端为黑色。虹膜为深褐色；嘴为深红色；脚为红色。飞行或栖立时发出响亮的“keekee kee kee”尖叫声，也有沙哑的“chewer chewerchewer”声（图6-5-66）。中国北纬28°以南包括海南岛在内的大部地区为相当常见的留鸟，可至海拔1200 m。性活泼而喧闹，捕食于旷野、河流、池塘及海边。

图6-5-66 白胸翡翠

蓝翡翠（*Halcyon pileata*） 体长约30 cm。以头黑为特征。翼上覆羽为黑色，上体其余部位为亮丽华贵的蓝色或紫色，两胁及臀为棕色。飞行时白色翼斑显见。虹膜为深褐色；嘴为红色；脚为红色。叫声为重复的单音节“jiu-jiu-jiu”声或尖厉的“ga-jiu，ga-jiu”声（图6-5-67）。常见于我国东北至西南、华南的广大地区。喜大河流两岸、河口及红树林。栖息于悬于河上的枝头。

图6-5-67 蓝翡翠

普通翠鸟（*Alcedo atthis*） 体长约15 cm。上体呈金属般浅蓝绿色，颈侧具大块白斑；下体橙棕色，颏为白色。幼鸟色黯淡，具深色胸带。具橘黄色条带横贯眼部及耳羽。虹膜为褐色；嘴为黑色（雄鸟），下颚橘黄色（雌鸟）；脚为红色。叫声为频率较高的“zir，zir”声，带金属感（图6-5-68）。广泛分布于全国各地。常出没

图6-5-68 普通翠鸟

于开阔郊野的淡水湖泊、溪流、运河、鱼塘及红树林。栖息于岩石或探出的枝头上，转头四顾寻鱼而入水捉之。

斑鱼狗（*Ceryle rudis*） 体长约 27 cm。具冠羽及显眼的白色眉纹。上体为黑色且多具白点。初级飞羽及尾羽基白而稍黑。下体为白色，上胸具黑色的宽阔条带，其下具狭窄的黑斑。雌鸟胸带不如雄鸟宽。虹膜为褐色；嘴为黑色；脚为黑色。叫声如尖厉的哨声（图 6-5-69）。华南地区常见留鸟。成对或结群活动于较大水体及红树林，喜嘈闹。是唯一常盘桓于水面寻食的鱼狗。

图 6-5-69 斑鱼狗

2. 蜂虎科（Meropidae）

蓝喉蜂虎（*Merops viridis*） 体长约 30 cm。黑色的过眼纹上下均为蓝色，头及上背为绿色，腰、尾蓝色，颏黄色，喉栗色，腹部浅绿色。飞行时下翼羽呈橙黄色。虹膜为红色；嘴为黑色；脚为黑色。飞行时发出哀怨的颤声“kwink-kwink，kwink-kwink，kwink-kwink-kwink”（图 6-5-70）。常见于海拔 1200 m 以下的开阔生境。结群聚于开阔地捕食。栖于裸露树枝或电线，懒散地迂回滑翔寻食昆虫。较其他蜂虎更喜在空中捕食。

图 6-5-70 蓝喉蜂虎

十四、犀鸟目（Bucerotiformes）

大中型攀禽。雌雄大多同色，体羽以黑色、白色、棕色为主。喙长而弯，具发达的羽冠或盔突。脚强健，尾长。多活动于郁密的森林或开阔平原，营洞巢。多以植物果实特别是榕果为食，也吃植物嫩芽、两栖爬行类、小型鸟类和哺乳动物，少数食昆虫。大多数为留鸟，少数具迁徙习性。全世界约 4 科 19 属 74 种，分布于旧大陆和澳洲界北部。中国有 2 科 6 属 6 种，戴胜广泛分布于全国，犀鸟见于西南地区的亚热带和热带森林。

戴胜科（Upupidae）

戴胜（*Upupa epops*） 体长约 30 cm。具长而尖黑的耸立型粉棕色丝状冠羽。头、上背、肩及下体呈粉棕色，两翼及尾具黑白相间的条纹。嘴长且下弯。指名亚种羽冠为黑色，羽尖下次端具白色斑。虹膜为褐色；嘴为黑色；脚为黑色。低柔的单音调“hoop-hoophoop”。繁殖季节雄鸟偶有银铃般悦耳叫声（图 6-5-71）。常见留鸟

图 6-5-71 戴胜

和候鸟。在中国绝大部分地区有分布，高可至海拔3000 m。性活泼，喜开阔潮湿地面，长长的嘴在地面翻动寻找食物。告警时羽冠立起，起飞后松懈下来。

十五、啄木鸟目（Piciformes）

为林栖性中小型攀禽，最大的攀禽类群。喙大多呈锥状，坚实有力。雌雄多为同色或羽色差异较小。两翼多短圆；脚短而强健，对趾型，善攀爬；尾较长，多为楔尾或平尾，有的类群尾羽坚硬可支撑身体。主要栖息于温带至热带森林，营巢于树洞，多数种类为初级洞巢鸟。主要以昆虫、植物种子和果实为食。少数种类具迁徙习性。全世界约9科71属445种，遍布除大洋洲之外的全球各地。中国有3科19属43种，拟啄木鸟和响蜜䴕见于南方森林，啄木鸟广泛分布于全国。

啄木鸟科（Picidae）

蚁䴕（*Jynx torquilla*） 体长约17 cm。特征为体羽斑驳杂乱，下体具小横斑，嘴相对短，呈圆锥形。就啄木鸟而言其尾较长，具不明显的横斑。虹膜为淡褐色；嘴为角质色；脚为褐色。叫声为一连串响亮带鼻音的“eee-eee-teee-eee”声（图6-5-72）。广泛分布于我国南方地区，多为各地不常见留鸟。不同于其他啄木鸟，蚁䴕栖于树枝而不攀树，也不錾啄树干取食。有人靠近时做头部往两侧扭动的动作。通常单独活动。取食地面蚂蚁。喜灌丛。

图6-5-72 蚁䴕

斑姬啄木鸟（*Picumnus innominatus*） 体长约10 cm。下体多具黑点，脸及尾部具黑白色纹。雄鸟前额为橘黄色。虹膜为红色；嘴为近黑色；脚为灰色。叫声为反复的尖厉“zi zi zi zi”金属声；告警时发出似拨浪鼓的声音（图6-5-73）。广泛分布于中国南方地区，多为各地不常见留鸟。栖息于热带低山混合林的枯树或树枝上，尤喜竹林。觅食时持续发出轻微的叩击声。

图6-5-73 斑姬啄木鸟

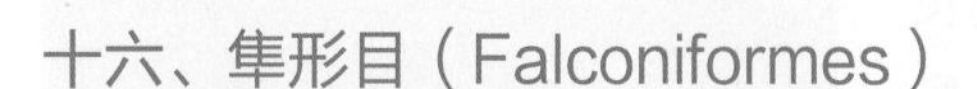

十六、隼形目（Falconiformes）

中小型日行性猛禽。喙短而强壮带钩，上喙具单齿突，蜡膜明显。身体呈锥状，两翼尖长，尾较长，为圆尾或楔尾。大多雌雄同色或羽色有细微差异，体羽多以黑色、白色、灰色和红棕色为主。栖息于林缘和开阔生境，飞行迅速有力，多在空中和地面捕食猎物，以昆虫、鸟类和啮齿类动物为食。营巢于岩、树洞，也常利用其他鸟类特别是鸦科的旧巢。部分种类具迁徙习性。全世界共1科11属66种，全球广泛分布。

中国有 2 属 12 种，全国广泛分布。

隼科（Falconidae）

红隼（*Falco tinnunculus*） 体长约 33 cm。雄鸟头顶及颈背为灰色，尾蓝灰色无横斑，上体赤褐色略具黑色横斑，下体皮黄色而具黑色纵纹。雌鸟：体型略大，上体全褐色，比雄鸟少赤褐色而多粗横斑。亚成鸟：似雌鸟，但纵纹较重。虹膜为褐色；嘴为灰色而嘴端黑色，蜡膜为黄色；脚为黄色。叫声为刺耳高叫声“yak yakyakyakyak”（图 6-5-74）。常见留鸟及季候鸟。常单独行动。

图 6-5-74 红隼

十七、雀形目（Passeriformes）

为中、小型鸣禽，喙形多样，适于多种类型的生活习性；鸣管结构及鸣肌复杂，大多善于鸣唱；离趾型足；跗跖后缘鳞片常愈合为整块鳞板；雀腭型头骨。筑巢大多精巧，晚成雏。种类及数量众多，适应辐射到各种生态环境内，占鸟类的绝大多数，计有 100 科，5000 余种。

1. 山椒鸟科（Campephagidae）

赤红山椒鸟（*Pericrocotus speciosus*） 体长约 19 cm。雄鸟蓝黑色，胸、腹部、腰、尾羽羽缘及翼上的两道斑纹呈红色。雌鸟背部多为灰色，以黄色替代雄鸟的红色，且黄色延至喉、颏、耳羽及额头。比长尾山椒鸟显矮胖而尾短，翼部斑纹复杂。虹膜为褐色；嘴及脚为黑色。叫声为轻柔的“kroo-oo-oo-tu-tup，tu-turr”或重复的“hurr”声，也有较高音的“sigit，sigit，sigit”。华南地区常见留鸟。喜原始森林，多成对或成小群活动，在小叶树的树顶上轻松飞掠（图 6-5-75）。

图 6-5-75 赤红山椒鸟

A. 雄性；B. 雌性

2. 伯劳科（Laniidae）

伯劳为分布于东半球及北美洲的较大一科肉食性鸟类。体型中等，强壮有力。头大，嘴强劲有力，缺刻深，嘴端具齿形弯钩。栖息于低矮灌丛、电线或电线杆上，猛扑大型昆虫及小型脊椎动物等猎物；一些种类把猎物钉于树棘上。伯劳的巢似杯，筑于树杈上。

棕背伯劳（*Lanius schach*） 体长约25 cm。成鸟：额、眼纹、两翼及尾呈黑色，翼有一白色斑；头顶及颈背为灰色或灰黑色；背、腰及体侧红褐色；颏、喉、胸及腹中心部位为白色。头及背部黑色的扩展随亚种而有不同。亚成鸟：色较暗，两胁及背具横斑，头及颈背灰色较重。我国广东及香港可见深色型的“暗黑色伯劳”。虹膜为褐色；嘴及脚为黑色。叫声多样，多为粗哑刺耳的尖叫“terrr”及颤抖的鸣声，能模仿其他鸟的叫声（图6-5-76）。常见留鸟，高可至海拔1600 m。华南地区常见留鸟。喜草地、灌丛、茶林、丁香林及其他开阔地。多立于低树枝上，猛然飞出捕食飞行中的昆虫，常猛扑地面的蝗虫及甲壳虫。

图6-5-76 棕背伯劳

3. 卷尾科（Dicruridae）

发冠卷尾（*Dicrurus hottentottus*） 体长约32 cm。头具细长羽冠，体羽斑点闪烁。尾长而分叉，外侧羽端钝而上翘，形似竖琴。虹膜为红色或白色；嘴及脚为黑色。叫声为悦耳嘹亮的鸣声，偶有粗哑刺耳叫声（图6-5-77）。分布于我国西藏东南部、云南西部、华中和华东地区及台湾；冬季北方鸟南迁越冬。常见于低地及山麓林带，尤其在较干燥的地区。喜森林开阔处，有时（尤其晨昏）聚集一起鸣唱并在空中捕捉昆虫，甚吵嚷。从低栖处捕食昆虫，常与其他种类混群并跟随猴子，捕食被它们惊起的昆虫。

图6-5-77 发冠卷尾

灰卷尾（*Dicrurus leucophaeus*） 体长约28 cm。脸偏白色，尾长而深开叉。虹膜为橙红色；嘴为灰黑色；脚为黑色。叫声为清晰嘹亮的鸣声“huur-uur-cheluu”或“wee-peet，wee-peet”（图6-5-78）。华南地区可见，越冬于海南岛。成对活动，立于林间空地的裸露树枝或藤条上，捕食过往昆虫，攀高捕捉飞蛾或俯冲捕捉飞行中的猎物。

图6-5-78 灰卷尾

黑卷尾（*Dicrurus macrocercus*） 体长约30 cm。嘴小，尾长而叉深，在风中常

图 6-5-79 黑卷尾

上举成一奇特角度。亚成鸟下体下部具近白色横纹。虹膜为红色；嘴及脚为黑色。叫声多变，为“hee--Iuu-luu，eluu-wee-weet” 或“hoke-chok-wak-we-wak”声（图 6-5-79）。华南地区可见，迁徙经中国东南地区。栖息于开阔地区，常立在小树或电线上。

4. 王鹟科（Monarchidae）

黑枕王鹟（*Hypothymis azurea*） 体长约 16 cm。雄鸟头、胸、背及尾蓝色，翼上多为灰色，腹部近白色，羽冠短，嘴上的小块斑及狭窄的喉带为黑色。雌鸟：头为蓝灰色，胸为灰色较浓，背、翼及尾为褐灰色，缺少雄鸟的黑色羽冠及喉带。虹膜为深褐色；眼周裸露皮肤呈亮蓝色；嘴偏蓝色，嘴端为黑色; 脚偏蓝色。鸣声为清脆的“pwee-pwee-pwee-pwee”声，联络叫声为粗哑的“chee，chweet”声（图 6-5-80）。可至海拔 900 m，地区性高可至海拔 1500 m。我国广东北部、台湾及海南岛可见。性活泼好奇，栖息于低地林及次生林，尤喜近溪流的浓密灌丛。模仿其联络叫声易引出此鸟。常与其他种类混群。

图 6-5-80 黑枕王鹟

A. 雄性；B. 雌性

图 6-5-81 寿带白色型（雄性）

寿带（*Terpsiphone incei*） 雄鸟体长 35 ~ 49 cm，雌鸟 17 ~ 21 cm。两性异形，头部为亮黑色，具羽冠，较短，上体偏深栗色，雄鸟具 1 对延长的中央尾羽，雌鸟具头罩。雌鸟和雄鸟棕色型上体偏深栗色，雌鸟臀部为白色。雄鸟白色型较少。偶有上体栗色、尾羽白色的雄性个体。鸣唱为圆润的连续叫声；鸣叫为响亮的“chee-chew”声（图 6-5-81）。在中国繁殖于华北、华中和华东大部分地区，迁徙途经华南地区，偶见于台湾。通常从树冠较低层的停歇处捕食，常与其他鸟类混群。

5. 鸦科（Corvidae）

鸦科鸟类体型较大，喙多粗壮，呈锥形，尖端略有钩。雌雄同色或差异较小，体羽多以黑色、白色、绿色、蓝色和黄棕色为主。两翼短圆，脚较强健，尾较长，呈方尾、圆尾和楔尾。部分种类尾羽特别长。

灰喜鹊（*Cyanopica cyanus*） 体长约 35 cm。顶冠、耳羽及后枕为黑色，两翼为天蓝色，尾长并呈蓝色。虹膜为褐色；嘴为黑色；脚为黑色。叫声为粗哑高声的“zhruee”或清晰的“kwee”声（图 6-5-82）。华南地区可见。性吵嚷，结群栖于开阔松林及阔叶林、公园甚至城镇。飞行时振翼快，做长距离的无声滑翔。在树上、地面及树干上觅食，食物为果实、昆虫及动物尸体。

红嘴蓝鹊（*Urocissa erythroryncha*） 体长约 68 cm。头为黑色而顶冠为白色。与黄嘴蓝鹊的区别在嘴猩红色，脚为红色。腹部及臀呈白色，尾楔形，外侧尾羽黑色而端白。虹膜为红色；嘴为红色；脚为红色。发出粗哑刺耳的联络叫声和一系列其他叫声及哨音（图 6-5-83）。华南地区常见并广泛分布于林缘地带、灌丛甚至村庄。性喧闹，结小群活动。以果实、小型鸟类及卵、昆虫和动物尸体为食，常在地面取食。主动围攻猛禽。

图 6-5-82 灰喜鹊

图 6-5-83 红嘴蓝鹊

喜鹊（*Pica serica*） 体长约 45 cm。具黑色的长尾，两翼及尾呈黑色并具蓝色辉光。虹膜为褐色；嘴为黑色；脚为黑色。叫声为响亮粗哑的嘎嘎声。此鸟在中国分布广泛而常见，被认为能带来好运气而通常免遭捕杀（图 6-5-84）。适应性强，遍及除内蒙古东北部外的我国东部各地。多从地面取食，几乎什么都吃。结小群活动。巢为用树棍胡乱堆搭的拱圆形，经年不变。

图 6-5-84 喜鹊

白颈鸦（*Corvus torquatus*） 体长约 54 cm。嘴粗厚，颈背及胸带强反差的白色使其有别于同地区的其他鸦类，仅与达乌里寒鸦略似，但寒鸦较之白颈鸦，体甚小而下体甚多白色。虹膜为深褐色；嘴为黑色：脚为黑色。叫声比达乌里寒鸦声粗且少转音。通常叫声响亮，常重复“kaaarr”声。也发出几种嘎嘎声及咔哒声。叫声一般比大嘴乌鸦音高（图 6-5-85）。为常见鸟类，尤其在其分布区的南部。留鸟见于中国华东、华中及东南地区，包括海南岛的多数地区。栖息于平原、耕地、河滩、城镇及村庄。在中国东部取代小嘴乌鸦。有时与大嘴乌鸦混群出现。

图 6-5-85　白颈鸦

大嘴乌鸦（*Corvus macrorhynchos*）　体长约 50 cm。嘴甚粗厚。比渡鸦体小而尾较平。与小嘴乌鸦的区别在于嘴粗厚而尾圆，头顶更显拱圆形。虹膜为褐色；嘴为黑色；脚为黑色。叫声为粗哑的喉音“kaw”及高音的“awa，awa，awa”声；也发出低沉的咯咯声（图 6-5-86）。属中国除西北部外的大部分地区的常见留鸟。成对生活，喜栖息于村庄周围。

图 6-5-86　大嘴乌鸦

6. 山雀科（Paridae）

大山雀（*Parus minor*）　体长约 14 cm。体型略小。头部和喉为黑色，两颊有大块白斑，上体呈蓝灰色，翼上有白色横纹，下体灰白色，胸、腹中央有一黑色纵纹与喉部相连。虹膜为暗棕色；嘴为黑色；脚为深灰色。极喜鸣叫，叫声似“zizi-ju-zizi-juju”声（图 6-5-87）。全国范围内常见。常栖息于红树林、林园及开阔林。性活跃，时在树顶时在地面。成对或成小群活动。

图 6-5-87　大山雀

7. 鹎科（Pycnonotidae）

栗背短脚鹎（*Hemixos castanonotus*）　体长约 21 cm。上体栗褐，头顶为黑色而略具羽冠，喉为白色，腹部偏白；胸及两胁浅灰色；两翼及尾灰褐色，覆羽及尾羽边缘呈绿黄色。白色喉羽有时膨出，甚为明显。虹膜为褐色；嘴为深褐色；脚为深褐色。叫声为响亮的责骂声及偏高的银铃般叫声“tickety boo”（图 6-5-88）。华南地区常见。常结成活跃小群。藏身于甚茂密的植丛。

白头鹎（*Pycnonotus sinensis*）　体长约 19 cm。眼后一白色宽纹伸至颈背，黑色的头顶略具羽冠，髭纹黑色，臀为白色。幼鸟头呈橄榄色，胸具灰色横纹。虹膜为褐色；嘴为近黑色；脚为黑色。典型的唧唧喳喳颤鸣及简单而无韵律的叫声（图 6-5-89）。

广布而常见的留鸟。栖息于林缘、灌丛、红树林及林园。性活泼，结群于果树上活动。有时从栖息处飞行捕食。

图 6-5-88 栗背短脚鹎

图 6-5-89 白头鹎

红耳鹎（*Pycnonotus jocosus*） 体长约 20 cm。黑色的羽冠长窄而前倾，特征为黑白色的头部图纹上具红色耳斑。上体余部偏褐色，下体皮黄色，臀为红色，尾端具白色缘。亚种 monticola 具完整的黑色胸带。亚成鸟无红色耳斑，臀为粉红色。虹膜呈褐色；嘴及脚为黑色。叫声为响亮不断的唧唧喳喳声，两或三音节短而甜的哨音鸣声“wit-t-waet”；也可为悦耳的“prroop”声（图 6-5-90）。为华南地区常见留鸟。吵嚷好动而喜群栖。喜栖息于突出物上，常站在小树最高点鸣唱或唧唧叫。喜开阔林区、林园、次生植被及村庄。

白喉红臀鹎（*Pycnonotus aurigaster*） 体长约 20 cm。腰苍白，臀红，额及头顶为黑色，领环、腰、胸及腹部呈白色，两翼呈黑色，尾褐色。幼鸟臀偏黄色。与红耳鹎的区别在羽冠较短，脸颊无红色。虹膜为红色；嘴及脚为黑色。叫声为悦耳的笛声及响亮的粗喘声“chook，chook”（图 6-5-91）。为华南地区常见的低地种类。群栖，吵嚷，性活泼，常与其他鹎类混群。喜开阔林地或有矮丛的栖息生境、林缘、次生植被、公园及林园。

图 6-5-90 红耳鹎

图 6-5-91 白喉红臀鹎

8. 燕科（Hirundinidae）

家燕（*Hirundo rustica*） 体长约 20 cm。上体为钢蓝色；胸偏红而具一道蓝色胸带，腹为白色；尾甚长，近端处具白色点斑。亚成鸟体羽色暗，尾无延长，易与洋斑燕混淆。虹膜呈褐色；嘴及脚为黑色。叫声为高音“twt”及嘁嘁喳喳叫声（图 6-5-92）。

几乎遍及全国，在大部分地区为夏候鸟，在华南地区为冬候鸟或留鸟。在高空滑翔及盘旋，或低飞于地面或水面捕捉小昆虫。降落在枯树枝、柱子及电线上。各自寻食，但大量的鸟常取食于同一地点。有时结大群夜栖一处，即使在城市也如此。

图 6-5-92 家燕

金腰燕（*Cecropis daurica*） 体长约 18 cm。浅栗色的腰与深钢蓝色的上体成对比，下体为白色且多具黑色细纹，尾长而叉深。虹膜呈褐色；嘴及脚为黑色（图 6-5-93）。飞行时发出尖叫。分布于除内蒙古西部、甘肃西部、青藏高原西部外的我国大部分地区。习性同家燕。

图 6-5-93 金腰燕

9. 树莺科（Cettiidae）

强脚树莺（*Horornis fortipes*） 体长约 12 cm。具有窄而偏灰白或灰色的眉纹，模糊的棕色眼纹；上体橄榄褐色，飞羽边缘带有更多的赤褐色；下体灰橄榄色至腹部，侧翼橄榄褐色；眼睛颜色深暗；喙部暗褐色带粉红色下颚基部；腿为淡黄褐色或粉红褐色。雌雄相似，幼鸟与成鸟极为相像，但上体以橄榄色调为主，飞羽边缘暖褐色，下体带有黄色调。其鸣唱为一声响亮的哨音“weeeeeee”，随后是爆炸性的“chiwiyou”或“cliiwhichee”或响亮的“tyit tyu-tyu”。叫声为尖锐的“chuk”或“tchuk tchuk”，有时持续重复（图 6-5-94）。繁殖季节栖息于浓密的灌木丛、竹林丛及温带森林的中层，亦见于草边和开阔地带、山坡上的灌木丛（如小檗和栒子）、山脊、石坡、茶园边缘及偶尔出现在山谷底部较潮湿的地区；海拔高度在 1200 ~ 1800 米，偶尔可达 3300 米。

图 6-5-94 强脚树莺

10. 长尾山雀科（Aegithalidae）

红头长尾山雀（*Aegithalos concinnus*） 体长约 10 cm。头顶及颈背为棕色，过眼纹宽而黑，颏及喉白且具黑色圆形胸兜，下体白而具不同程度的栗色。幼鸟头顶色浅，喉白色，具狭窄的黑色项纹。虹膜为黄色；嘴为黑色；脚为橘黄色。叫声为连续尖细的“zii-zii-zii”声（图 6-5-95）。常见于海拔 1400 ~ 3200 m 的开阔林、松林及阔

图 6-5-95 红头长尾山雀

叶林。性活泼，结大群，常与其他种类混群。

11. 苇莺科（Acrocephalidae）

东方大苇莺（*Acrocephalus orientalis*） 体长约 19 cm。具显著的皮黄色眉纹。嘴钝且短粗，尾较短且尾端色浅，下体色重且胸具深色纵纹；外侧初级飞羽（第九枚）比第六枚长，嘴裂偏粉色而非黄色。虹膜为褐色；嘴为上嘴褐色，下嘴偏粉色；脚为灰色。冬季仅间歇性地发出沙哑似喘息的单音“chack”（图 6-5-96）。繁殖于新疆北部和东部至华中、华东及东南地区。迁徙时见于华南省份及台湾。喜芦苇地、稻田、沼泽及低地次生灌丛。

图 6-5-96 东方大苇莺

12. 扇尾莺科（Cisticolidae）

长尾缝叶莺（*Orthotomus sutorius*） 体长约 12 cm。尾长而常上扬；额及前顶冠为棕色，眼先及头侧近白色，后顶冠及颈背偏灰色，背、两翼及尾为橄榄绿色，下体为白色而两胁灰色。于繁殖期雄鸟的中央尾羽由于换羽而更显延长。虹膜为浅皮黄色；嘴为上嘴黑色，下嘴偏粉色；脚为粉灰色。极响亮而多重复的刺耳叫声“te-chee-te-chee-te-chee”或单音的“twee”声（图 6-5-97）。为华南地区常见留鸟。多栖息于稀疏林、次生林及林园。性活泼，不停地运动或发出刺耳尖叫声，常隐匿于林下层且多在浓密树叶覆盖之下。

纯色山鹪莺（*Prinia inornata*） 体长约 15c m，眉纹色浅、上体暗灰褐色，下体淡黄色至偏红、尾长，整体颜色较纯（图 6-5-98）。留鸟，栖息于高草丛、芦苇从，田地及稻田。鸣声为单调而平缓连续似昆虫的吟叫声，每秒 3 ~ 4 声。叫声为快速重复的 chip 或 chi-up 声。

图 6-5-97 长尾缝叶莺

图 6-5-98 纯色山鹪莺

黄腹山鹪莺（*Prinia flaviventris*） 体长 13 cm。头部灰色，有时有浅淡的白色短眉纹，喉及胸为白色，下胸及腹部黄色（图 6-5-99）。栖息于高草地、灌丛、芦苇从，喜欢在高杆上鸣叫。扑翼时发出清脆的声响。弱而哑的 schink-schink-schink 声及似小猫轻柔咪叫声 twee twee。鸣声为急促的连声 tidli-idli-lia，重音在最后的下降音符上，有过门声 chirp。

13. 鹛科（Timaliidae）

红头穗鹛（*Stachyris ruficeps*）　体长约 12.5 cm。顶冠为棕色，上体为暗灰橄榄色，眼先为暗黄色，喉、胸及头侧为黄色，下体黄橄榄色，喉具黑色细纹。与黄喉穗鹛的区别在黄色较重，下体皮黄色较少。虹膜为红色；嘴为上嘴近黑色，下嘴较淡；脚为棕绿色。鸣唱由响亮短促的哨音组成，为变化多样的“pi-pi-pi-pi-pi-pi”；鸣叫为低声及轻柔的四声哨音“whi-whi-whi-whi”（图 6-5-100）。为华南地区常见留鸟。栖于森林、灌丛及竹丛。

图 6-5-99　黄腹山鹪莺

图 6-5-100　红头穗鹛

14. 噪鹛科（Leiothrichidae）

银耳相思鸟（*Leiothrix argentauris*）　体长约 17 cm。头为黑色，脸颊为银白色，额橘黄色。尾、背及覆羽呈橄榄色，喉及胸为橙红色，两翼为红黄两色，尾覆羽呈红色。虹膜为红色；嘴为橘黄色；脚为黄色。叫声为带回音的喊喳嘟声及欢快的哨音鸣声“quyou ~ you ~ you”（图 6-5-101）。见于海拔 350 ~ 2000 m。性活跃，栖息于山区森林中低层的浓密灌丛。

画眉（*Garrulax canorus*）　体长约 22 cm。特征为白色的眼圈在眼后延伸成狭窄的眉纹。顶冠及颈背有偏黑色纵纹。虹膜为黄色；嘴为偏黄色；脚为偏黄色。鸣声为悦耳活泼而清晰的哨音。常见于华中、华南及东南地区的灌丛及次生林，高可至海拔 1800 m。甚惧生，于腐叶间穿行找食。成对或结小群活动（图 6-5-102）。

图 6-5-101　银耳相思鸟

图 6-5-102　画眉

白颊噪鹛（*Pterorhinus sannio*）　体长约 25 cm。尾下覆羽为棕色，特征为皮黄白色的脸部图纹是眉纹及下颊纹由深色的眼后纹所隔开。虹膜为褐色；嘴为褐色；脚为灰褐色。叫声为偏高的铃声般声和唧喳声，以及不连贯的咯咯笑声（图 6-5-103）。

所有亚种均常见于中等海拔，高可至海拔 2600 m。不如大多数噪鹛那样惧生。隐匿于次生灌丛、竹丛及林缘空地。

黑脸噪鹛（*Pterorhinus perspicillatus*） 体长约 30 cm。特征为额及眼周黑色；上体为暗褐色；外侧尾羽端宽，呈深褐色；下体偏灰渐次为腹部近白，尾下覆羽为黄褐色。虹膜为褐色；嘴为近黑色，嘴端较淡；脚为红褐。联络及告警时的叫声响亮刺耳；唧唧喳喳的群鸟叫声（图 6-5-104）。常见于华南及华东地区适宜的低地生境，见于从陕西南部往南、四川中部及云南东部往东的除海南岛外的地区。结小群活动于浓密灌丛、竹丛、芦苇地、田地及城镇公园。取食多在地面，性喧闹。

图 6-5-103 白颊噪鹛

图 6-5-104 黑脸噪鹛

15. 鸦雀科（Paradoxornithidae）

棕头鸦雀（*Sinosuthora webbianus*） 体长约 12 cm。嘴小似山雀，头顶及两翼为栗褐色，喉略具细纹。虹膜为褐色，眼圈不明显。有些亚种翼缘棕色。嘴为灰色或褐色，嘴端色较浅；脚为粉灰色。鸣叫为带有颤音的“dz-dz-dz”声；鸣唱为“jiu-jiu-”样哨声，拖音较长（图 6-5-105）。华南地区可见。活泼而好结群，通常栖息于林下植被及低矮树丛。

图 6-5-105 棕头鸦雀

16. 绣眼鸟科（Zosteropidae）

栗颈凤鹛（*Staphida torqueola*） 体长约 13 cm。上体偏灰色，下体近白色，特征为栗色的脸颊延伸成后颈圈。具短羽冠，上体有白色羽轴形成细小纵纹。尾为深褐灰色，羽缘为白色。虹膜呈褐色；嘴呈红褐色，嘴端色深；脚呈粉红色。叫声为持续不断的“ser-weet ser-weet”声。华南地区可见。喜在植被间快速移动，十分嘈杂（图 6-5-106）。繁殖期成对活动，其他时期集 20 ~ 30 只成大群，通常为单一种鸟浪。在苔藓、地衣和树皮中寻找昆虫、种子为食。

图 6-5-106 栗颈凤鹛

图 6-5-107　暗绿绣眼鸟

暗绿绣眼鸟（*Zosterops simplex*）　体长约10 cm。上体鲜亮呈绿橄榄色，具明显的白色眼圈和黄色的喉及臀部。胸及两胁灰色，腹白色。无红胁绣眼鸟的栗色两胁及灰腹绣眼鸟腹部的黄色带。虹膜呈浅褐色；嘴为灰色；脚为偏灰色。叫声为不断发出轻柔的“zee”声及平静的颤音（图 6-5-107）。为华南地区常见留鸟。栖息于林地、林缘、公园及城镇。常被捕捉为笼鸟，因此有些逃逸鸟。性活泼而喧闹，于树顶觅食小型昆虫、小浆果及花蜜。

17. 椋鸟科（Sturnidae）

图 6-5-108　八哥

八哥（*Acridotheres cristatellus*）　体长约26 cm。头部羽冠突出。尾端有狭窄的白色，翅膀黑色，主翼羽基部宽幅白色，形成明显白色翼斑，尾下覆羽具黑色及白色横纹。虹膜呈橘黄色；嘴为浅黄色，嘴基红色；脚为暗黄色。善鸣叫，鸣唱嘹亮，鸣叫嘈杂，常发出“jaaay，jaaay，jaaay”的短声（图 6-5-108）。为华南地区常见留鸟。结小群生活，一般见于旷野或城镇及花园，在地面高视阔步而行。

丝光椋鸟（*Spodiopsar sericeus*）　体长约 24 cm。雄鸟上体为蓝灰色，头部为银灰色，腰部和尾上覆羽为淡银灰色，两翼及尾羽为黑色且泛墨绿色光泽，翼上具白斑。下体为灰色，颏喉部近白色，尾下覆羽为白色。从后颈至胸部有一暗紫色的环带。喙呈红色，尖端为黑色，脚为橘黄色。雌鸟似雄鸟，但头部为浅褐色，体羽较雄鸟暗。叫声为粗糙的“jreee”声（图 6-5-109）。为华南地区常见留鸟。活动于开阔平原、耕地、林缘。常在地面觅食，休息时栖于树上、电线上。

图 6-5-109　丝光椋鸟

A. 雄性；B. 雌性

灰椋鸟（*Spodiopsar cineraceus*） 体长约 24 cm。头为黑色，头侧具白色纵纹，臀、外侧尾羽羽端及次级飞羽狭窄横纹白色。雌鸟色浅而暗。虹膜偏红色；嘴为黄色，尖端为黑色；脚暗橘黄色。叫声为嘈杂的“chirchir”声（图 6-5-110）。繁殖于中国北部及东北部地区，冬季迁徙经中国南部。常见于有稀疏树木的开阔郊野及农田。群栖性，取食于农田。

黑领椋鸟（*Gracupica nigricollis*） 体长约 28 cm。头呈白色，颈环及上胸为黑色；背及两翼为黑色，翼缘为白色；尾黑色而尾端白色；眼周裸露皮肤及腿为黄色。雌鸟似雄鸟但多褐色。幼鸟少黑色颈环。虹膜为黄色；嘴为黑色；脚为浅灰色。叫声为沙哑的刺耳音及哨音（图 6-5-111）。常见于我国南方的农田，一般结小群取食于稻田、牧场及开阔地。有时在水牛等牲口群中找食。

图 6-5-110 灰椋鸟

图 6-5-111 黑领椋鸟

18. 鸫科（Turdidae）

橙头地鸫（*Geokichla citrina*） 体长约 22 cm。雄鸟：头、颈背及下体呈深橙褐色，臀白色，上体为蓝灰色，翼具白色横纹。雌鸟上体为橄榄灰色。亚成鸟似雌鸟，但背具细纹及鳞状纹。虹膜为褐色；嘴略黑色；脚为肉色。鸣叫为柔和的“chuk”声或尖锐的“teer”声；鸣唱婉转（图 6-5-112）。分布于华南地区，为不常见留鸟及候鸟。性羞怯，喜多阴森林，常躲藏在树叶浓密覆盖下的地面。

虎斑地鸫（怀氏地鸫）（*Zoothera aurea*） 体长约 28 cm。上体为褐色，下体为白色，黑色及金皮黄色的羽缘使其通体满布鳞状斑纹。虹膜呈褐色；嘴为深褐色；脚带粉色。通常安静，繁殖期发出单调而悠长的“吁”声（图 6-5-113）。全国各地均有分布，繁殖于东北北部地区，越冬于华东、华南、西南各地。栖居茂密森林，于森林地面取食。

图 6-5-112 橙头地鸫

图 6-5-113 虎斑地鸫

图 6-5-114　乌鸫

乌鸫（*Turdus mandarinus*）　体长约 29 cm。雄鸟全身黑色，嘴橘黄色，眼圈略浅，脚黑。雌鸟上体黑褐，下体深褐，嘴暗绿黄色至黑色。虹膜为褐色；嘴为雄鸟黄色，雌鸟黑色；脚为褐色。鸣声较为尖锐，鸣唱婉转多样，善于效鸣（图 6-5-114）。为华南地区常见留鸟。于地面取食，静静地在树叶中翻找无脊椎动物、蠕虫，冬季也吃果实及浆果。

19. 鹟科（Muscicapidae）

鹊鸲（*Copsychus saularis*）　体长约 20 cm。雄鸟：头、胸及背呈蓝色金属光泽的黑色，两翼及中央尾羽为黑色，外侧尾羽及覆羽上的条纹为白色，腹及臀亦白。雌鸟似雄鸟，但以暗灰色取代黑色。亚成鸟似雌鸟但为杂斑。虹膜呈褐色；嘴及脚为黑色。叫声复杂多变，有哀婉的“swee swee”叫声及粗哑的“chrr”声（图 6-5-115）。为华南地区常见留鸟。常光顾花园、村庄、次生林、开阔森林及红树林。飞行时易见，栖息于显著处鸣唱或炫耀。取食多在地面，不停地把尾低放展开又骤然合拢伸直。

图 6-5-115　鹊鸲

A. 雄性；B. 雌性

图 6-5-116　北灰鹟

北灰鹟（*Muscicapa dauurica*）　体长约 13 cm。上体为灰褐色，下体偏白色，胸侧及两胁褐灰色，眼圈为白色，冬季眼先偏白色。亚种 cinereoalba 多灰色，嘴比乌鹟或棕尾褐鹟长且无半颈环。新羽的鸟具狭窄白色翼斑，翼尖延至尾的中部。虹膜为褐色；嘴为黑色，下嘴基为黄色；脚为黑色。叫声为短促而具金属音的“zhi zhi zhi”声（图 6-5-116）。繁殖于中国北方包括东北地区，迁徙经华东、华中地区及台湾，冬季至南方包括海南岛越冬。从栖息处捕食昆虫，回至栖息处后尾做独特的颤动。

紫啸鸫（*Myophonus caeruleus*） 体长约32 cm。通体为蓝黑色，仅翼覆羽具少量的浅色点斑。翼及尾为紫色金属光泽，头及颈部的羽尖具闪光小羽片。指名亚种嘴为黑色。虹膜为褐色；嘴为黄色或黑色；脚为黑色。能发出笛音鸣声及模仿其他鸟的叫声。告警时发出尖厉高音“eer-ee-ee”（图 6-5-117）。指名亚种为中国北方东部、华中、华东、华南及东南地区的留鸟。栖息于临河流、溪流或密林中的多岩石露出处。地面取食，受惊时慌忙逃至覆盖下并发出尖厉的警叫声。

图 6-5-117 紫啸鸫

东亚石䳭（*Saxicola stejnegeri*） 体长约14 cm。雄鸟头部及飞羽为黑色，背深褐，颈及翼上具粗大的白斑，腰为白色，胸棕色。雌鸟色较暗而无黑色，下体皮黄色，仅翼上具白斑。虹膜为深褐色；嘴为黑色；脚为近黑色。叫声为单调具颤音的“da-da”声，似两块石头的敲击声（图 6-5-118）。在华南地区为冬候鸟。喜开阔的栖息生境如农田、花园及次生灌丛。栖息于突出的低树枝以跃下地面捕食猎物。

图 6-5-118 东亚石䳭（雄性）

北红尾鸲（*Phoenicurus auroreus*） 体长约 15 cm。具明显而宽大的白色翼斑。雄鸟眼先、头侧、喉、上背及两翼为褐黑色，仅翼斑呈白色；头顶及颈背为灰色而具银色边缘；体羽余部为栗褐色，中央尾羽深黑褐色。雌鸟上体呈褐色，白色翼斑显著，眼圈及尾皮黄色似雄鸟，但色较黯淡。臀部有时为棕色。虹膜为褐色；嘴为黑色；脚为黑色。叫声为一连串轻柔哨音接轻柔的“tac-ac”声，也作短而尖的哨音“peep”或“hl, wheet”；鸣声为一连串欢快的哨音（图 6-5-119）。遍布中国各地，长江以南为冬候鸟。夏季栖于亚高山森林、灌木丛及林间空地，冬季栖息于低地落叶矮树丛及耕地。常立于突出的栖息处，尾颤动不停。

图 6-5-119 北红尾鸲

A. 雄性；B. 雌性

20. 叶鹎科（Chloropseidae）

橙腹叶鹎(*Chloropsis hardwickii*) 体长约20 cm。雄鸟上体为绿色，下体为橘黄色，两翼及尾为蓝色，有黑色的脸罩和胸兜，有短而粗的蓝色髭纹。雌鸟与雄鸟大致相似，但体多为绿色。虹膜呈褐色；嘴为黑色；脚为灰色。清亮的鸣声及哨声，常模仿其他鸟的叫声（图 6-5-120）。为中国最常见、分布最广泛的叶鹎，见于中国南方包括海南岛的丘陵及山区森林。性活跃，以昆虫为食，栖息于森林各层。

图 6-5-120 橙腹叶鹎

A. 雄性；B. 雌性

21. 啄花鸟科（Dicaeidae）

红胸啄花鸟（*Dicaeum ignipectus*） 体长约 9 cm。雄鸟：上体为带金属光泽的深绿蓝色，下体皮黄色，胸具猩红色的块斑，一道狭窄的黑色纵纹沿腹部而下。雌鸟：下体呈赭皮黄色。亚成鸟：似纯色啄花鸟的亚成鸟，但分布在较高海拔处。虹膜为褐色；嘴及脚为黑色。鸣声为高音的金属声啾叫“y-ty-tiy”；叫声为清脆的“chip”（图 6-5-121）。常见留鸟于海拔 800 ~ 2200 m 的山地森林。分布于我国华中、华南、西藏东南部地区。

图 6-5-121 红胸啄花鸟

A. 雄性；B. 雌性

朱背啄花鸟（*Dicaeum cruentatum*） 体长约 9 cm。雄鸟：顶冠、背及腰为猩红色，两翼、头侧及尾为黑色，两胁灰色，下体余部为白色。雌鸟：上体呈橄榄色，腰及尾上覆羽猩红，尾黑色。亚成鸟为清灰色，嘴橘黄色，腰略为暗橘黄色。虹膜呈褐色；

图 6-5-122　朱背啄花鸟

嘴为黑绿色；脚为黑绿色。典型叫声为偏高的金属声“chip”；鸣声为重复尖细的“tsik”声（图 6-5-122）。为华南地区常见留鸟。性活跃，常栖息于次生林、林园及人工林中的寄生植物，高可至海拔 1000 m。

22. 太阳鸟科（Nectariniidae）

叉尾太阳鸟（*Aethopyga christinae*）　体长约 10 cm。顶冠及颈背为金属绿色，上体为橄榄色或近黑色，腰黄色。尾上覆羽及中央尾羽为金属绿色，中央两尾羽有尖细的延长，外侧尾羽黑色而端白。头侧黑色而具金属绿色的髭纹和绛紫色的喉斑。下体余部为橄榄白色。雌鸟甚小，上体为橄榄色，下体为浅绿黄。指名亚种两翼较黑。虹膜呈褐色；嘴为黑色；脚为黑色。鸣声为高颤音；进食时也发出成串的唧唧声。响亮的金属音“chiff-chif-chif”叫声（图 6-5-123）。常见的低地鸟于中国东南及华南地区和海南岛。习性：栖息于森林及有林地区甚至城镇，常光顾开花的灌丛及树木。

图 6-5-123　叉尾太阳鸟

A. 雄性；B. 雌性

23. 雀科（Passeridae）

麻雀（*Passer montanus*）　体长约 14 cm。顶冠及颈背为褐色，两性同色。成鸟上体近褐色，下体为皮黄灰色，颈背具完整的灰白色领环。与家麻雀及山麻雀的区别在于脸颊具明显黑色点斑且喉部黑色较少。幼鸟似成鸟但色较暗淡，嘴基黄色。虹膜呈深褐色；嘴为黑色；脚为粉褐色。叫声为生硬的“cheep cheep”或金属音的“tzooit”声，飞行时也作“tettet tet”声。鸣声为重复的一连串叫声，间杂以“tsveet”声（图 6-5-124）。常见于中国各地包括海南岛及台湾，高可至中等海拔区。栖息于有稀疏树木的地区、村庄及农田。在中国东部地区替代家麻雀作为城镇中的麻雀。

图 6-5-124　麻雀

24. 梅花雀科（Estrildidae）

斑文鸟（*Lonchura punctulata*）　体长约 10 cm。雄雌同色。上体为褐色，羽轴白色而成纵纹，喉红褐色，下体为白色，胸及两胁具深褐色鳞状斑。亚成鸟下体浓皮黄色而无鳞状斑。虹膜呈红褐色；嘴为蓝灰色；脚为灰黑色。叫声：双音节吱叫声“ki-dee，ki-dee”，告警声为“tret- tret”。鸣声为轻柔圆润的笛音及较低的模糊音（图 6-5-125）。为地方性常见鸟类，华南地区常见。常光顾耕地、稻田、花园及次生灌丛等环境的开阔多草地块。成对或与其他文鸟混成小群。具典型的文鸟摆尾习性且活泼好飞。

白腰文鸟(*Lonchura striata*)　体长约 11 cm。上体为深褐色，特征为具尖形的黑色尾，腰为白色，腹部皮黄白色。背上有白色纵纹，下体具细小的皮黄色鳞状斑及细纹。亚成鸟色较淡，腰皮黄色。虹膜呈褐色；嘴为灰色；脚为灰色。叫声为活泼的颤鸣及颤音“prrrit”（图 6-5-126）。南方大部分地区常见。栖息于低海拔的林缘、次生灌丛、农田及花园，高可至海拔 1600 m。性喧闹吵嚷，结小群生活。习性似其他文鸟。

图 6-5-125　斑文鸟

图 6-5-125　白腰文鸟

25. 鹡鸰科（Motacillidae ）

黄鹡鸰（*Motacilla tschutschensis*）　体长约 18 cm。似灰鹡鸰但背为橄榄绿色或橄榄褐色而非灰色，尾较短，飞行时无白色翼纹或黄色腰。非繁殖期体羽褐色较重、较暗，但 3 ~ 4 月份已恢复繁殖期体羽。雌鸟及亚成鸟无黄色的臀部。亚成鸟腹部白。虹膜呈褐色；嘴为褐色；脚为褐至黑色。群鸟飞行时发出尖细悦耳的“tsweep”声，结尾时略上扬（图 6-5-127）。鸣声为重复的叫声间杂颤鸣声。华南地区冬候鸟及过境鸟。喜稻田、沼泽边缘及草地。常结成甚大群，在水牛等牲口周围取食。

图 6-5-127　黄鹡鸰

灰鹡鸰（*Motacilla cinerea*）　体长约 19 cm。腰为黄绿色，下体为黄色。与黄鹡鸰的区别在上背为灰色，飞行时白色翼斑和黄色的腰显现，且尾较长。成鸟下体为黄色，亚成鸟偏白色。虹膜呈褐色；嘴为黑褐色；脚为粉灰色。飞行时发出尖声的“tzit-ze”或生硬的单音“tzit”（图 6-5-128）。为华南地区冬候鸟。常光顾多岩溪流并在潮湿砾石或沙地觅食，也于山脉的高山草甸上活动。

白鹡鸰（*Motacilla alba*） 体长约 20 cm。体羽上体为灰色，下体为白色，两翼及尾黑白相间。冬季头后、颈背及胸具黑色斑纹但不如繁殖期扩展。黑色的多少随亚种而异。雌鸟似雄鸟但色较暗。亚成鸟以灰色取代成鸟的黑色。虹膜呈褐色；嘴及脚为黑色。叫声为响亮而尖细的“jiji”声（图 6-5-129）。华南地区常见于中等海拔区，高可至海拔 1500 m。栖息于近水的开阔地带、稻田、溪流边及道路上。受惊扰时飞行骤降并发出示警叫声。

图 6-5-128 灰鹡鸰

图 6-5-129 白鹡鸰

树鹨（*Anthus hodgsoni*） 体长约 15 cm。具粗显的白色眉纹。与其他鹨的区别在上体纵纹较少，喉及两胁为皮黄色，胸及两胁黑色纵纹浓密。虹膜呈褐色；嘴：下嘴偏粉色，上嘴角紫色；脚为粉红色。飞行时发出轻柔的“tsez”叫声（图 6-5-130）。华南地区常见冬候鸟。比其他的鹨更喜有林的栖息生境，受惊扰时降落于树上。

26. 燕雀科（Fringillidae）

金翅雀（*Chloris sinica*） 体长约 11 cm。上体深褐色，特征为具尖形的黑色尾，腰为白色，腹部呈皮黄白。背上有白色纵纹，下体具细小的皮黄色鳞状斑及细纹。亚成鸟色较淡，腰皮黄色。虹膜呈褐色；嘴和脚为灰色。叫声为活泼的颤鸣及颤音“prrrit”（图 6-5-131）。常见中国南方大部地区。性喧闹吵嚷，结小群生活。

图 6-5-130 树鹨

图 6-5-131 金翅雀

27. 鹀科（Emberizidae）

小鹀（*Emberiza pusilla*） 体长约 13 cm。头具条纹，雄雌同色。繁殖期成鸟体小而头具黑色和栗色条纹，眼圈色浅。冬季雄雌鸟耳羽及顶冠纹呈暗栗色，颊纹及耳羽边缘为灰黑，眉纹及第二道下颊纹为暗皮黄褐色。上体呈褐色而带深色纵纹，下体偏白色，胸及两胁有黑色纵纹。虹膜呈深红褐色；嘴为灰色；脚为红褐色。叫声清脆而响亮，由多组重复的音节组成，常伴有一个颤音结尾（图 6-5-132）。为华南地区冬候鸟。常与鹨类混群。藏隐于浓密枝叶覆盖下方和芦苇地。

图 6-5-132　小鹀

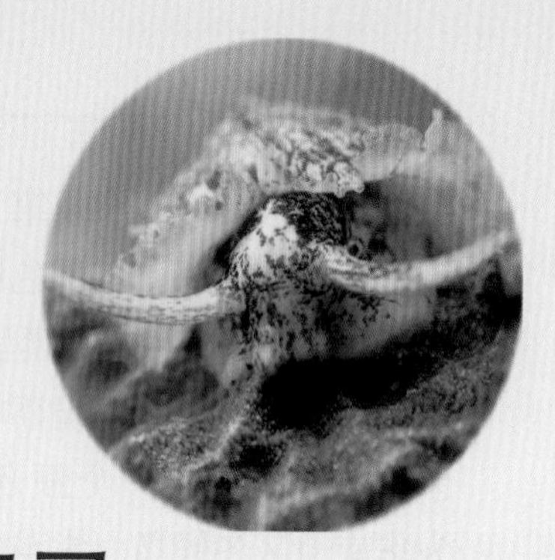

第七章

滨海无脊椎动物实习

第一节　潮汐和潮间带

一、潮汐概述

地球的岩石圈、水圈和大气圈在地球自转产生的离心力以及月球和太阳的引力作用下产生周期性的运动和变化的现象称为潮汐，分别称为地潮（或固体潮）、海潮和气潮。由于海潮运动与人类的生活息息相关，所以习惯上将海潮称为“潮汐”。人们通常把海水在水平方向的流动称为“潮流”，在垂直方向的涨落称为“潮汐”。古人将海水的涨落发生在白天的叫“潮”，发生在夜间的叫“汐”，通称“潮汐”。

滨海无脊椎动物实习
拓展资源

潮汐的周期变化有三种类型：①半日潮：一昼夜（24 小时 50 分）内出现两次高潮和两次低潮，前一次高潮和低潮的潮差与后一次高潮和低潮的潮差大致相同，涨潮过程和落潮过程的时间也几乎相等（6 小时 12.5 分）。广东沿海地区的潮汐主要以不正规的半日潮为主，高潮位和低潮位的潮高都不相等，涨潮和落潮历时也不相等，如大亚湾地区；②全日潮：一昼夜内只有一次高潮和一次低潮，高潮和低潮的相隔时间约 12 小时 25 分。如渤海的秦皇岛和南海的汕头等地。南海的北部湾是典型的全日潮海区；③混合潮：一个月内有些日子出现两次高潮和两次低潮，但两次高潮和低潮的潮差相差较大，涨潮过程和落潮过程的时间也不等；而另一些日子则出现一次高潮和一次低潮。我国南海多数地点属混合潮。如海南三亚的榆林港，每个月有 15 天出现全日潮，其余时间为不规则的半日潮，潮差较大。

潮汐对海滨动物的生活影响很大，潮汐引起的潮流扩大了水体和空气的接触面，增加了氧气的吸收和溶解；同时随潮流冲来的一些有机碎屑又为海滨动物提供了营养来源。

二、潮间带概述

潮间带是指平均最高潮位和最低潮位之间的海岸范围，也就是从海水涨至最高时所淹没的地方开始至潮水退到最低时露出水面的范围。潮间带以上，海水的浪花可以达到的海岸称为潮上带。潮间带以下，向海延伸至约30米深的地带，称为潮下带。退潮后，在低潮线以上积水的小水池称为潮池。潮池的生物必须具有忍受每日温差和含氧量剧烈变化的能力，此处栖地环境时而干燥时而潮湿，温度及盐度等变化较大。一般在低潮线以上滨海动物最为丰富。只有在退潮后，低潮线以下地带才能完全显露出来，所以采集动物标本的最佳时间在农历朔（初一）望（十五）后1～2日（即初二，初三和十六、十七）的最低潮时段。每天采集时间要在低潮时前后1～2 h。

第二节　滨海无脊椎动物标本的采集和制作方法

一、不同生态环境下滨海动物标本的采集方法

（一）岩石滩

岩石滩是由岩石组成的海滩，是滨海动物栖息的良好环境，一般有丰富的动物类群。但是经常承受着大浪直接冲击的岩石滩，动物种类较贫乏，除节肢动物藤壶外，很少有其他动物；而海湾内的岩石滩，满潮时被海水浸没，低潮时成陆地环境，在礁石上及礁石之间的岩池里、石砾间和石砾下的沙层中，生活着各种动物，是采集滨海动物标本的良好环境。

1. 岩石上攀爬动物的采集方法

采集在岩石上迅速爬行的节肢动物（如海蟑螂）的方法是将鱼饵放入深穴内，引诱它们在穴内集中，然后盖住穴口抓取；节肢动物蟹类的爬行迅速，可用大镊子或者戴上厚手套抓取。

2. 吸附在岩石上的动物采集方法

退潮后的岩面，常吸附着一些小型动物，这些动物多数有和环境相似的隐匿色，采集时要注意。如软体动物的石鳖、单齿螺、蜒螺、嫁蝛和菊花螺等，吸得很紧，可用小镊子撬取，或者趁其不备，迅速用手指使劲推动获取。

3. 固着在岩石上的动物采集方法

刺胞动物海葵的足盘附着在岩石上，用小凿子或者锤子凿下连接处的岩石，放在装有海水的采集瓶中；软体动物牡蛎右壳固着在岩石上，采集时用锤子或者凿子将连接处的岩石凿下，软体动物珍珠贝、贻贝和扇贝等用足丝固着，可将足丝切断获取；节肢动物藤壶和龟足等，体外有硬的钙质壳板，底面固着在岩石上，采集时要用锤子或者凿子将底面的岩石凿下获取完整标本。

4. 退潮后岩石积水处动物的采集方法

退潮后的岩石积水处，尚保存着不少动物，如刺胞动物海葵；软体动物的贝类和螺类等；节肢动物的虾蟹类；脊索动物的小鱼等；翻开石块常可看到扁形动物涡虫；敲下已有裂缝的石块，有可能发现环节动物的沙蚕等；也可能发现棘皮动物海参和海星等。海葵的采集方法同前述；贝类可直接采集，吸附在岩石上的螺类可以撬取；虾蟹类和小鱼类可以用小网捞取；涡虫趴在石头底部，用毛笔作为刷子，把它刷到带海水的采集瓶中；沙蚕可以直接用手或者镊子收集到瓶中；海参和海胆等棘皮动物，可以用镊子或带手套获取。

5. 海藻上栖息动物的采集方法

海藻上常可以发现各种动物，如扁形动物的涡虫、软体动物的海兔类、节肢动物的麦杆虫等。涡虫需要用毛笔轻轻刷下，放到带海水的采集瓶中；海兔等可以用镊子采集；麦秆虫也非常小，采集时用小镊子轻轻将其与海藻分开，放到瓶中；也可以先采集海藻放入盛有海水的采集工具中，回到驻地再仔细查找小动物。

6. 浮游动物的采集方法

大型浮游动物，如水母类，可用浮游生物网或者手抄网直接捞取；定性的小型浮游动物用浮游生物网捞取，将收集管中的水样放入离心管中；需要定量的浮游动物采集，可以用定量采水桶采集 10 L 水样，通过浮游生物网中过滤后收集入离心管中。

（二）沙滩及泥沙滩

1. 沙滩动物采集方法

沙滩上有感觉灵敏、行动迅速的沙蟹和砂海星等。沙蟹在相隔近 10 m 即能感知威胁而潜入穴内，挖掘到达穴底，即可采到。

2. 泥沙滩动物采集方法

泥沙滩沉降的有机碎屑饵料多，风平浪静时，是动物良好的栖息地，动物种类相对较多。生活于泥沙滩表面的贝类、蟹类和海星等，可直接采集。生活于泥沙浅表层的蚶和蛤类可用蛤耙，将蛤耙紧贴泥沙滩表面，耙齿深入表层，轻轻拉过，如有蚶和蛤碰到耙齿，采集者即可感知到，随即采集。其他种类如沙蚕和星虫等，可用小铁铲顺穴挖去泥沙采集。

二、海滨动物标本的制作方法

（一）原生动物

通过浮游生物网采集到的原生动物，将水样中加入终浓度为 4% 的甲醛溶液或者终浓度为 70% 的乙醇，保存备用。

（二）海绵动物

不能用甲醛固定海绵动物（避免骨针被腐蚀），可以直接放入 80% 的乙醇中固定杀死，再保存在 70% 的乙醇中。

（三）刺胞动物

1. 水螅类

先用硫酸镁麻醉，再放入 4% 的甲醛溶液固定并保存。

2. 水母类

将较大型的水母在淡水中培养，可起麻醉作用，然后再缓慢加入甲醛，使其溶液浓度达 5% 进行保存。小型水母类用硫酸镁麻醉后，再用 5% 的甲醛溶液固定。

3. 海葵类

固定方法同小型水母类。

（四）扁形动物

当涡虫在盛有海水的培养皿中充分伸展时，从尾部向头部快速喷洒 Bouin 固定液（甲醛、苦味酸、冰醋酸之比例为 69 ： 25 ： 6），保存于 70% 的乙醇内。

（五）线虫动物

线虫动物动物用 5% 的甲醛溶液固定保存，也可参照扁形动物的固定方法进行固定。

（六）环节动物

环节动物的肠道内有很多泥沙，需待其将泥沙排出后，用硫酸镁饱和液麻醉 3 小时左右，之后投入 7% 的甲醛溶液中固定，完全固定后再移入 5% 的甲醛或 70% 的乙醇中保存。

（七）螠虫动物

待螠虫的吻伸出后用 5% 甲醛溶液固定，可以保存在固定液中或者 70% 的乙醇中。

（八）软体动物

1. 多板纲

石鳖可直接放入 4% 的甲醛溶液或 70% 酒精中固定并保存。

2. 腹足纲

直接用 4% 的甲醛溶液或 70% 乙醇固定。若要求身体伸出壳外的标本，可用硫酸镁麻醉液浸 1 小时后，放入固定液中，拉长其身体维持几分钟即可。

3. 双壳纲

基本同腹足类动物的处理方法。如要求开壳标本，先麻醉使壳张开，夹以木片，再固定。

4. 头足纲

同多板纲动物的处理方法。

（九）节肢动物

大多数甲壳类可用 70% 的酒精溶液固定并保存。蟹类需用硫酸镁麻醉后再投入酒精中，避免爪折断脱落。

（十）苔藓动物和腕足动物

这两类动物均可用 70% 的乙醇固定并保存。

（十一）棘皮动物

1. 海百合和海星类

可直接放入 70% 的乙醇溶液中固定并保存。

2. 蛇尾类

蛇尾类易破碎，先放入淡水中致死，再注入 70% 的乙醇。

3. 海胆类

用硫酸镁麻醉后保存于 70% 的乙醇溶液或 7% 的甲醛溶液中。若做干燥标本，可浸入淡水中，取出后洗净，干燥即可。

4. 海参类

海参受小刺激时即收缩身体，放出白色黏性很大的丝状居维尔管，甚至能吐出内脏，因此，需要用硫酸镁麻醉后再用浓醋酸固定。

第三节　深圳东部海域常见滨海无脊椎动物

海绵动物门（Spongia）

海绵动物体软多孔似海绵，也称多孔动物（Porifera），是最原始、最低等的多细胞动物。体型多数呈不对称，少数为辐射对称。细胞间保持着相对的独立性，尚无组织和器官的分化。由独特的水沟系执行生理功能。通过有性生殖和无性生殖完成后代的产生，胚胎发育有逆转现象。成体固着生活。绝大多数海绵动物生活在海水中，从潮间带至 5000 m 深海都有分布。已知的海绵动物约 1 万种。根据骨针形态和水沟系统等特征，分为钙质海绵纲（Calcarea）、六放海绵纲（Hexactinellida）和寻常海绵纲（Demospongiae）。

寻常海绵纲

（一）简骨海绵目（Haplosclerida）

指海绵科（Chalinidae）

南海蜂海绵（*Haliclona cymaeformis*）　蜂海绵属（图 7-3-1）。

（二）穿孔海绵目（Clionaida）

穿贝海绵科（Clionaidae）

隐居穿贝海绵（*Cliona celata*）　穿贝海绵属。穿贝海绵是一种黄色的能在软体动物的壳上钻洞的海绵。它们也能够在珊瑚的石灰石骨架上穿孔，使里面的珊瑚动物死亡（图 7-3-2）。

图 7-3-1　南海蜂海绵

图 7-3-2　隐居穿贝海绵

（三）荔枝海绵目（Tethyida）

荔枝海绵科（Tethyidae）

某种荔枝海绵（*Tethya* sp.）　荔枝海绵属。荔枝海绵整体呈球形，表面有疣状突起、刺状突起和芽体。一般情况下，海绵的成体固着生活，没有运动和变形能力。但荔枝海绵能在附着基上缓慢移动，且身体具有规律性的收缩和舒张的能力（图 7-3-3）。

图 7-3-3　某种荔枝海绵

刺胞动物门（Cnidaria）

刺胞动物是具有两个胚层的动物，有了组织的分化，出现原始消化腔和神经系统，是低等后生动物。极少数种类生活在淡水中，绝大多数生活于海水中。

体型多数呈辐射对称，少数为两辐射对称。体壁由外胚层、中胶层和内胚层围绕着原始消化腔构成。有原始组织分化，具有刺细胞。出现扩散型神经系统。通过有性生殖和无性生殖产生后代，有的种类生活史中有世代交替现象。

现生刺胞动物约 1.1 万种。根据身体形态结构、缘膜的有无、口道及隔膜的有无、生殖腺的胚层来源等特征，分为水螅纲（Hydrozoa）、钵水母纲（Scyphozoa）和珊瑚纲（Anthozoa）。

一、水螅纲（Hydrozoa）

水螅体和水母体小型，单体或群体，一般有世代交替现象。水螅体结构简单，无口道及隔膜。水母体一般有缘膜，中胶层薄。生殖腺由外胚层形成。

水螅目（Hydroida）

钟螅科（Campanulariidae）

某种薮枝螅（*Obelia* sp.）　薮枝螅属。文献报道有 4 种薮枝螅。营固着生活，以螅根附着在

图 7-3-4　某种薮枝螅

岩石或其他物体上，形状似植物（图 7-3-4）。

二、钵水母纲（Scyphozoa）

大型水母，无缘膜，身体结构复杂，生殖腺由内胚层形成，水螅体退化。

（一）旗口水母目（Semaeostomeae）

霞水母科（Cyaneidae）

白色霞水母（*Cyanea nozakii*） 霞水母属。大型水母，成体伞径可达 20 ~ 30 cm，大型个体可以超过 50 cm。伞部呈乳白色，扁平，呈圆盘状。外伞表面光滑，近中央的伞顶上有许多密集的刺胞丛隆起，8 个缘叶，8 个感觉棍。触手为淡红色，其上有大量刺细胞团。其中胶层较薄，食用价值低。在生长过程中分泌毒素，加之生长速度快，在短时间内可蔓延大片海区，使海水遭受严重污染，造成大量海洋生物死亡；同时还会缠粘网具，影响养殖活动和海洋作业（图 7-3-5）。多种霞水母在夏季的暴发性增殖所造成的危害，在东海北部至黄海某些海域已超过了赤潮所造成的灾害。

图 7-3-5 白色霞水母

（二）根口水母目（Rhizostomeae）

硝水母科（Mastigiidae）

巴布亚硝水母（*Mastigias papua*） 硝水母属。为深圳海域最常见、最绚丽的水母。体长通常可达 35 cm。一般体色为白色或者蓝色，水母体的伞呈半球状，具有大小不等的白斑。伞缘形成浅浅的伞折，不具触手。口腕下有 8 只触手，通常呈短棒状（图 7-3-6）。

图 7-3-6 巴布亚硝水母

三、珊瑚纲（Anthozoa）

珊瑚纲的动物没有水母型个体，只有水螅型的单体或群体，有口道、隔膜和胃丝，生殖腺由内胚层形成。大部分的珊瑚纲动物绚丽多姿、五光十色，它们是构成“海底花园”的主要动物类群。

（一）海葵目（Actiniaria）

纵条矶海葵科（ Haliplanellidae ）

纵条矶海葵（*Haliplanella luciae*） 纵条矶海葵属。

身体伸展时呈圆柱形，体长 2 ~ 3 cm。体壁呈黄绿色、暗绿色、褐绿色、油绿色等，上有 12 条橙红色或深红色纵条，条纹的颜色和数目随环境不同略有差异；体表光滑。口盘中央的口为裂缝状，其外环生多圈细长锥形触手，呈淡灰绿色，并散布白色或灰色斑点，触手排列不规则，常为6的倍数。受到刺激时，身体缩成球形（图7-3-7）。

图7-3-7　纵条矶海葵

（二）石珊瑚目（Scleractinia）

1）鹿角珊瑚科（Acroporidae）

单独鹿角珊瑚（*Acropora solitaryensis*）鹿角珊瑚属。鹿角珊瑚为大型珊瑚，有如鹿角般的分支，分支距离大，群体长达20～50 cm，直径0.5～2 cm。顶端小支细长而渐尖。分支中部和基部的辐射珊瑚体稀，向上逐渐变为鼻形和半管唇形，小支上的是针口管形。它是重要的造礁石珊瑚，其石灰质的骨骼是构成珊瑚礁的主要成分（图7-3-8）。

图7-3-8　单独鹿角珊瑚

2）蜂巢珊瑚科（Faviidae）

海洋蜂巢珊瑚（*Favia maritima*）　蜂巢珊瑚属。蜂巢珊瑚是块状群体珊瑚，个体为多角形，体壁比较薄，个体之间有壁孔或角孔相通，壁孔1～4列，床板构造发育，但隔壁构造却不甚发育或只发育了很短的隔壁刺。单个蜂巢珊瑚的大小约1.5 mm，但它们以群落形式出现，可以组成直径1.5～1.8 m的大型群落（图7-3-9）。

图7-3-9　海洋蜂巢珊瑚

肉质扁脑珊瑚（Platygyra carnosus）　肉质扁脑珊瑚一般为大型的团块形，整体外表肥厚多肉。珊瑚杯呈多角形或亚沟回形，杯壁锐利且被肉质的珊瑚组织所覆盖，整体一般呈砖红色或浅褐绿色。珊瑚可长成大型群体，高度达1 m以上，群体的顶部通常呈浑圆的塔状（图7-3-10）。

图 7-3-10 肉质扁脑珊瑚

3）滨珊瑚科（Poritidae）

图 7-3-11 澄黄滨珊瑚

澄黄滨珊瑚（*Porites lutea*） 又称钟形微孔笠珊瑚、钟形微孔珊瑚，群体坚实，通常呈团块形、半球形或钟形，表面常有不规则的块状突起，珊瑚虫的骨骼不向内凹入，直径为 0.8 ~ 1.2 mm。本种珊瑚往往会形成大型的群体，群体的直径可达数米，而其上常有大旋鳃虫和蛚螺等凿孔生物栖息（图 7-3-11）。生长在平坦海域的环礁表面，尤其是水深 10 米以内、水流较强的海域。生活群体常呈黄褐色或绿褐色。滤食浮游性生物。

扁形动物门（Platyhelminthes）

从扁形动物开始，动物的身体出现两侧对称和 3 个胚层，在动物进化史上占有重要地位。扁形动物一般身体背腹扁平，由皮肤肌肉囊构成体壁，无体腔，不完善的消化系统，出现了原肾管型的排泄系统，神经系统为梯形，出现感觉器官。出现了由中胚层形成的固定生殖腺和生殖导管。

扁形动物 20 000 余种，我国发现近 1000 种。扁形动物根据身体结构、生活方式和生活环境等，分自由生活的涡虫纲（Turbellaria）、寄生生活的吸虫纲（Trematoda）和绦虫纲（Cestoidea）3 个纲。

涡虫纲（Turbellaria）

多肠目（Polycladida）

平角科（Planoceridae）

图 7-3-12 平角涡虫

平角涡虫（*Planocera reticulata*） 平角涡虫属。体长 1 ~ 5 cm，体宽 0.5 ~ 3 cm。体灰褐色，腹面颜色较浅。体扁平，略呈椭圆形，前端宽圆，后端钝尖。体背面近前端约 1/4 处，有一对细圆锥形的触角，其基部有呈环形排列的黑色小眼点。

口位于腹面中央，口后方体长约 2/3 处有前后相邻的两个生殖孔，前方为雄性生殖孔，后方为雌性生殖孔（图 7-3-12）。多在沿海海水浸没的岩石下面爬行，营自由生活，肉食性。

环节动物门（Annelida）

环节动物是一类身体呈现分节特征，并具备真体腔结构的生物群体，它们的出现标志着高等无脊椎动物的崭新起点。它们不仅拥有循环系统，其排泄系统也得到了进一步的完善，神经系统亦呈现出更为集中的趋势。环节动物的主要特征显著且独特：身体呈现出同律分节的特点，并具备真体腔；它们发展出了疣足和刚毛等运动器官；体内循环系统为闭管式（蛭纲除外）；排泄系统为后肾型；神经系统则呈现索状结构；在生殖方式上，绝大多数环节动物采用有性生殖，且存在雌雄同体和雌雄异体两种形式。

环节动物门是一个庞大的生物类群，其中包含约 16 500 多种不同的动物种类。根据其身体形态结构、环带的存在与否、生殖方式以及生活方式等多种特征，将其分为多毛纲（Polychaeta）、寡毛纲（Oligochaeta）和蛭纲（Hirudinea）三大类别。由于多毛纲大多数生活在海洋中，而寡毛纲和蛭纲的动物极少生活在海水中，因此本书主要介绍多毛纲动物。

多毛纲（Polychaeta）

多毛纲是环节动物中种类最多的一类，约有 10000 多种。多毛纲动物的身体一般呈圆柱状或背部略扁，分为口前叶、体节部分和尾节。体节上有成对的疣足、神经节和后肾管。大多数种类体长 10 cm 左右，直径 2 ~ 10mm，最小的种类体长不足 1 mm，但最长的可达 3 m。一些种类体表具美丽的色彩，如红色、粉色、绿色等。许多种类由于体表角质层中有交叉成层排列的胶原纤维而呈现虹色。其在生态习性上可分为游走类和隐居类两种。游走类动物能够在海底泥沙表面爬行、钻穴或自由游泳；而隐居类动物则通常生活在管中或者固定巢穴中。

（一）沙蚕目（Phyllodocida）

沙蚕科（Nereididae）

腺带刺沙蚕（*Neanthes glandicincta*）　刺沙蚕属。体长可达 7 cm。口前叶近圆球形，触手小于触角。2 对黑色眼呈倒梯形排列于口前叶后部，豆瓣形的前对眼大于半圆形的后对眼。触须 4 对，最长触须后伸可达第 3 ~ 4 刚节。吻颚环各区具颚齿。前 2 对疣足为单叶型，背腹须呈细指状，背须稍短于背舌叶，背腹舌叶为锥状，腹刚叶具 2 个前刚叶和 1 个后刚叶。体前部双叶型有 10 对疣足，上背舌叶三角形，下背舌叶尖锥形，背刚叶为 1 小突起，2 个前腹刚叶和 1 个后腹刚叶均为尖锥状，腹舌叶三角形。体中部约 50 对疣足，背腹须、背腹舌叶都变小，无背刚叶，腹刚叶同前但稍小。体后部第 100 对疣足变小，腹刚叶为前后两叶。背刚毛均为复型等齿刺状。腹刚毛为复型等齿刺状和异齿刺状（图 7-3-13）。

羽须鳃沙蚕（*Dendronereis pinnaticirris*） 鳃沙蚕属。体长可达 18 cm，宽 0.55 cm。口前叶前缘触手之间具纵沟。眼 2 对，后对眼常被围口节遮盖。围口节触须 4 对，最长者后伸可达 8 ～ 9 刚节。吻口环前缘具 1 环等距的 6 个软乳突（有时亦缺失），吻颚环无颚齿和软乳齿。大颚侧齿 12 个。除前 2 对疣足为单叶型外，余皆为双叶型。前体部双叶型疣足，须状的背须基部膨大，上下背舌叶近三角形，腹足叶具多个乳突状的小舌叶。第 15 ～ 21 刚节疣足的背须特化为鳃，第 1 对鳃为梳状，第 2、3 对鳃为两侧突起的羽状，其余鳃两侧突起上又再分生小支。刚毛皆为复型等齿刺状，无复型镰刀型刚毛。肛节圆短，具 2 根长的须状肛须（图 7-3-14）。

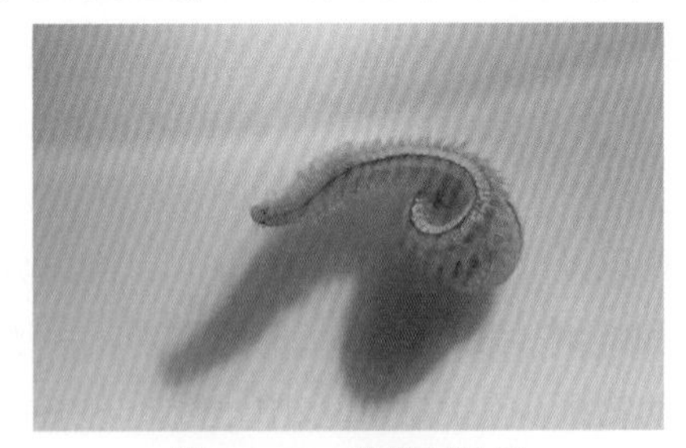
图 7-3-13　腺带刺沙蚕

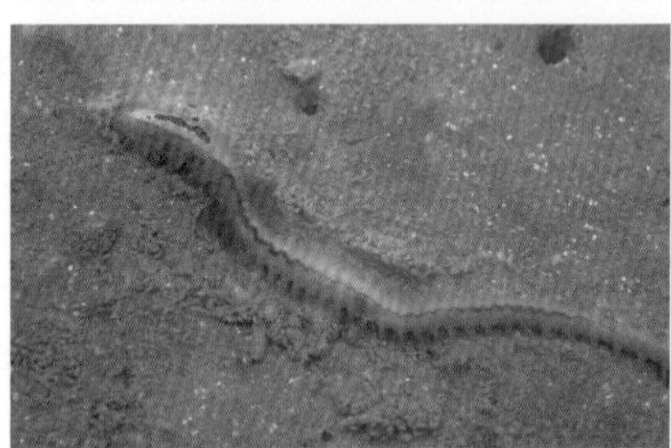
图 7-3-14　羽须鳃沙蚕

（二）龙介虫目

龙介虫科（Serpulidae）

某种龙介虫（*Ficopomatus* sp.） 龙介虫属。龙介虫住在自身分泌形成的石灰质管中，通常有一个厣板（或称壳盖）盖住管口。龙介虫的种类很多，且颜色美丽多样。龙介虫圆柱形，由头部和躯干部组成。头部口前叶常与围口节合成漏斗状的触手冠（鳃冠）围绕着口，具滤食和呼吸功能。躯干部分为胸区和腹区。胸区较短，至少 5 节有胸膜，腹区较长，体节多。龙介虫多附于贝类、珊瑚、岩石、船只或其他硬物上，是海洋污损生物之一（图 7-3-15）。

某种盘管虫（*Hydroides* sp.） 盘管虫属。盘管虫头部有 1 对鳃冠，背面中央有两个厣，虫体缩入管内时，以大厣掩盖管口。身体分胸、腹部，胸部由 7 个刚毛节组成，腹部环节甚多，疣足有背刚毛束和腹刚毛束（图 7-3-16）。

图 7-3-15　某种龙介虫

图 7-3-16　某种盘管虫

软体动物门（Mollusca）

软体动物和环节动物由共同的祖先发展而来，是动物界的第二大类群，各类群的形态结构、生活方式和生活环境等变化很大，但都具有软体动物的共同特征：

身体柔软不分节；身体两侧对称或不对称（大部分腹足纲种类）；既有不发达的真体腔，也有假体腔（初生体腔）存于各组织器官间隙；身体的软体部分为头、足、内脏团和外套膜四部分；通常有外套膜分泌的石灰质贝壳，多数种类具贝壳（1或2个，甚至8个），有的种类无壳或退化，有的种类壳被包在外套膜内；出现了所有的器官系统；排泄系统除少数种类的幼体外，均为后肾型。间接发育的种类有担轮幼虫期和面盘幼虫期。

目前记录的现存的软体动物大约有11.5万种，是动物界中仅次于节肢动物的第二大动物类群。根据软体动物的贝壳数量、身体结构等特征，将软体动物分为7个纲：无板纲（Aplacophora）、单板纲（Monoplacophora）、多板纲（Polyplacophora）、掘足纲（Scaphopoda）、腹足纲（Gastropoda）、双壳纲（Bivalvia）和头足纲（Cephalopoda）。腹足纲和双壳纲包含了软体动物中95%以上的种类，这两个纲既有海洋生活的种类，也有淡水生活的种类，其中腹足纲还有陆生种类，其他各纲均为海洋生活。

一、多板纲（Polyplacophora）

多板纲动物统称为石鳖，体呈长椭圆形，背部微微隆起，腹部扁平。头在前方，足在后方。背部中央由前到后有覆瓦状排列的8块石灰质贝壳（壳板），贝壳不能将整个身体覆盖，在其周围还留有一圈称为环带的外套膜。环带的表面有角质层或石灰质的鳞片、针束和角质毛等。

现生的多板纲有600多种，营底栖生活，从潮间带到5000 m的大洋深处都有分布，但大部分的种类栖息于浅海，以足吸附于岩石、珊瑚礁或者大型海藻上生活。多数种类体长2 ~ 5 cm，最大的可达43 cm。根据嵌入片的形状，多板纲分为鳞侧石鳖目（Lepidopleurida）和石鳖目（Chitonida）。前者壳板无嵌入片，若有，也不分齿，后者有分裂齿的嵌入片。广东沿海分布的是石鳖目的种类。

石鳖目（Chitonida）

棘侧石鳖科（Chitonidae）

日本花棘石鳖（*Liolophura japonica*）　花棘石鳖属。体长5.8 cm，宽3.6 cm。体呈长椭圆形，壳板为褐色，中部为灰白色。头板半圆形，上有互相交织的细放射肋和生长线；中间板具同心环纹；尾板小。在8枚壳板中以第5枚最宽。环带肥厚，其上着生粗而短的石灰质棘。鳃数目

图 7-3-17　日本花棘石鳖

多，沿整个足分布（图 7-3-17）。生活在潮间带中、下区的岩石缝隙间。

二、腹足纲（Gastropoda）

腹足纲的动物足部发达，位于躯体的腹面，故名腹足纲，是软体动物中最大的一纲，现生 7.5 万种。腹足纲动物具有明显的头部，有口、眼及 1 对或 2 对触角，体外一般有一枚螺旋卷曲的贝壳，故也称单壳类或螺类。头、足、内脏团和外套膜均可缩入壳内。发育过程中，身体经过扭转，致使神经扭成了“8”字形，内脏器官也失去了对称性。一些种类在发育中经过扭转之后又经过反扭转，神经不再成“8”字形，但在扭转中失去的器官不再发生，身体的内脏仍然失去了对称性。水生种类用鳃呼吸，陆生种类用起“肺”作用的外套膜表面呼吸。

腹足纲的贝壳极为发达，变化多样。有的为外壳，有的为内壳，有的贝壳完全退化，壳一般为螺旋形。足部常能分泌一个角质的或石灰质的厣掩盖壳口，起保护作用。本纲依其贝壳的形态、侧脏神经连索是否交叉、本鳃数目和构造、本鳃与心室的关系、在空气中或水中呼吸、齿舌的数目和构造、颚片的有无及其形态、足的形态、厣的有无和形态、雌雄异体或同体等特征，分为前鳃亚纲（Prosobranchia）、后鳃亚纲（Opisthobranchia）和肺螺亚纲（Pulmonata）。

前鳃亚纲（Prosobranchia）：又称扭神经亚纲。通常有外壳，一般具厣；头部仅有 1 对触角。本鳃简单，在心脏的前方。胚胎发育中发生扭转，导致左、右侧脏神经连索交叉成“8”字形。本亚纲一般分为原始腹足目（Archaeogastropoda）、中腹足目（Mesogastropoda）、新腹足目（Neogastropoda）和异腹足目（Heterogastropoda）4 个目。

后鳃亚纲（Opisthobranchia）：又称直鳃亚纲（Euthyneura）。本鳃和心耳一般在心室的后方，也有本鳃消失，为二次性鳃的种类。外套腔大多消失。贝壳一般不发达，有退化倾向（无腔类），也有完全缺失的无壳类（裸鳃类、海兔等），少数有内壳（被鳃类）。除捻螺外，侧脏神经连索不扭成“8”字形同时也没有厣。雌雄同体，两性生殖孔分开。现存约 1000 种。全部海产。有 8 个目：头楯目（Cephalaspidea）、无楯目（海兔目）（Anaspidea）、被壳目（Thecosomata）、裸体翼足目（Gymnosomata）、囊舌目（Sacoglossa）、无壳目（Acochlidiacea）、背楯目（Notaspidea）和裸鳃目（Nudibranchia）。

肺螺亚纲（Pulmonata）：本鳃消失，在外套腔壁密生血管网执行呼吸功能，故外套膜称为“肺”。多数具螺旋形的壳，也有的贝壳退化或完全消失。各神经节集中于口球附近，导致侧脏神经连索无左右交叉的余地。颚板为角质，1 个或无。齿舌生有纵横多数的齿片。雌雄同体，发育过程中无幼虫阶段。成体无厣。按眼着生的位置分为基眼目（Basommatophora）和柄眼目（Stylommatophora）。

腹足纲动物分布广泛，在海洋中从远洋漂浮生活的种类到不同深度及不同性质的海底，各种淡水水域都有它们的分布。多数底栖生活，还可埋栖、孔栖。肺螺类是真正征服陆地环境的种类，可以在地面上生活。植食种类以藻类、菌类、地衣和苔藓植物等为食；肉食者感觉器官发达，齿舌片数减少，可食海参、蟹类或吮吸贝壳内的营养液；还有少数种类营寄生生活。为了更好地学习和掌握腹足纲动物的特征，需要先学习其分类术语（见图 7-3-18）。

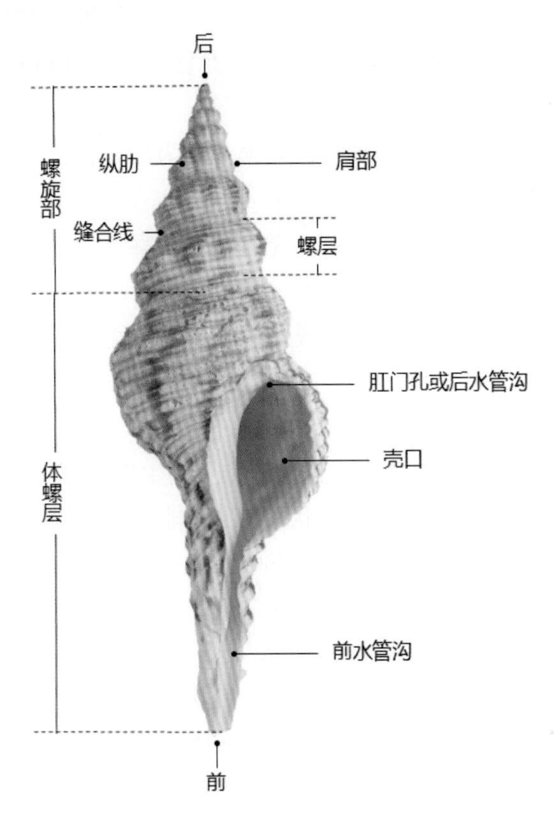

图 7-3-18　腹足纲动物贝壳各部位示意图

a. 螺旋部：动物内脏团所在之处，可以分为许多螺层。

b. 体螺层：贝壳最后的一层，容纳动物的头部和足部。

c. 螺层：贝壳每旋转一周称为一个螺层。

d. 缝合线：两螺层之间的界线。

e. 壳顶：螺旋部最上的一层，是动物最早的胚壳，形状不一。

f. 螺轴：螺壳旋转的中轴。

g. 壳口：体螺层的开口。可分为不完全壳口和完全壳口。不完全壳口的前端或后端常有缺刻或沟，前端的沟称前沟，后端的称后沟；壳口大、体圆滑、无缺刻或沟，为完全壳口。

h. 内唇：壳口靠螺轴的一侧。在内唇部位常有褶襞，内唇边缘也常向外卷贴于体螺层上，形成滑层或胼胝。

i. 外唇：内唇相对的一侧。外唇随动物的生长而逐渐加厚。有时也具齿或缺刻的外唇窦。

j. 脐：螺壳旋转在基部遗留的小窝。脐的大小、深浅随种类而不同。

k. 假脐：由于内唇向外卷曲在基部形成的小凹陷。

l. 螺肋：壳面上与螺层平行的条状肋。

m. 纵肋和纵肿肋：纵肋是壳面上与螺轴平行的条状肋。较粗的突起肋称纵肿肋。

n. 厣：由足部后端背面皮肤分泌形成的保护器官。厣有角质和石灰质两种，其大小、形状通常与壳口一致。

o. 贝壳的方位：当动物处于行动时，壳顶一端为后，相反的一端为前，有壳口的一面为腹面，相反面为背面。

p. 贝壳的左旋和右旋：将壳顶向上，壳口朝着观察者，贝壳顺时针旋转，壳口在螺轴的右侧者为右旋（R）；反之为左旋（L）。

q. 本鳃：在发生过程最初出现而在成体仍被保留的鳃，它是由外套腔内面的皮肤伸展而成。本鳃又分盾鳃和栉鳃。盾鳃的鳃叶排列在鳃轴的两侧，呈羽状。栉鳃的鳃叶仅列在鳃轴的一侧，呈栉状。

r. 二次性鳃：本鳃消失，在身体的其他部位重新生出的鳃。

s. 齿式：齿舌的形态，包括小齿的形状、数目和排列方式，为鉴别科属的依据之一。齿舌上小齿的排列以齿式表示，每一横排有中央齿 1 个，左右侧齿 1 对或数对，边缘有缘齿 1 对或多对。

（一）原始腹足目（Archaeogastropoda）

齿舌带上齿片数目极多，有缘齿；本鳃为盾状，大多数种类有 2 个心耳；神经系统显著不集中，足神经节呈长索状，左、右两个脑神经节远离。

1. 翁戎螺总科（Pleurotomariacea）

有本鳃 2 个，在壳顶或边缘部具裂缝或孔洞，其位置相当于外套腔中的肛门位置。

1）鲍科（Haliotidae）

贝壳扁平呈耳状，螺旋部低平，螺层少，体螺层及壳口极大，壳边缘具 1 列小孔。鳃 1 对，左侧鳃较小，成体无厣。广东常见 4 种。

杂色鲍（*Haliotis diversicolor*） 鲍属。壳呈卵圆形，表面为绿褐色。螺旋部低小，壳顶钝略低于壳面，体螺层大，螺肋细，由突起组成的肋有 7 ~ 9 个开孔，故其养殖品种又名九孔鲍（有报道指出九孔鲍是杂色鲍的亚种）。生长线明显。壳内面珍珠层光泽强。足发达（图 7-3-19）。

图 7-3-19 杂色鲍

2）钥孔蝛科（Fissurellidae）

贝壳小型，呈笠状，常有 1 个孔洞或缺刻、凹槽。广东常见 3 种。

图 7-3-20　中华楯蝛

中华楯蝛（*Scutus sinensis*）　楯蝛属。壳长 3.8 cm，宽 1.9 cm。壳呈长椭圆形，稍高而厚。壳顶钝，近中央偏后。壳面为灰色，前缘窄具一凹陷，后缘宽圆。生长线细密，放射肋弱。壳内面为白色，有光泽。生活时外套膜伸展包被贝壳，仅露壳顶（图 7-3-20）。

2. 帽贝总科（Patellacea）

贝壳或内脏团呈钝圆锥形，无螺旋部和厣。心耳 1 个。本鳃 1 个或缺乏，有的具外套鳃。

1）帽贝科（Patellidae）

无本鳃，有成环状的外套鳃，位于外套膜和足部之间。广东常见 4 种。

嫁蝛（*Cellana toreuma*）　嫁蝛属。壳薄而半透明，低平，略呈笠状。壳前部狭小，后部稍宽大，周缘呈卵圆形。壳高约为壳长的 2/9，壳宽约为壳高的 3 倍多。壳顶靠近前方，顶端略向前方弯曲，自壳顶至壳前端的距离约为壳长的 2/7。壳表面呈淡黄色、锈黄色或淡绿黄色，并布有不规则的褐红色色带和斑点。放射肋细密。生长纹极细小，有的较粗而成为环形的凹纹。壳内面为白色或灰白色光泽，周缘部具有与放射肋相应的凹纹，并能清楚地透视壳表面的色彩。边缘有细齿状缺刻（图 7-3-21）。生活于潮间带中潮区的岩石上，为常见种。

斗嫁蝛（*Cellana grata*）　嫁蝛属。壳长 4.3 cm，宽 3.4 cm。壳呈笠状，稍高，卵圆形，后缘较前缘宽圆。壳顶钝，位于中央近前端。壳面为灰黄色，布有褐黑色放射状色带。放射肋粗，肋间有细肋。壳内面为褐灰色，周边有与壳面相应的色带（图 7-3-22）。

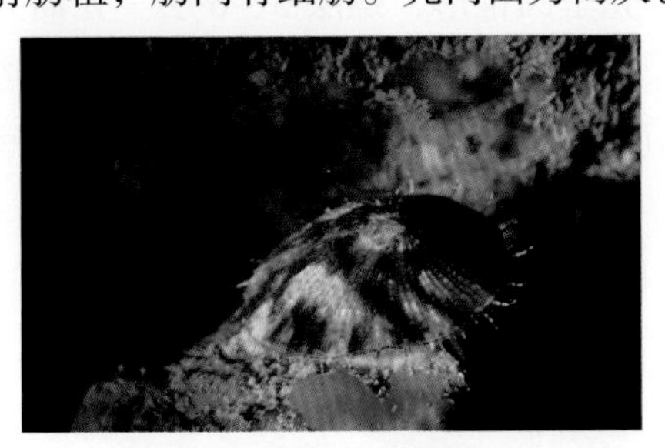
图 7-3-21　嫁蝛

图 7-3-22　斗嫁蝛

2）笠贝科（Acmaeidae）

具有 1 个楯鳃，外套鳃或有或无。

史氏背尖贝（*Notoacmea schrencki*）　背尖贝属。壳呈椭圆或近圆形，斗笠状，低平。壳顶近前端。壳表面为绿褐色，具深色与浅色相间的放射肋，放射肋细密，肋上有粒状结节。壳内面为青灰色，周缘呈褐色并有褐色放射肋带（图 7-3-23）。一般生活在高、中潮带岩石上或石块腹面。

鸟爪拟帽贝（*Patelloida saccharina lanx*）　拟帽贝属。壳较小，粒状，低

平。壳顶近前端，常被腐蚀。壳面呈黑褐色，有 7 条粗壮的放射肋，肋间有数条细肋。粗肋为灰白色，突出壳缘。壳内面为黑褐色，有与壳面放射肋相对应的凹沟（图 7-3-24）。

图 7-3-23　史氏背尖贝

图 7-3-24　鸟爪拟帽贝

3. 马蹄螺总科（Trochacea）

壳呈圆锥形或球形。齿舌带齿片排成扇形，有侧齿 1 ~ 10 个，缘齿数目多。厣或有或无。

1）马蹄螺科（Trochidae）

壳呈圆锥形或球形。壳口完全，呈四角形或圆形。脐有或无。厣角质，圆形。广东常见 16 种。

镶珠隐螺（*Clanculus margaritarius*）　隐螺属。壳小，圆锥形。壳面褐色，螺层约 7 层，每层有四列褐色颗粒状突起组成的螺肋，其中第二和第四列在每隔数个颗粒中，嵌有一粒蓝黑色颗粒。壳口斜，近四方形，外唇上方有 1 钝齿，内唇有结节 4 个。脐深，周缘有皱襞（图 7-3-25）。生活在低潮线下。

锈凹螺（*Chlorostoma rusticum*）　凹螺属。壳呈圆锥形，螺层 5、6 层。壳面为黑锈色杂有黄褐色，放射肋粗壮向右斜行。壳口马蹄形，外唇有褐色与黄色相间的边。内唇具齿 1 枚。壳基部平，脐孔大而深。厣角质，圆形（图 7-3-26）。生活在潮间带岩石间。

图 7-3-25　镶珠隐螺

图 7-3-26　锈凹螺

2）蝾螺科（Turbinidae）

壳呈球形或圆锥形。螺旋部低，体螺层膨大。壳面平滑或具肋和棘。壳口完整，圆形。无脐或具狭小的脐孔。厣石灰质，外面突出，内表面平，具螺旋纹，核位于中央。

广东常见 4 种。

节蝾螺(*Turbo bruneus*) 蝾螺属。壳厚结实，螺层约 6 层。螺旋部稍高，体螺层膨圆稍斜。壳面为灰黄色杂有绿色，有紫褐色放射状色带。螺肋粗密。壳口为圆形，外唇有齿状缺刻，内唇厚。脐孔小而深。厣为石灰质，圆厚（图 7-3-27）。

图 7-3-27 节蝾螺

角蝾螺（蝾螺）（*Turbo cornutus*） 蝾螺属。壳宽大，略呈球形。壳高稍大于壳宽或相等，壳质重厚。螺层约 6 层，缝合线显明。壳顶稍尖，常被磨损，螺旋部较高，各螺层宽度增加均匀。壳表面灰青色或灰青紫色。具有密集的棘状或乳头状突起，中央偏内下方有一旋涡状凹纹。具有较粗的螺肋，粗肋间还有细肋。体螺层的粗肋有 7 ~ 10 条，生长线粗而密，略呈鳞片状。壳口宽大，近圆形，内面为白色珍珠光泽。外唇边缘薄，具半管状棘沟。内唇上部薄、下部稍扩展而加厚。无脐。厣为石灰质，近圆形，较厚，灰黄绿色，或肉色而略显蓝绿色（图 7-3-28）。

图 7-3-28 角蝾螺

粒花冠小月螺(*Lunella coronata*) 小月螺属。壳近球形，螺旋部低，体螺层较大。壳面呈黄褐色，有紫斑。螺肋由粒状结节联成，每一螺层中部有 1 条较粗的肋，将壳面分成上下两部分。缝合线下方的螺肋具有较大的瘤状结节，体螺层有粗肋 5 条。壳口为卵圆形。脐孔明显（图 7-3-29）。

图 7-3-29 粒花冠小月螺

红底星螺（*Astralium haematraga*） 星螺属。壳呈圆锥形，形似马蹄螺。螺层 6 层，各螺层逐渐增宽。每一螺层近缝合线处有 1 列角刺状突起。壳面呈灰白色，有颗粒组成的纵肋。基部稍平，为淡紫色，有鳞片状组成的同心肋。壳口斜，为卵圆形。脐缺。厣为石灰质（图 7-3-30）。生活在低潮区岩礁间。

图 7-3-30 红底星螺

4. 蜒螺总科（Neritacea）

壳形多变化，有球形、耳形。羽状本鳃 1 个，侧齿数目多，无脐孔。

蜒螺科（Neritidae）

螺旋部低，体螺层膨大。壳口半圆形，内唇扩张，边缘平滑或具齿。厣石灰质。

广东常见9种。

渔舟蜒螺（*Nerita albicilla*） 蜒螺属。壳很厚且坚固，呈卵圆形。壳高约为壳宽的4/5。壳顶完全蜷缩于体螺层的后方，螺旋部极小而低平，体螺层膨大。壳表面为灰青色，具有黑色色带和云斑。生长线显明，在体螺层常形成皱褶。放射肋宽平，粗细不一。壳口宽大，近半月形，内面为瓷白色或淡黄色带光泽。外唇边缘稍薄，有黑白色相间的镶边，内面加厚，具有一列肋状小齿。内唇广阔，为淡黄色，表面具有大小不等的疣状突起，内缘略直，中央凹陷部常有小齿3 ~ 6个。无脐孔。厣为石灰质，呈长卵形，淡黄青色，外面有细粒状突起（图7-3-31）。生活在潮间带中、低潮区的岩礁间。

紫游螺（*Neritina violacea*） 游螺属。壳呈半圆形。螺旋部狭小，蜷缩于体螺层后方，与壳口内唇外缘相近。体螺层膨圆。壳面呈黑褐色或黄褐色，布有黄色或深棕色波状花纹。壳口为半圆形，内唇极度扩张，表面红棕色，光滑，内缘中部稍凹，有多数细齿。厣光滑，为青灰色（图7-3-32）。生活在有淡水注入的高潮区。

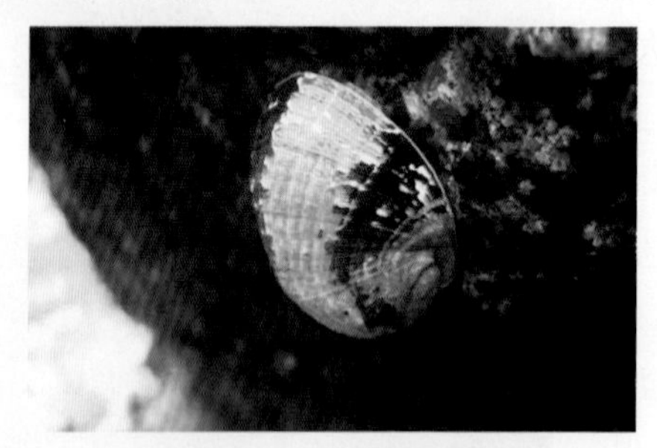

图7-3-31 渔舟蜒螺

图7-3-32 紫游螺

奥莱彩螺（*Clithon oualaniensis*） 彩螺属。壳小，呈卵圆形，壳质不十分坚厚，壳高1 cm，宽1.1 cm。螺层约5层，缝合线浅，螺旋部低而小，稍稍高于体螺层，体螺层膨圆。壳面光滑，有光泽。颜色及花纹变化极多，有黑、白、紫、黄、绿等色，而以黄绿色为最普通，花纹有带状、线状、网纹状、三角状、点状等，极为丰富多彩。壳口呈半圆形，外唇薄，内唇狭，倾斜度大，表面光滑，内缘中央凹陷部通常有细齿4、5枚。厣半圆形，外面灰色（图7-3-33）。生活在有淡水注入的高潮区泥沙滩。

图7-3-33 奥莱彩螺

（二）中腹足目（Mesogastropoda）

齿舌较宽，有缘齿。1个栉状本鳃，以全面附在外套膜上。唾液腺位于食管神经节的后方；通常没有食管附属腺、吻和水管。心脏只有1个心耳，不被直肠穿过。肾直接开口在身体外面，有的具有1条输尿管。神经系统相当集中，除了田螺和瓶螺之外，没有唇神经连索。平衡器1个，仅有1枚耳石。具有生殖孔，雄性个体具有交接器。

海洋中生活的中腹足目动物主要包括：

1. 滨螺总科（Littorinacea）

壳呈圆锥形或陀螺形。壳面平滑或具缺刻。壳口通常为卵圆形，内唇较厚，厣角质。

滨螺科（Littorinidae）

壳小，呈圆锥形，结实。内唇厚，外唇薄。厣角质。有1个栉鳃。卵生或卵胎生。广东常见4种。

中间拟滨螺（*Littorinopsis intermedia*）　拟滨螺属。壳小且薄，呈低锥形。螺层约6层，螺旋部突出，壳顶稍尖，体螺层膨圆。壳面呈黄灰色，杂有放射状棕色的色带或斑纹，并具细的螺旋沟纹。生长线粗糙。壳口稍斜，为卵圆形，内面有与壳表面相同的色彩和肋纹。外唇薄，内唇稍扩张。无脐，厣为角质（图7-3-34）。生活在高潮区岩石上。

图 7-3-34　中间拟滨螺

黑口拟滨螺（*Littorinopsis melanostoma*）　拟滨螺属。壳呈尖锥形，螺旋部呈塔状，体螺层中部膨圆。壳面为淡黄色，螺肋宽，与淡褐色斜纵行色带相交，呈方格状。壳口为梨形，外唇薄，内唇紫黑色。无脐，厣为角质（图7-3-35）。生活在高潮区岩石间。常聚集在红树上活动。

塔结节滨螺（*Nodilittorina trochoides*）　结节滨螺属。壳小，呈尖锥状。螺旋部高，体螺层稍膨大。壳面呈青灰色，具发达的黄灰色粒状突起和细肋。在体螺层粒状突起有2列，其余各层为1列。壳基部有细小的同心纹肋。壳口呈卵圆形，内面为褐色，外唇薄，边缘形成2个皱褶。厣为角质（图7-3-36）。生活在高潮区岩石间。

图 7-3-35　黑口拟滨螺

图 7-3-36　塔结节滨螺

2. 蟹守螺总科（Cerithiacea）

贝壳通常呈高锥形，但也有圆锥形和盘状的种类。壳口有时具有水管沟。厣或有或无。颚片存在。齿舌带一般较短，通常每一横列具有7枚齿片。

1）锥螺科（Turritellidae）

壳极高，螺层数目多，呈尖锥形。壳口近圆形，无水管沟。厣角质。广东常见3种。

2）蛇螺科（Vermetidae）

贝壳长管状，呈不规则的卷曲。壳口圆，厣角质。卵生或卵胎生，卵产出后附于管壁上。没有交接器。幼虫在发生期间具有螺旋形贝壳。主要分布于我国的东海和南海，广东常见 2 种。

覆瓦小蛇螺（*Serpulorbis imbricate*） 小蛇螺属。壳呈管状，通常以水平的方向向外盘旋如蛇卧。壳面呈灰黄色或褐色，粗糙，具数条粗的螺肋，肋间有细纹。肋上被有不明显的覆瓦状鳞片。生长线粗，有的与粗肋相交形成小结节。壳口为圆形或卵圆形（图 7-3-37）。以壳固着生活在潮间带岩石上。

图 7-3-37 覆瓦小蛇螺

3）汇螺科（Potamididae）

壳呈尖锥形，螺层数目多，螺旋部高。壳面常具肋和粒状雕刻。壳口近圆形，外唇常向外扩张。前沟短，厣角质，圆形。广东常见 8 种。

珠带拟蟹守螺（*Cerithidea cingulata*） 拟蟹守螺属。壳呈长锥形，表面为黄褐色。螺旋部高，有 10 余层，每层有 3 条呈串珠状的螺肋。体螺层稍膨大，有 9 条螺肋，其中仅上部 1 条呈串珠状。腹面左侧有 1 发达的纵肿肋。壳口呈半圆形，外唇稍扩张，有前沟。无脐。厣为角质，呈圆形（图 7-3-38）。生活于潮间带泥沙滩。

沟纹笋光螺（*Terebralia sulcata*） 笋光螺属。壳呈锥形，螺层 9 层。螺旋部高，有宽平的螺肋与纵肋，体螺层的纵肋不明显。壳面为灰白色，有红褐色色带。壳口呈梨形，外唇厚向外扩展，其前端反折延伸至左侧与体螺层相连。前沟呈圆孔状，后沟明显（图 7-3-39）。生活在潮间带红树林的泥沙滩。

图 7-3-38 珠带拟蟹守螺

图 7-3-39 沟纹笋光螺

纵带滩栖螺（*Batillaria zonalis*） 滩栖螺属。壳呈尖锥形，螺层约 12 层，体螺层微向腹方弯曲。壳面呈灰黄色或黑褐色，各层的下部有一圈灰白色色带。螺肋细，纵肋在螺旋部较粗壮，呈波状。壳基部膨胀，下部收窄。壳口呈卵圆形，外唇呈弧状，内唇较厚，前、后沟明显，厣为角质（图 7-3-40）。生活于高、中潮带泥沙滩。

4）蟹守螺科（Cerithiidae）

壳呈长锥形，螺层数目多。壳面有肋或结节。壳口有前沟，外唇扩张。厣角质。

广东常见 4 种。

中华锉棒螺（*Rhinoclavis sinense*）　锉棒螺属。壳呈尖锥形，壳面为黄褐色，布有棕色条带和棕色斑点。有珠粒状螺肋，缝合线下方有 1 条发达螺肋，其上有小结节突起。各螺层不同方向常出现纵肿肋。壳口呈白色，前沟突出，向背方弯曲，后沟明显（图 7-3-41）。生活于潮间带沙滩。

图 7-3-40　纵带滩栖螺

图 7-3-41　中华锉棒螺

3. 凤螺总科（Strombacea）

壳形多变化。唇部通常扩张，具有突起。壳口具有沟或具有比较深的脐孔。

1）衣笠螺科（Xenophoridae）

贝壳呈斗笠状，壳质薄脆，壳面有肋，并黏附有各种空贝壳或小石子。通常具脐孔。贝壳基部中凹，具同心肋纹。厣位于足的后部。广东常见 4 种。

2）凤螺科（Strombidae）

贝壳结实，多呈纺锤形或倒圆锥形。螺旋部低，体螺层膨大。壳口狭长。外唇扩张呈翼状或具有棘状突起。具有前沟，沟的旁边经常具有外唇窦。厣呈柳叶形，边缘常有锯齿，不能盖住壳口。广东产 10 种。

水晶凤螺（*Strimbus canarinm*）　凤螺属。壳呈梨形，螺层约 9 层。壳面为黄褐色，螺旋部低，壳顶小而尖。顶端数层表面有纵横肋，中部各层有肩角。体层上半部膨胀，基部收窄。壳口狭长，外唇扩张呈翼状，前、后有弧状凹窦。内唇厚，前沟宽短。厣为角质，呈柳叶形，一侧具齿（图 7-3-42）。主要分布于南海。栖息于浅海泥沙质海底。

图 7-3-42　水晶凤螺

4. 玉螺总科（ Naticacea）

贝壳呈球形或耳形。螺旋部低，螺层数目少，体螺层膨大。贝壳表面光滑，壳口完全，无沟。外唇简单，内唇略微向脐孔弯曲。厣石灰质或角质。足特别发达， 前足可以翻转在头部之上。

玉螺科（Naticidae）

贝壳呈球形、卵圆形或耳形。壳面光滑无肋，生长线细密，有的具有花纹或斑点，有薄的壳皮。壳口大，半圆形或卵圆形。厣角质。本科动物分布广泛，均为肉食性种类。广东常见 14 种。

扁玉螺（*Neverita didyma*） 扁玉螺属。壳呈半球形，坚厚，背腹扁而宽。螺层约 5 层。螺旋部低，体螺层大。壳面光滑无肋，生长纹明显。壳面呈淡黄褐色，壳顶为紫褐色，基部为白色。壳底有脐眼，上有脐盘遮盖，脐盘为棕色。在每一螺层的缝合线下方有一条彩虹样的褐色色带。壳口呈卵圆形，为淡褐色，外唇薄，呈弧形；内唇滑层较厚，中部形成与脐相连接的深褐色胼胝，其上有一明显的沟痕。脐孔大而深。厣为角质，呈黄褐色（图 7-3-43）。通常生活于低潮区泥沙滩上，有的也生活在水深 10 m 甚至 50 m 的沙和泥沙质的海底。常猎取其他贝类为食，是养殖贝类的敌害。

图 7-3-43 扁玉螺

5. 宝贝总科（Cypraeacea）

贝壳坚固，多呈卵圆形或纺锤形。壳表面光滑或具有小突起和横肋。壳口狭长，位于基部近中央。唇缘厚，一般具有齿。成体无厣。吻和水管都比较短。外套膜和足都十分发达，一般具有外触角。生活时外套膜伸展将贝壳包被起来。

1）宝贝科（Cypraeidae）

壳呈卵圆形，成体的螺旋部小，常埋于体螺层中，壳表面光滑或具突起，富有瓷光，花纹多变化。完全生活在海中，分布在热带和亚热带海区，珊瑚礁环境是它们最适宜栖息的场所。广东约产 18 种。

拟枣贝（*Erronea errones*） 拟枣贝属。壳小，近筒形，螺旋部被滑层覆盖，体螺层背部膨圆，后端顶部向内凹陷。壳面呈淡蓝灰色，有较密的黄褐色斑，背部中央有 1 块较大的褐色斑块。两侧和基部呈淡黄色。壳口狭长，内面为紫色，唇齿较稀而短。前、后沟短（图 7-3-44）。

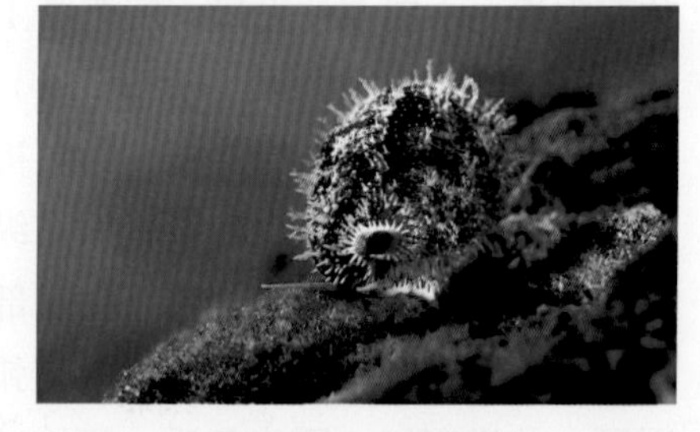

图 7-3-44 拟枣贝

阿文绶贝（*Mauritia arabica*） 绶贝属。壳呈长卵圆形，螺旋部在幼贝时约 6 层，到成体时被滑层所覆盖。体螺层背部膨圆，两侧基部稍收缩。壳面为淡褐色，有棕色点线花纹和星状环纹，两侧缘和基部具斑点，背线明显。壳口狭长，内、外唇各具齿约 30 枚。前、后沟短（图 7-3-45）。

卵黄宝贝（*Cypraea vitellus*） 宝贝属。别名为白星宝螺。壳呈卵圆形。体螺层背部膨圆，有瓷光。壳面为黄褐色或灰黄色，布有大小不均的乳白色斑点和 3 条褐色色带。两侧至基部有细密的线纹。基部平，为淡褐色。壳口窄长，内、外唇具短齿。前、后沟短（图 7-3-46）。

图 7-3-45　阿文绶贝

图 7-3-46　卵黄宝贝

2）梭螺科（Ovulidae）

贝壳小至中等大，通常呈卵圆形、梭形或长纺锤形。壳面光滑或具细浅的沟纹和斑点。壳面为白色、黄橙色或紫红色。壳口狭长，具齿或不具齿，两端或长或短。无厣。广东常见 4 种。

6. 鹑螺总科（Tonnacea）

壳形变化较多，一般个体比较大，体螺层常膨胀。前沟呈沟状或近管状。吻长，有颚片，中央齿和侧齿通常具有锐利的齿尖。厣有或无。

1）蛙螺科（Bursidae）

壳呈卵圆形或近纺锤形，螺旋部圆锥形，体螺层较大。壳表面具结节突起或棘刺及细的螺肋，纵肿肋发达。外唇内缘具齿。厣角质。广东产 3 种。

2）冠螺科（Cassididae）

壳呈卵圆形、圆锥形或冠状。螺旋部低小，体螺层膨大。壳表面具有肿肋。壳口长卵圆形，前沟短而且扭曲。厣角质。广东产 7 种。

鬘螺（*Phalium glaucum*）　鬘螺属。壳厚，呈卵圆形，螺层约 10 层，壳面为淡灰色。螺肋与生长线明显。前部各螺层肩部有结节状突起和纵肋。体螺层膨圆，左侧纵肿肋前端有 2 个爪状突起。外唇缘厚向外卷，内侧具齿，前端有 3 枚爪状齿。内唇扩张成一片状平面，有褶襞。前沟宽短。脐深，厣小（图 7-3-47）。生活在浅海沙质海底。

图 7-3-47　鬘螺

3）嵌线螺科（Cymatiidae）

壳呈纺锤形、梨形或塔形，壳厚。壳面有螺肋、纵肿肋或网状雕刻、多具壳皮和绒毛。壳口卵圆形或桃形，外唇厚而弯折，常具齿列。前沟长或短，后沟无或不明显。厣角质。广东约产 8 种。

毛嵌线螺（*Cymatium pileare*）　嵌线螺属。壳呈长纺锤形，螺层约 8 层，螺旋部高。壳面呈紫褐色，被有褐色壳皮，有环行的白色色带。螺肋粗细不匀，粗肋 2 条，平行并列。在各螺层不同的方位有纵肿肋，肋上有刚毛。壳口呈卵圆形，外唇厚，内唇弯曲，唇齿呈肋状。前沟弯向背方（图 7-3-48）。

图 7-3-48　毛嵌线螺

4）琵琶螺科（Ficidae）

壳较薄，呈梨形或琵琶形。螺旋部低小，体螺层膨大，向前逐渐收缩延长。壳面具细肋，有时与纵肋交错组成布目状。前水管沟狭长。无脐。无厣。广东产 3 种。

5）鹑螺科（Tonnidae）

壳质薄脆，呈卵圆形或球形。螺旋部低，体螺层膨大。壳面具有平滑的螺肋，有的具有花纹。壳口宽大，内面具沟纹。外唇薄或增厚形成一个具齿的环。前沟宽短，无厣。一般生活在比较温暖的海区。广东约产 6 种。

（三）新腹足目（Neogastropoda）

本目动物具有外壳，表面光滑或具结节、棘刺、花纹等，通常有壳皮，个体大小有变化，前水管沟长或短。厣角质，有或无。神经系统集中，食管神经环位于唾液腺的后方，没有被唾液腺输送管穿过；胃肠神经节位于脑神经中枢附近，在口的后方。口吻发达，食管具有不成对的食管腺。外套膜的一部分包卷形成水管。雌雄异体，雄性具有交接器。嗅检器为羽毛状。齿舌狭窄，无缘齿，齿式一般为 1-1-1 或 1-0-1。海产。分 4 个总科：骨螺总科（Muricacea）、蛾螺总科（Buccinacea）、涡螺总科（Volutacea）和弓舌总科（Toxoglossa）。

1. 骨螺总科（ Muricacea）

贝壳呈螺旋形，壳表面常常具有雕刻纹和各种突起物。前沟通常比较长。厣角质。在海洋生活的主要科是骨螺科（ Muricidae）。

骨螺科（Muricidae）

贝壳呈陀螺形或梭形，螺旋部中等高，壳表面各种结节或棘刺突起。眼位于触角外侧中部。中央齿一般具有 3 个强齿尖。足前部呈截形。壳口圆形或卵圆形，前沟长，厣角质。常见肛门腺。骨螺科的种类很多，分布也较广。以浅海的种类较多。匍匐生活，有时也钻入浅沙中。多在夏季产卵。肉食性，喜食小的双壳类，因而成为浅海贝类养殖的敌害。骨螺肉可食，贝壳可供玩赏或作为贝雕原料。深圳东部海区有浅缝骨螺、棘螺、褐棘螺、焦棘螺、珠母核果螺、镶珠核果螺、疣荔枝螺、蛎敌荔枝螺、瘤荔枝螺、刺荔枝螺、黄口荔枝螺、多角荔枝螺等多种骨螺科物种。

褐棘螺（*Chicoreus brunneus*）　棘螺属。壳呈纺锤形，极厚。螺层约 8 层，缝合线浅而宽。壳表呈紫褐色。每层有纵肿肋 3 条，肋上有排列紧密的短棘，肋间具肿瘤状突起。体螺层的粗肋由多条细螺肋组成。壳口小，外唇缘有强皱襞，外侧有 6 条支棘；内唇光滑。前沟粗，近管状，右侧密集短棘；后沟狭小而深。厣为角质（图 7-3-49）。

生活在低潮线岩礁底。

镶珠核果螺（镶珠结螺）（*Drupa musiva*） 核果螺属。壳呈纺锤形，螺层6层，螺旋部高，缝合线浅。壳面呈淡黄褐色，具紫黑色和红褐色相互交替排列的粒状结节，结节在螺旋部每层有2环列，体螺层有6环列，结节间有细密的螺肋。壳口呈长卵圆形，外唇下方略向外翻折，内缘具粒状齿4、5枚。内唇下部与绷带共形成假脐。前沟短，后沟呈缺刻状。厣为角质（图7-3-50）。

图7-3-49 褐棘螺

图7-3-50 镶珠核果螺

疣荔枝螺（*Thais clavigera*） 荔枝螺属。壳较小，略呈椭圆形。螺层约6层，缝合线浅。螺旋部高，约为壳高的1/3。壳面略膨胀，具黑灰色疣状突起，突起在螺旋部每层中部有1环列，体螺层有5环列。整个壳面密布细螺肋和生长线。壳口呈卵圆形，外唇缘具肋纹，内唇直而光滑。前沟短，厣为角质（图7-3-51）。生活在潮间带中、下区岩礁滩。

图7-3-51 疣荔枝螺

2. 蛾螺总科（Buccinacea）

贝壳呈纺锤形或卵圆形，大小变化很多。壳柱常无褶皱。壳口或多或少具有前沟。侧齿常有缺刻。海产的主要有蛾螺科（Buccinidae）、牙螺科（Columbellidae）、细带螺科（Fasciolariidae）、盔螺科（Melongenidae）和织纹螺科（Nassariidae）等科。

1）蛾螺科（Buccinidae）

壳呈纺锤形或长卵圆形，壳质坚厚。螺旋部低，体螺层膨圆。壳面具外皮，壳口前沟或长或短，厣角质。齿式1-1-1，中央齿宽短，具3 ~ 7个齿尖，侧齿有2 ~ 3个齿尖。

2）牙螺科（Columbellidae）

贝壳小型，呈纺锤形、卵圆形或长锥形，形态变化多，通常具外皮。螺旋部稍高，壳面平滑或有纵肋。壳口较狭，口唇前方具齿，外唇在中部或后部较厚。前沟短。

杂色牙螺（*Columbella varsicolor*） 牙螺属。壳略呈卵圆形，螺层约8层，螺旋部较高，体螺层上部在腹面凸出。各螺层壳面稍膨圆，光滑，呈黄色或灰白色，具有斑点或纵走的紫褐色波纹。壳口狭长，外唇上端形成90° 曲折，中部加厚，有10多枚细齿，内唇外缘有 6 ~ 9 枚小齿，内缘有 2、3 枚小齿。前沟呈“U”形。厣为角质（图 7-3-52）。生活在潮间带岩礁间。

图 7-3-52　杂色牙螺

3）细带螺科（Fasciolariidae）

壳呈长纺锤形，螺旋部高，前沟长。壳口卵圆形。厣角质。

4）盔螺科（Galeodidae）

贝壳大型，呈梨形或纺锤形，螺旋部或高或低，螺层肩部具结节突起或横的肋纹。壳面被壳皮及棕色茸毛。壳口稍宽大，前沟稍长，壳柱无褶皱。厣角质。为热带和亚热带种。

5）织纹螺科（Nassariidae）

贝壳小型，呈卵圆形，螺旋部稍高，壳面光滑或具螺肋和纵肋。壳口呈卵圆形，外唇厚，常具齿。厣角质。深圳东部海区常见的种类有节织纹螺、方格织纹螺、红带织纹螺、秀丽织纹螺、纵肋织纹螺等。

3. 涡螺总科（Volutacea）

贝壳形状多变。壳面光滑或具有整齐的肋。壳柱常常扭曲，大多数具有褶皱。厣或有或无，一般比较薄。齿舌变化比较多。包括衲螺科（Cancellariidae）、竖琴螺科（Harpidae）、缘螺科（Marginellidae）、笔螺科（Mitridae）、榧螺科（Olividae）和涡螺科（Volutidae）等科。

1）衲螺科（Cancellariidae）

壳中小型，卵形或纺锤形，螺旋部高度有变化。壳面常有布纹状或肋状雕刻。壳轴光滑或具褶皱，前沟短。无厣。

2）竖琴螺科（Harpidae）

壳呈卵圆形，螺旋部较低小，体螺层膨大。壳面有整齐的纵肋，肩角常有短棘。壳口大，前沟短呈凹槽状。无厣。足大，有横沟。外套膜部分覆盖在贝壳上。

3）缘螺科（Marginellidae）

壳呈卵圆形或近圆锥形，有光泽。壳口狭长，外唇厚。壳轴具数个褶皱。无厣。

4）笔螺科（Mitridae）

壳呈纺锤形或毛笔头形，结实，壳顶尖。壳面平滑或由螺肋和纵肋交织形成网状雕刻。壳口狭长，无厣。南海常见的种类有圆点笔螺、中国笔螺、沟纹笔螺、金笔螺等。

沟纹笔螺（*Mitra proscissa*）　笔螺属。壳呈橄榄形，螺层约 8 层，缝合线深沟状。壳面有宽而低平的螺肋，螺肋在体螺层有 10 余条，其

图 7-3-53　沟纹笔螺

他各螺层有 3 ~ 4 条。壳表面为橘黄色，有黄褐色纵条纹，体螺层中部有 1 条黄白色色带。壳口小，为梭形。外唇稍厚，边缘有齿状突起，内唇中部有 3 ~ 4 条皱襞。前沟短小（图 7-3-53）。

圆点笔螺（*Mitra scutulata*） 笔螺属。壳呈纺锤形，壳质坚硬，螺层 7 层，螺旋部呈塔状。缝合线明显，其下方有 1 条淡黄色色带。壳面较膨圆，除体螺层中部外均刻有螺旋形的线纹，线纹在体螺层的基部比较明显。壳表面为褐色，部分个体在整个壳面布有黄白色圆点。壳下部有黄白色小斑点。壳口较狭长，内面为淡紫褐色。外唇上部向内方微折，内唇略倾斜，内缘中部有 4 条明显的褶叠。前沟稍短宽（图 7-3-54）。生活在潮间带的岩礁间，是我国华南沿海最常见的一种笔螺。

图 7-3-54 圆点笔螺

5）榧螺科（Olividae）

壳呈长卵形或纺锤状，螺旋部低或高。壳面平滑有光泽，色彩美丽多变。壳口狭长，前沟短。厣有或无。足发达，分前后两部分，前足呈三角形或半月形，后足卷向背面覆盖贝壳。在深圳东部海域常见的种类有红口榧螺、细小榧螺、彩榧螺、伶鼬榧螺等。

6）涡螺科（Volutidae）

壳中型或大型，卵形或纺锤形。壳顶通常呈乳头状，壳轴有数个褶皱。前沟常呈缺刻状。

4. 弓舌总科（Toxoglossa）

贝壳形状多变，螺旋部高低不一。壳口一般狭长，也有相当短的。齿式一般为 1-0-1，齿片大，无颚片。吻和水管发达，在食管部位有腺体。肉食性。全部海产。包括芋螺科（Conidae）、笋螺科（Terebridae）和塔螺科（Turridae）等科。

1）芋螺科（Conidae）

壳呈锥形或纺锤形，螺旋部或高或低。壳口狭长，厣小，角质。深圳东部海域常见的有织锦芋螺、花冠芋螺、玛瑙芋螺、桶形芋螺、菖蒲芋螺、地纹芋螺等。

织锦芋螺（*Conus textile*） 芋螺属。壳呈纺锤形，厚实，高约 9 cm，宽约 5 cm。螺层约 12 层。螺旋部较高，缝合线深，肩部圆钝。体螺层上部膨大，基部迅速收窄。壳表为灰白色，具褐色线纹，螺纹构成三角形覆鳞状花纹，花纹的大小不等，壳表被有黄褐色壳皮。体螺层的中部与基部通常有 1 条宽的褐色环带。壳口狭长，上部较狭，下部略宽。外唇薄，内唇稍扭曲（图 7-3-55）。

图 7-3-55 织锦芋螺

织锦芋螺为典型的热带种类，从潮间带、浅海至较深的沙、岩石或珊瑚礁海底均有栖息。肉食性，以蠕虫、鱼类或其他软体动物为食。体内有毒腺，其芋螺毒素可杀死猎物，并能伤害捕食者。

2）笋螺科（Terebridae）

壳呈长锥形，螺旋部极高，螺层数目多，光滑或具纵肋。壳口小，水管长，厣角质。深圳东部海域常见的有白带笋螺、双层笋螺。

3）塔螺科（Turridae）

壳呈纺锤形，螺旋部高，尖塔状。壳口狭长，外唇薄，后端边缘有缺刻。具前沟。深圳东部海域常见种类有美丽蕾螺、细肋蕾螺、白龙骨乐飞螺、假奈拟塔螺、爪哇拟塔螺等。

（四）异腹足目（Heterogastropoda）

贝壳呈塔形、球形或低圆锥形，壳质厚或较薄。壳面通常具纵肋和螺肋，或光滑无雕刻。胚壳多为右旋，也有左旋的。脐孔有或无。厣角质、石灰质或无厣。

1. 轮螺总科（Architectonicacea）

轮螺科（Architectonidae）

壳低矮，呈低圆锥形。脐孔大而深，边缘具锯齿状缺刻。壳口圆或近四方形，唇简单。厣石灰质或角质，内面常有突起。足大而短。深圳东部海域常见种类有大轮螺和鹧鸪轮螺。

2. 梯螺总科（Epitoniacea）

壳较薄，螺旋部或高或低，若高则壳面具纵肋。壳口圆或向下方扩张。齿舌带宽，由多数狭尖的齿组成，排列呈翼状，无中央齿。

1）梯螺科（Epitoniidae）

壳呈长锥形，螺层圆凸，壳面有片状的纵肋。壳口圆而唇缘厚，厣角质。脐孔常因内唇的伸展而被遮蔽。足小，前端截形，水管不发达。深圳东部海域常见种类有梯螺、尖高旋螺。

2）海蜗牛科（Janthinidae）

壳薄脆，表面光滑。壳口卵圆形或四方形。无厣。足能分泌黏液形成浮囊，借此营浮游生活。

（五）头楯目（Cephalaspidea）

有的具有螺旋形外壳，有些种类贝壳退化或消失。头部通常有发达的盾状结构，通常无触角。外套膜发达，侧足发达。常见于潮间带或浅海区。

1）枣螺科（Bullidae）

壳呈卵圆形或圆筒形，表面光滑，有各色螺旋带、云斑和阴影。螺旋部小，卷入体螺层内，体螺层大，壳口大，外唇薄，内唇平滑。无厣，楯盘宽，侧足大。

壶腹枣螺（*Bulla ampulla*）　枣螺属。壳呈卵圆形或球形，质坚厚，高 5 cm，宽

3.7 cm。螺旋部卷旋陷入体螺层内，在壳顶部中央形成一个宽而深的洞穴。体螺层膨胀，生长线细密，常密集形成纵皱襞。壳面为白色，有灰青或黄褐色杂斑纹，或呈“<”形的暗色斑纹。壳口宽长，稍高出壳顶。外唇宽厚，上部凸出壳顶部。内唇石灰质层宽薄，轴唇厚而弯曲，基部有一新月形的褶缘覆盖脐区（图 7-3-56）。生活在潮间带的礁石和海藻间。

图 7-3-56　壶腹枣螺

2）壳蛞蝓科（Philinidae）

贝壳退化为内壳。螺旋部小而低平，体螺层膨胀。生长线明显，或形成褶襞。壳口大。楯盘大而厚，侧足肥厚。

东方壳蛞蝓（*Philine orientalis*）　壳蛞蝓属。壳中等大，略呈卵圆形。壳质薄而脆，易破损；为白色，有珍珠光泽。螺层 2 层。螺旋部向内卷入体螺层内。体螺层非常膨胀，螺底部特别扩张。壳表被覆有白色壳皮。在近壳顶部雕刻有 4 ~ 5 条精细的螺旋沟。中、下部平滑。生长线明显，呈弧形，常集聚形成皱襞。壳口宽广，全长开口。外唇薄、简单，上部圆弯曲宽，稍凸出壳顶部，中部斜直，底部圆形。内唇石灰质层厚而宽，平滑。壳口内面为白色，有光泽。头楯大，略呈倒三角形，中央有一浅纵凹。外套楯后端分为 2 叶片，伸出身体后方较远。侧足肥厚而宽，竖立于身体两侧。足宽，前、后端呈截断状（图 7-3-57）。属于暖水性种类，生活在潮间带中、低潮线至潮下带浅水区的泥砂质底。

图 7-3-57　东方壳蛞蝓

（六）无楯目（Anaspidea）

贝壳多退化、或者小，一般不呈螺旋形，部分埋于外套膜中或为内壳。无头盘，头部有两对触角。侧足较大，或多或少反折于背部。

海兔科（Aplysiidae）

特征与目特征相同。

蓝斑背肛海兔（*Notarchus leachii cirrosus*）

海兔属。俗名海兔、海猪仔、海猫仔等。体呈纺锤形，长达 12 cm。头触角小，外侧卷转呈管状，饰有树枝状突起。嗅角小，外侧有裂沟，呈短筒形，饰有小绒毛状突起。侧足小，前端从体中部开始彼此靠近，后端联合成背裂孔。足前端截形，向两侧扩张成角状，后部削尖。无贝壳。体背面被

图 7-3-58　蓝斑背肛海兔

有大小不等的突起，在边缘突起较密集而小形，呈触手状，在胴部背侧的突起较大形，有树枝状分支。在头触角和眼之间通常有一个大型突起。身体为绿色至绿褐色，背面和边缘有数个青绿或蓝色的眼状斑（图 7-3-58）。生活在热带和亚热带浅海潮间带及潮下带泥沙质海底或栖息在海藻上。杂食性，主要取食底栖硅藻，也吞食原生动物和桡足类动物等。

（七）基眼目（Basommatophora）

有壳。头部有 1 对能伸缩性的触角。眼无柄，在触角的基部。

菊花螺科（Siphonariidae）

日本菊花螺（*Siphonaria japonica*） 菊花螺属。壳呈笠状，长 1.9 cm，宽 1.4 cm。壳顶尖，位于中央偏后。壳表粗糙，具黄褐色壳皮，有自壳顶向四周的放射肋。放射肋较隆起，有皱纹。壳内面有与壳表放射肋相应的放射沟，周缘呈淡褐色，肌痕为黑褐色（图 7-3-59）。生活在高潮区的岩石上。

图 7-3-59 日本菊花螺

三、双壳纲（Bivalvia）

因其具有两枚发达的贝壳包围整个身体，故称双壳纲。又因其鳃多呈瓣状，也称瓣鳃纲（Lamellibranchia）。而其足部发达呈斧状，又称斧足纲（Pelecypoda）。人们也通称该类动物为“贝类”。

双壳类是无脊椎动物中生活领域最广的类群之一。身体侧扁，左右对称，体表具 2 枚贝壳。头部退化，无齿舌，足部发达呈斧状，鳃 1 ~ 2 对，呈瓣状。神经系统较简单，有脑、脏、足 3 对神经节。大多数双壳纲动物雌雄异体，少数为雌雄同体。海产种类发育过程中常有担轮幼虫期和面盘幼虫期，淡水蚌则有钩介幼虫期。

双壳纲现存种类 1 万余种。绝大多数为海洋底栖动物，在水底的泥沙中营穴居生活，少数进入咸水或淡水环境，没有陆生的种类，极少数为寄生。多数贝类可食用，如蚶、牡蛎、青蛤、河蚬、蛤仔等，有的只食其闭壳肌，如江珧的闭壳肌称（江）珧柱。不少种类的壳可入药，有的可育珠，如淡水产的三角帆蚌、海产的珍珠贝等。有的为工业品原料，有的可作肥料、烧石灰等。

根据贝壳的形态、铰合齿的数目、闭壳肌的发育程度和鳃的构造不同，双壳纲一般分为 6 个亚纲：隐齿亚纲（Cryptodonta）、古多齿亚纲（Palaeotaxodonta）、翼形亚纲（Pterimorphia）、古异齿亚纲（Palaeoheterodonta）、异齿亚纲（Heterodonta）和异韧带亚纲（Anomalodesmata）；或按照鳃的构造和取食方式等，分为原鳃亚纲（Protobranchia）、瓣鳃亚纲（Lamellibranchia）和隔鳃亚纲（Septibranchia）3 个亚纲；或依绞合齿的形态、闭壳肌发育程度和鳃的结构等，分为列齿目（Taxodonta）、异柱目(Anisomyaria)和真瓣鳃目(Eulamellibranchia)，目前多数学者采用3目的分类方法。在学习双壳纲动物前，需要熟悉双壳纲的分类术语（图 7-3-60）。

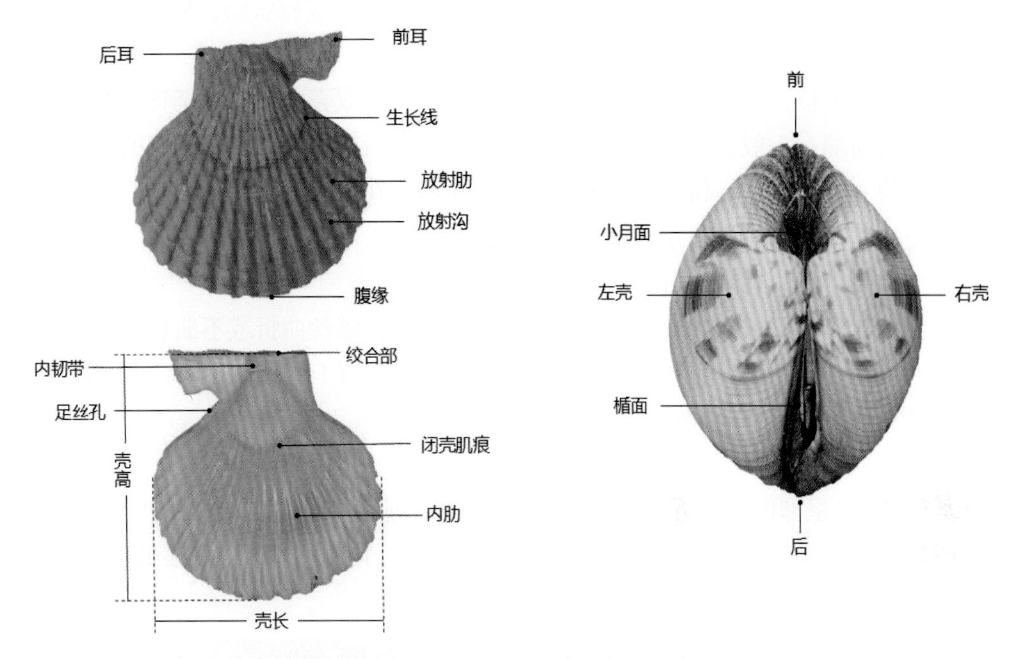

图 7-3-60　双壳纲动物贝壳各部位示意图

a. 壳顶：贝壳背面1个特别突出的部分，为贝壳最初形成的部分。

b. 壳高、壳长和壳宽：从壳顶到腹缘的距离是壳高；贝壳前端到后端的距离是壳长；左右两壳间最大的距离是壳宽。

c. 铰合部：位于背缘，是左右两壳相连接的部分，通常有齿和齿槽。铰合部通过铰合齿相连，无齿型通过韧带相连。

d. 韧带：在铰合部背面，连接铰合部的具弹性和韧性的褐色角质物，具有开、闭壳的功能。

e. 小月面：壳顶前方的一个小凹陷，一般为椭圆形或者心形。

f. 楯面：壳顶后方与小月面相对的一面，一个浅凹陷。一般为披针状，周围有脊或浅沟与壳面区别开。

g. 前耳与后耳：壳顶前后方具壳耳，前端的为前耳，如扇贝科、珍珠贝科等种类。后端的为后耳。

h. 生长线：以壳顶为中心，呈同心环排列的线纹。生长线有时突出，具鳞片或棘刺状突起。

i. 放射肋与放射沟：以壳顶为起点，向前、后、腹缘伸出呈放射状排列的肋纹，肋上常有鳞片、小结节或棘刺状突起；放射肋之间的沟为放射沟。

j. 外套痕：外套膜环肌在贝壳内留下的痕迹。

k. 外套窦：水管肌在贝壳内面留下的痕迹。

l. 闭壳肌痕：闭壳肌在贝壳内面留下的痕迹。

m. 足丝：由足丝腔和足丝腺分泌的产物，与水相遇变成丝状物，集合成为足丝，是营附着生活的特殊结构。

n. 贝壳的方位：壳顶尖端所向的通常为前方；多数双壳纲由壳顶至贝壳两侧距离短的一端为前端；一般有后韧带或有外套窦的一端为后端；有 1 个闭壳肌的种类，闭壳肌所在的一侧为后端。将壳顶朝上，壳前端向前，在左侧的贝壳为左壳，右边的贝壳为右壳，壳顶所在面为背方，相对面为腹方。

（一）列齿目（Taxodonta）

铰合齿数多，排成 1 列或前后 2 列。鳃比较原始，鳃丝曲折或不曲折，大多数同侧鳃丝由纤毛结合，无瓣间联系。有闭壳肌 2 个。足部常有 1 足底，便于匍匐于物体上。列齿目分 3 科，蚶科是最重要的科。

蚶科（Arcidae）

壳质坚厚，呈卵圆形或近长方形，两壳相等或不等。韧带面宽或窄，平坦或向内倾。腹缘凹陷或有裂缝的足丝孔。被壳皮，多是绒毛状，壳内无珍珠层，壳表放射肋明显。铰合部直或略呈弓形，有许多垂直的小齿。

毛蚶（*Scapharca subcrenata*） 毛蚶属。俗名毛蛤蜊、毛蛤或麻蛤。壳呈长卵形，膨胀，左壳大于右壳，壳的背侧两端略呈棱角，腹缘前端圆，后端稍延长。壳顶偏于前方，韧带面呈梭形，内倾。壳表为白色，被有褐色绒毛状壳皮。放射肋 31 ~ 34 条，左壳肋上有明显的结节，右壳的肋较光滑。壳内面呈灰白色，壳缘有与表面放射肋、沟相对应的肋与沟。铰合部直，两端的齿大而疏，中间的齿细密。前闭壳肌痕呈卵圆形，后闭壳肌痕近方形（图 7-3-61）。为我国沿海常见种，喜栖在稍有淡水流入的泥和泥沙质的环境中，属重要的经济贝类之一。

图 7-3-61 毛蚶

泥蚶（*Tegillarca granosa*） 泥蚶属。又名粒蚶，壳坚厚，呈卵圆形，两壳相等。韧带面宽，呈菱形。壳面为白色，被棕褐色壳皮，放射肋粗，有 18 ~ 21 条，肋上具粒状结节。壳内面为灰白色，边缘具齿。铰合部直，齿细密。前闭壳肌痕呈三角形，后闭壳肌痕四方形（图 7-3-62）。生活在潮间带中、下区泥质的海滩。在我国沿海广泛分布。肉可食，贝壳可作药用。

图 7-3-62 泥蚶

（二）异柱目（Anisomyaria）

铰合齿大多数退化成小结节状或消失。鳃丝

曲折，鳃丝间有纤毛盘相连结，鳃瓣间以结缔组织相连结。前闭壳肌小或消失，后闭壳肌发达。足不发达或退化。主要的科如下。

1）贻贝科（Mytilidae）

贝壳一般呈楔形，多数种类两壳相等，表面有紫褐、黑褐、红褐和深绿等色，个别的壳形略扭曲，壳表常具毛。铰合齿退化成小结节或无。多生活于低潮线附近。该科多个物种具有较高经济价值，是味美、营养丰富的珍品，干制品称淡菜。深圳东部海域常见的有翡翠贻贝、隆起隔贻贝、条纹隔贻贝和肯氏隔贻贝等。

翡翠贻贝（*Perna viridis*）　贻贝属。俗称“青口”。壳呈楔形，壳顶位于贝壳的最前端。腹缘直或略弯，壳面前端具有隆起肋。壳表呈翡翠色，前半部常呈褐绿色，光滑。生长线细密，韧带面窄长，足丝孔长。壳内面呈白瓷色。铰合齿左壳 2 个，右壳 1 个。无前闭壳肌痕，后闭壳肌痕大。外套痕明显（图 7-3-63）。用足丝附着生活，多栖息于水流畅通的干潮线至水深 5 ~ 6 m 处岩石上。见于我国东海南部和南海地区，是我国常见养殖贝类。

隔贻贝（*Septifer bilocularis*）　隔贻贝属。壳近长方形，壳顶呈喙状，位于贝壳的最前端。壳前端尖细，后端宽大。壳腹缘略凹，背缘铰合部弯，壳后缘圆。壳面前端具有一隆起。壳表呈淡蓝绿色，自壳顶至壳后缘具有细致的放射状雕刻纹，壳后端被有极细的黄毛。生长线细密，壳顶下方有三角形白色隔板。壳周缘具细密的齿状突起。铰合部有 2 ~ 3 枚粒状齿，韧带短，位于壳顶后背缘。后闭壳肌痕呈弯月状（图 7-3-64）。足丝孔位于前腹缘。以足丝附着生活在潮间带岩石上。产于我国南海地区。

图 7-3-63　翡翠贻贝

图 7-3-64　隔贻贝

2）江珧科（Pinnidae）

壳大，呈扇形，两壳相等，前端尖细，后端宽广。壳质脆，为棱柱层和珍珠层两层构成，珍珠层薄，仅存在于两闭壳肌之间。壳顶位于壳之最前端。铰合部直，几乎占整个背缘，无铰合齿。壳表面具放射肋或不明显，肋上具各种形状的小棘。生长线明显但较浅。鳃上具有纤毛管。闭壳肌两枚，前闭壳肌小，后闭壳肌大，圆形。足丝发达。在肛门的背侧具有一较大的腺体，称为外套腺。通常生活在沙和泥沙质的海底，由贝壳的前端插入沙中，在沙滩的表面仅可以看到贝壳后端的边缘。由两壳的中间，伸出足丝与附近的沙砾缠绕。深圳东部海域常见的有旗江珧和羽状江珧等。

3）珍珠贝科（Pteriidae）

贝壳呈圆形、卵圆形、方形或飞燕形等。两壳不等或略等，左壳较凸而右壳平，壳顶前后方通常具耳状突起，右壳前耳下方有明显的足丝孔。铰合部直，铰合齿 1 ~ 2 枚，呈结节状或退化。壳面为黑褐色、灰褐色、黄褐色或绿褐色，有的具放射线和花斑。壳内面珍珠层厚，富有光泽，闭壳肌痕明显。

主要分布于热带和亚热带，见于我国东南部沿海，栖息于低潮线附近至百米左右的浅海，以足丝营附着生活。主要以浮游动物和有机碎屑为食。目前在我国沿海发现 4 属，约 23 种。珍珠贝具有较高的经济价值，其中一些种类可生产高质量的珍珠。产珍珠的贝类很多，如河蚌和海贝等。深圳东部海域常见的有马氏珠母贝、解氏珠母贝和珠母贝等。

马氏珠母贝（合浦珠母贝）（*Pinctada martensi*） 珠母贝属。壳背缘平直，腹缘圆。两壳不等，左壳较右壳凸。壳顶近前端，前耳小，后耳大。壳表呈淡黄色，生长线细密，呈片状，末端翘起。壳内面中部珍珠层厚，光泽强，边缘淡黄色。铰合部直，韧带为褐紫色。闭壳肌痕大，位于壳中央偏后方。足丝孔大（图 7-3-65）。为最常见且广泛养殖的珍珠贝。用足丝附着在岩石、珊瑚礁、砂砾或其他贝壳上生活。当壳张开时，珍珠贝受沙粒或小虫等外来物的刺激，分泌出珍珠质将其包围起来，逐渐珍珠贝体内便形成了 1 粒珍珠。分布于我国南海。

图 7-3-65 马氏珠母贝

4）丁蛎科（Malleidae）

贝壳形状不规则，有丁字、长条或叶片形等。背缘短或长，腹缘圆，耳有或无。壳面粗糙，具鳞片，有的具放射棘。前闭壳肌消失，后闭壳肌位于体中央近后缘。铰合部有三角形的韧带槽。栖息于潮间带或低潮线下海区，生活方式因种而异，以足丝附着生活，有的生活在海绵动物群体中。见于我国的华南沿海。

5）单韧穴蛤科（Vulsellidae）

两壳侧扁，背腹延长。铰合部短，无耳，无铰合齿。后闭壳肌痕大而圆，位于贝壳近中央。无足丝。

单韧穴蛤（*Vulsella vulsella*） 壳形细长，近椭圆形。两壳侧扁，壳顶较尖，弯向后端。壳表呈浅黄色，具褐色细放射肋，生长线明显。壳内面珍珠层部分较大，呈暗灰色，具光泽。铰合部有 1 条大面弯成牛角状的韧带沟，无铰合齿。闭壳肌痕大而圆，近壳的中央。无足丝孔（图 7-3-66）。常栖息在潮下带浅海处，常与浅

图 7-3-66 单韧穴蛤

海海绵动物共生。

6）扇贝科（Pectinidae）

壳呈扇形或圆形，两壳不等，一壳稍凸。壳顶两侧具壳耳，背缘略呈直线，右壳的背缘超出左壳。外套膜缘有眼点。常用由右壳形成的足丝孔伸出的角质足丝附着于岩石、珊瑚礁贝壳或其他外物上。深圳东部海域常见的有华贵栉孔扇贝、宽肋栉孔扇贝、凹顶扇贝和中国扇贝等。墨西哥湾扇贝原产美国东海岸，1991年引进我国，广东沿海已开展人工养殖。

华贵栉孔扇贝（*Chlamys nobilis*）　壳大，近圆形，左壳较凸，右壳较平。壳面颜色多变，有褐紫色、黄褐色和淡红色等。放射肋粗壮，有约23条，肋间沟内有细的放射肋3条。生长线细密，并形成翘起的小鳞片。左壳前、后耳近三角形，有细肋7～8条。右壳前耳下方有足丝孔，孔缘具栉齿数枚。壳内面为黄褐色，铰合部直，内韧带呈三角形。闭壳肌痕呈圆形（图7-3-67）。主要分布在我国东南沿海。是人工养殖的主要品种。

图7-3-67　华贵栉孔扇贝

7）海菊蛤科（Spondylidae）

壳呈圆形、卵圆形或球形，两壳不等，一般右壳较大，两耳较小。壳表具放射状的棘刺。铰合部有2枚齿，具内韧带。足退化，以右壳固着在岩石等上。深圳东部海域常见的有堂皇海菊蛤和紫斑海菊蛤等。

8）海月科（Placunidlae）

壳呈圆形，壳薄，极侧扁，壳顶低平，位于背部近边缘处。铰合部具“∧”形齿片，韧带在齿裂间。闭壳肌1个，肌痕圆，位于贝壳近中央。右壳有足丝孔。

9）牡蛎科（Ostreidae）

壳形变化大，壳极不规则，左右两壳不等，左壳又称下壳，用以附着，较大、较凹且厚，放射肋较多，右壳又称上壳，表面常较平滑，放射肋不明显。铰合部无齿或具结节状小齿。韧带槽长，韧带短。闭壳肌1个，肌痕明显。无足和足丝。深圳东部海域常见的有棘刺牡蛎、近江牡蛎、团聚牡蛎等。

棘刺牡蛎（*Saccostrea echinata*）　囊牡蛎属。壳小，扁平，近圆形或卵圆形。壳表为紫灰色。右壳微凸，生长线细密呈鳞片状，鳞片的边缘卷曲形成长棘；左壳大而平，常以整面固着在岩石上，其游离边缘也有棘刺。壳内面颜色多变，有淡蓝色，也有黄、棕、黑三色混杂。铰合部前后侧具单行小齿。闭壳肌痕呈肾形，近腹缘

图7-3-68　棘刺牡蛎

（图 7-3-68）。产于我国东南沿海，深圳东部沿海的礁石上多见。

（三）真瓣鳃目（Eulamellibranchia）

壳形状多样。铰合齿少或无。多具有大小相近的前、后闭壳肌。鳃的构造复杂，鳃丝间和鳃瓣间以血管相连，少数变成肌肉质隔膜。外套膜通常有 1 ~ 3 处愈合点，水流之出入孔常形成水管。生殖孔与肾孔分开。主要介绍如下的科。

1）蛤蜊科（Mactridae）

壳顶较突出，大多数前倾。两壳相等，呈卵圆形或三角形，壳质薄，通常较光滑。韧带分为内、外两部分，外小内大。铰合部左壳有一枚分叉的主齿，右壳有两枚主齿，通常有前后侧齿。通常垂直分布于潮间带至潮下带之间。深圳东部海域常见的有四角蛤蜊和大獭蛤等。

2）帘蛤科（Veneridae）

壳质坚厚，壳表的花纹、生长线和放射肋变化较大。有小月面、楯面和外韧带。壳内缘平滑或具齿状缺刻。铰合部有主齿 3 枚，侧齿有或无。海产。广东沿海常见的有依萨伯帘蛤、突畸心蛤、岐脊加夫蛤、凸镜蛤、日本镜蛤、菲律宾蛤仔、杂色蛤仔、波纹巴非蛤、锯齿巴非蛤、裂纹格特蛤（裂纹女神蛤）、环沟格特蛤（环沟女神蛤）、等边浅蛤、文蛤、丽文蛤和青蛤等。

菲律宾帘蛤（*Ruditapes philippinarum*） 花帘蛤属。壳呈卵圆形，壳顶位于背缘前方，后缘略呈截形。小月面呈椭圆形，楯面为梭形，韧带长而突出。壳表呈灰白色，花纹变异多。放射肋细密，有 90 ~ 107 条，与生长线交织形成长方格。壳内面为灰白色，铰合部有主齿 3 枚。前闭壳肌痕半圆形，后闭壳肌痕近圆形。外套窦深，先端圆钝。出、入水管长，基部愈合，入水管的口缘触手不分叉（图 7-3-69）。生活于潮间带至浅海沙底中。是人工养殖的重要品种。

青蛤（*Cyclina sinensis*） 青蛤属。壳近圆形，壳高大于壳长，壳顶位于背缘中央。小月面不清楚，有与壳面连接的生长线。楯面狭长，为韧带所占据。壳表颜色多变，一般呈棕黄色，周缘为紫色。生长线细密，放射肋弱，在边缘较明显。壳内面为白色，内缘具细齿。铰合部具主齿 3 枚，右壳后主齿两分叉。前闭壳肌痕为半月形，后闭壳肌痕呈椭圆形。外套窦深，呈三角形（图 7-3-70）。

图 7-3-69 菲律宾帘蛤

图 7-3-70 青蛤

3）竹蛏科（Solenidae）

壳长，近圆柱状，壳表平滑，具壳皮。两壳相等，前后端开口，前端为足孔，后端为水管伸出孔。铰合部主齿有变化，一般为 1 ~ 3 枚主齿，无侧齿。外套窦浅。足呈圆柱状，水管愈合。

4）紫云蛤科（Psammobiidae）

壳质较薄至中等，壳表光滑或具细密的生长纹，部分种类具有放射状纹饰或斑点。壳形多为椭圆形或长卵形，前后端略不对称。具有外韧带，小月面和楯面通常不明显。壳内缘平滑，少数种类具细齿状缺刻。铰合部通常有主齿 2-3 枚，侧齿退化或缺失。

斑纹紫云蛤（*Gari maculosa*） 紫云蛤属。壳呈椭圆形，两端开口。前缘圆，后缘近截形，有棱角，腹缘平直。壳顶位于中央稍偏前，韧带凸出，为黄褐色。壳表呈黄褐色，有淡紫色或杏红色斑纹和多条放射状栗色色带。自壳顶至后腹有 1 条隆起脊，脊的前部生长线细密，并有斜行肋纹，脊的后部生长线较粗糙。壳内面呈白色稍带淡紫色，铰合部具主齿 2 枚。前闭壳肌痕梨形，后闭壳肌痕桃形。外套窦深，呈舌状（图 7-3-71）。

图 7-3-71 斑纹紫云蛤

四、头足纲（Cephalopoda）

身体左右对称。头部发达，两侧有 1 对发达的眼。足的一部分变为腕，位于头部口周围。外套膜肌肉发达，左右愈合成为囊状的外套腔，内脏容纳其中，外套两侧或后部的皮肤延伸成鳍，可借鳍的波动而游泳。壳一般被包在外套膜内，退化形成一角质或石灰质的内骨，称为海螵鞘，可入药。神经系统较为集中，脑神经节、足神经节和脏侧神经节合成发达的脑，外围有软骨包围。心脏很发达。雌雄异体。大多可供食用，鱿鱼、乌贼、章鱼等均可鲜食或制成干品。全部海生，化石种类很多，繁盛于中生代，现存约 100 种。以鳃和腕的数目等特征分为两个亚纲，即四鳃亚纲（Tetrabranchia）和二鳃亚纲（Dibranchia）。

四鳃亚纲（Tetrabranchia）具一钙质盘旋的外壳。腕数多，达数十个，腕上无吸盘。漏斗由左右两叶组成，不形成完全的管子。两对鳃，故名四鳃类。两对心耳；两对肾；不具色素细胞和墨囊。现存仅鹦鹉螺目（Nautiloidea）鹦鹉螺科（Nautilidae）。

二鳃亚纲（Dibranchia）鳃 1 对，故名二鳃类。贝壳为石灰质或角质，埋在外套膜内为内壳，或完全退化。心耳及肾脏都是 1 对。有 4 对或 5 对腕，有吸盘。有墨囊。输卵管 1 对或 1 个。有十腕目（Decapoda）和八腕目（Octopoda）两个目。

（一）鹦鹉螺目（Pedunculata）

具螺旋形外壳，外壳内部被隔板分隔为多个气室。眼睛结构简单，触手约 90 条且无吸盘，无墨囊。

鹦鹉螺科（Nautilidae）

鹦鹉螺（*Nautilus pompilius*） 具石灰质螺旋形外壳，左右对称，在平面上作背腹旋转。壳表光滑，生长纹细密，后方夹有多数橙赤色的火焰条状斑纹（图 7-3-72）。贝壳内层珍珠层厚。贝壳内腔具 30 多个壳室，软体部藏于最后壳室，其余的壳室成为气室。腕的数目多达 90 只。为印度洋和太平洋海区特有种，分布于我国台湾和南海诸岛。营深水底栖生活，偶尔亦能在水中游泳或略做急冲后退运动。贝壳漂亮，为珍贵的观赏类。

图 7-3-72 鹦鹉螺壳

（二）十腕目（**Decapoda**）

具 5 对腕，其上具有柄吸盘，吸盘上有角质环及小齿，其中 1 对触腕特别长，顶部膨大成穗，上具吸盘；通常有一石灰质或角质内壳；胴部大都有鳍，以软骨质闭锁器与漏斗基部相连；雌体具产卵腺。有乌贼科（Sepiidae）和枪乌贼科（Loliginidae）两个科。

1）乌贼科（Sepiidae）

体宽短，多呈楯形。鳍较窄，占胴部两侧全缘。腕吸盘 4 行，雄性左侧第四腕茎化。石灰质内壳发达，近椭圆形。无发光器。闭锁槽略呈耳形。

2）枪乌贼科（Loliginidae）

胴部呈圆锥形，鳍较宽，位于胴部后端两侧。腕吸盘两行，雄性左侧第四腕茎化。触腕穗吸盘 4 行。内壳为角质，披针形。输卵管 1 个。

莱氏拟乌贼（*Sepioteuthis lessoniana*） 拟乌贼属。胴部呈圆锥形，最大的胴长 45 cm，胴长约为胴宽的 3 倍。雌性表面有大小相间近圆形的色素斑。雄性胴背有横条状斑。周鳍型，鳍宽大几乎包被胴部全缘，围成近椭圆形。腕式一般为 $3 > 4 > 2 > 1$，吸盘 2 行，角质环有很多尖齿。雄性左侧第 4 腕茎化。触腕穗中部吸盘角质环有很多尖齿。内壳为角质，披针叶形。（图 7-3-73）。

图 7-3-73 莱氏拟乌贼

（三）八腕目（**Octopoda**）

又称章鱼目。腕 8 条，均较长，大小相同；吸盘无柄，也无角质环及小齿；腕间膜（伞膜）发达。鳍小或缺，胴长短于腕长，胴部以皮肤突起、凹陷或以闭锁器与漏斗基部嵌合相连。内壳退化或完全消失。雌体不具缠卵器。有须类外套膜侧具 1 或 2 对鳍，腕上有须毛，深海产；无须类无鳍，腕上无须毛。可分为 12 科。有的分类系统将八腕目提升为八腕总目（Octopodiformes），包括 2 个目：幽灵蛸科（Vampyroteuthidae）独立为单科目；其余须蛸科（Cirroteuthidae）、面蛸科（Opisthoteuthidae）、十字蛸科（Stauroteuthidae）、水母蛸科（Amphitretidae）、异夫蛸科（Alloposidae）、船蛸科（Argonautidae）、快蛸科（Ocythoidae）、水孔蛸科（Tremoctopodidae）、单盘蛸科（Bolitaenidae）、蛸科（章鱼科）（Octopodidae）、玻璃蛸科（Vitreledonellidae）等 11 科属于八腕目。

蛸科（Octopodidae）

又称章鱼科，是软体动物门头足纲中最大一科，分布于世界各海域，约有 140 种，通称章鱼。头部两侧的眼径较小，头前和口周围有腕 4 对。蛸科的腕上大多具两行吸盘，右侧或左侧第三腕茎化。腕的顶端变形为“端器”。齿舌多尖型齿或少尖型齿。胴部呈卵圆形，甚小，内壳仅在背部两侧残留两个小壳针。有墨囊。大部分为浅海性种类，主要营底栖生活，以龙虾、虾蛄、蟹类、贝类和底栖鱼类为食。蛸的干制品称八蛸干或章鱼干，除食用外，尚有药用价值。深圳东部海域产短蛸、长蛸和沙蛸。

短蛸（*Octopus ocellatus*） 蛸属。胴部呈卵圆形，最大的胴长 8 cm。体表有很多近圆形的颗粒。在两眼的前方，各生有 1 个近椭圆形的金圈，圈径与眼径相近，两眼之间还有 1 个明显近纺锤形的浅色斑。短腕型，各腕长度相近，腕吸盘 2 行。雄性右侧第 3 腕茎化，较左侧对应腕短，端器呈锥形。中央齿为 5 枚，尖型（图 7-3-74）。生活于浅海，主要营底栖生活，在繁殖季节有短距离的洄游移动。

图 7-3-74 短蛸

节肢动物门（Arthropoda）

节肢动物门是动物界中最大的一门，通称节肢动物，包括人们熟知的虾、蟹、蜘蛛、蚊、蝇和蜈蚣等。在已知的 100 多万种动物中，节肢动物占 75% 以上。节肢动物生活环境极其广泛，海水、淡水、土壤、天空都有它们的踪迹，有些种类还寄生在其他动物的体内或体外。

节肢动物身体可分为头、胸和腹三部分，或头部与胸部愈合为头胸部，或胸部与腹部愈合为躯干部，每一体节上有一对附肢。体外覆盖几丁质外骨骼，附肢的关节可活动。生长过程中要定期蜕皮。循环系统为开管式。水生种类的呼吸器官为鳃或书鳃，陆生的为气管或书肺或兼有。神经系统为链状神经系统，有各种感觉器官。多雌雄异体，生殖方式多样，一般卵生。

根据体节的组合、附肢以及呼吸器官等特征，分为 5 个亚门：三叶虫亚门（Subphylum Trilobitomorpha）（灭绝）、甲壳亚门（Subphylum Crustacea）、螯肢亚门（Subphylum Chelicerata）、多足亚门（Subphylum Myriapoda）和六足亚门（Subphylum Hexapoda）。

甲壳亚门是节肢动物中很大的一类，大多数生活在海水中，滨海动物的组成中，甲壳亚门的软甲纲和颚足纲是比较重要的两类动物类群。螯肢亚门肢口纲（Merostomata）动物生活于海洋中。多足亚门和六足亚门动物没有生活于海水中。

一、颚足纲（Maxillopoda）

由桡足类、蔓足类、鳃尾类和须虾类合并组成，是甲壳动物的一个多样化类别，并不是单系群，也没有任何共同的特征。颚足纲生物通常体形变化极大。身体由头部、胸部和腹部三部分组成，头部 5 节、胸部 6 节、腹部 4 节，另外还有 1 个尾节。腹部无附肢。除了一些藤壶属的物种以外，颚足纲生物多半为小型个体，是已知最小的节肢动物门动物。

（一）围胸目（Thoracica）

固着生活，有柄或无柄。原有的体节消失。体外具有石灰质板，壳内有由皮肤形成的外套。头胸部发达，具 6 对发达的蔓肢，腹部退化或消失。有时具有尾叉。在有柄类中，整个动物分成头部和柄部。

1）指茗荷科（Pollicipedidae）

龟足（*Capitulum mitella*） 龟足属。身体分头状部与柄部，一般体高 3 ~ 5 cm，宽 2 ~ 3 cm。头状部呈淡黄色或绿色，柄部为褐色或黄褐色。头状部侧扁，由楯板、背板、上侧板、峰板、吻板等 8 块大的主要壳板及基部一排 21 ~ 31 片小型壳板组成，每板表面都有明显的生长纹。柄部侧扁，多数略短于头部，外表被有细小的石灰质鳞片。软体部分的躯体在壳室中，口器上唇无齿，大颚具 5 枚齿，有 6 对蔓足，具 4 ~ 8 节的尾附肢。雌雄同体（图 7-3-75）。营固着生活，多生活于高潮线附近的石缝内，成群簇生，采集时需将岩石凿开。

图 7-3-75 龟足

2）笠藤壶科（Tetraclitidae）

壁板 4 或 6 片，吻板有幅部。基底通常为膜质。大颚下角有栉齿或粗锯齿。交接器无背突。

鳞笠藤壶（*Tetraclita squamosa squamosa*） 笠藤壶属。由 4 片厚壳板围成圆锥形，高 2.5 ~ 3.5 cm。壳质较疏松，壳表呈暗绿色或黑灰色。背板狭，顶部弯曲成尖嘴状，末端圆（图 7-3-76）。附着于潮间带岩石上，受较强海浪冲击的岸面上

图 7-3-76 鳞笠藤壶

常密集成群，是海洋最习见的污损生物之一。

3）藤壶科（Balanidae）

藤壶科动物的直径在 1 ~ 1.5 cm。6 块壳板表面具显著的白色纵肋，肋间暗紫红色。壳口稍展开，略呈五角星状或菱形。上唇不膨鼓，有中央缺刻。大颚 4 或 5 齿。第 3 蔓足近似第 2 蔓足。交接器具背突。

纹藤壶（*Balanus amphitrite*）　纹藤壶属。壳表有彩色条纹。壳板两侧对称，体呈圆锥形，通常由 6 片钙质板（峰板、吻板和 1 ~ 3 对侧板）不同程度或整个愈合覆盖结合而成。壳板的中间部分较厚，两侧延伸部分较薄，覆盖邻板的延伸部分称辐部，被邻板覆盖的延伸部分为翼部。圆形壳口有 2 对盖板，可以开闭。壁板 4、6 片，或壳板完全融合，吻板有幅部。壁板内面与其幅部常具纵管。楯板无凹穴（图 7-3-77）。

图 7-3-77　纹藤壶

三角藤壶（*Balanus trigonus*）　三角藤壶属。整体圆锥形，峰吻间直径 0.2 cm，高 1.2 cm。壳板表面呈红色，间以白色纵行的细肋。幅部宽，其顶缘与壳底几近平行或略斜。壳口呈三角形。楯板表面具有宽的生长线，楯板狭长，其关节脊长，超过背缘之半。闭壳肌窝呈椭圆形，闭壳肌脊短而弯曲。侧压肌窝明显，开闭齿少而大。背板为狭三角形，关节脊明显，侧压肌脊显著，有 8 条左右。距宽而短，其宽度超过底缘之半，末端平截。距与基楯角很近，几乎相合（图 7-3-78）。

图 7-3-78　三角藤壶

4）小藤壶科（Chthamalidae）

壳板 4、6、8 片，吻板具翼部。上唇膨鼓，不成缺刻。大颚有 3 或 4 齿，切缘下部栉状。第 2 蔓足末端有特化刚毛，第 3 蔓足与第 6 蔓足相似。交接器无背突。

东方小藤壶（*Chthamalus challenger*）　壳呈圆锥形，峰吻间直径 1.2 cm，高 0.6 cm。壳表呈灰白色，受侵蚀则呈暗灰色，少数个体有明显不规则纵肋。壳内面为紫色幅部很狭，缝合线因侵蚀常不明显。吻侧板不与吻板相愈合，先端非常细狭。壳底膜质。壳口大，略呈四边形。楯板为横长三角形。关节脊发达，呈大的钝三角形突出。闭壳肌窝大而深，闭壳肌脊明显，侧压肌窝显著。背板呈楔形的三角形，上部宽，下部狭。关节脊发达，关节沟宽，距与底缘

图 7-3-79　东方小藤壶

不易区分。具发达的侧压肌脊（图 7-3-79）。

二、软甲纲（Malacostraca）

软甲纲是甲壳亚门最大的一纲，包括常见的虾蟹类。身体分为头胸部和腹部。有背甲覆盖头胸部。通常头部 6 节，胸部 8 节，腹部 6 节及 1 个尾节。各节均有附肢。胸部前 3 对附肢常形成颚足。软甲纲生物身体基本上保持虾形，或缩短为蟹形。虾 类的头胸甲较柔软，腹部发达，具 5 对游泳足，触角细长如鞭。蟹类头胸甲坚硬，腹部退化，折在头胸部腹侧。已知约 4 万种，水生，少数种类为陆生或寄生。

软甲纲（Malacostraca）分目检索表

1. 无头胸甲 ………………………………………………………… 2
   有头胸甲 ………………………………………………………… 3
2. 体背腹扁平，第 1 对胸肢为颚足 …………………… 等足目（Isopoda）
   体侧扁，前 2 对胸肢为捕捉足 …………………… 端足目（Amphipoda）
3. 头胸甲不能完全掩盖胸部，前 5 对胸肢为颚足，第 2 对为捕捉足
   ………………………………………………………… 口足目（Stomatopoda）
   头胸甲完全包围胸部，前 3 对胸肢为颚足，后 5 对为步行足
   ………………………………………………………… 十足目（Decapoda）

等足目（Isopoda）分科检索表

1. 体长形，前 3 对胸肢为捕捉足 …………………… 盖鳃水虱科（Idotheidae）
   体椭圆形，全部胸肢均为步行足 ………………………………………… 2
2. 腹部各节常愈合 ………………………………… 团水虱科（Sphaeromidae）
   腹部各节均能自由活动 ……………………………… 海蟑螂科（Ligiidae）

端足目（Amphipoda）分科检索表

1. 缺第 3、4 对胸足 ………………………………… 麦杆虫科（Caprellidae）
   胸部各节均有附肢 ………………………………………………………… 2
2. 第 1 对触角短，第 2 对触角长 …………………… 跳虾科（Talitridae）
   第 1、2 对触角均长 ………………………………… 钩虾科（Gammaridae）

（一）等足目（Isopoda）

体扁平；头胸部与腹部区分明显，头部与第一胸节融合；无明显的头胸甲；眼无柄，通常为复眼；胸部具 7 对步足，形态相似，无特化的螯足；腹部附肢常特化为鳃或呼吸结构；广泛分布于海洋、淡水及陆地环境，适应性强。

海蟑螂科（Ligiidae）

体长 1.5 ~ 2.5 cm 左右。头上有 1 对大眼，1 对触须。除了头外，身体有 13 节，其中胸部 7 节，腹部 6 节。在水中或陆地都靠保持湿润的尾部腹面薄膜呼吸。

奇异海蟑螂（*Ligia exotica*）　海蟑螂属。体呈长椭圆形，背腹扁平，体背面为棕

图 7-3-80　奇异海蟑螂

褐色或黄褐色，中间色浅；体长一般为 3.0 ~ 4.5 cm。头部短小，复眼大，无柄，在头部两侧。第 1 对触角小，不明显，第 2 对触角细长，转动灵活，向后能伸到或接近尾部。胸部共有 7 对步足，末端皆有两个爪状刺，便于爬行。尾节的后缘中央外突，呈钝三角形，其两侧向后伸出一对细长的尾肢（图 7-3-80）。常在高潮线附近成群生活，爬行极快，潮水退后，常隐藏在石隙间和岩石下。

（二）十足目（Decapoda）

体稍扁；头胸甲发达，完全包围住头、胸部各体节；眼有柄；胸部附肢中前 3 对为颚足，后 5 对为步行足，其中至少有 1 对特化为螯足。分为游行亚目（Natantia）和爬行亚目（Reptantia）。

1）梭子蟹科（Portunidae）

梭子蟹的体型较大，头胸甲呈梭形，腹部扁平，足部发达，善于游泳。

环纹蟳（*Charybdis annulata*）　蟳属。头胸甲长约 4.4 cm，宽约 6.3 cm，表面隆起，光滑无毛。额具 6 枚齿，中间的一对最为突出。前侧缘具 6 枚齿，第三齿最大，第六齿最小。螯足不对称，表面光滑，长节前缘具 3 枚弯曲的刺，后缘无刺，腕节内末角具 1 枚壮刺，外侧面具 3 枚小刺。掌节背面具 5 枚刺。游泳足长节的长度约为其宽度的 2 倍，其后缘近末端处具 1 枚刺，前节的后缘具 1 列细锯齿。雄性腹部第 3 ~ 5 节愈合（图 7-3-81）。深圳海域潮间带常见。

图 7-3-81　环纹蟳

日本蟳（*Charybdis japonica*）　蟳属。头胸甲略呈圆六边形，表面隆起。头胸甲长 7.5 ~ 9 cm，宽 7.5 ~ 11 cm，雌性略小于雄性。第二触角基节长，具 1 颗粒脊。胃区、鳃区具几对隆脊，但有时前胃区正常隆脊的两侧，各有 1 条短的斜行隆线。额稍突具 6 枚齿，中央 2 枚稍突出。前侧缘具 6 枚齿，均尖锐而突出。两螯粗壮，光滑，不对称，长节前缘具 3 枚壮齿；腕节内末角具 1 枚壮刺，外侧面具 3 枚小刺；掌节厚，内、外侧面隆起，背面具 5 枚齿；指节长于掌节，表面具纵沟。游泳足长节长约为宽的 1.5 倍，后缘近末端处具 1 枚锐刺，前节后缘光滑。雄性第 1 腹肢末部细长，弯指向外方，末端两侧均具刚毛。腹部呈三角形，第 6

图 7-3-82　日本蟳

节宽大于长，两侧缘稍拱；尾节呈三角形，末缘圆钝（图 7-3-82）。深圳海域潮间带常见。

2）扇蟹科（Xanthidae）

头胸甲一般宽大于长，略呈扇形，有时近六角形或圆方形。额宽而短。第 1 触角横褶或斜褶，第 2 触角鞭细而短。口框的前缘发达，不被第 3 颚足所掩盖。螯足折于头胸甲前下方。雄性生殖孔常靠近末对步足底节，雌性生殖孔位于胸部腹甲。

扇蟹科的许多物种能够从环境、食物中累积毒素到自己的体内，用于化学防卫。一旦误食，会造成中毒。正直爱洁蟹的食物富集，有些体内带有河豚毒素，是毒死人最多的一种螃蟹。

花纹爱洁蟹（*Atergatis floridus*） 爱洁蟹属。头胸甲呈横卵圆形，背部甚为隆起，表面光滑。头胸甲长约 3 cm，宽约 5 cm。全身呈茶褐色至紫色带绿，头胸甲背面具有淡褐色或黄铜色云彩斑纹（图 7-3-83）。栖息于潮间带的岩礁或石缝中。

图 7-3-83 花纹爱洁蟹

正直爱洁蟹（*Atergatis integerrimus*） 爱洁蟹属。头胸甲呈卵圆形，长约 6 cm，宽约 10 cm。头胸甲前半部有明显的凹点，尤以额区及前侧缘处为密，心区两侧具“八”字形浅沟。全身呈红色，凹点为黄色。额分两叶，两叶之间具一缺刻。第 3 颚足的表面十分光滑，有时具稀疏的短毛。螯足对称，长节、掌节和指节的背缘均较锋锐，腕节内末角具 1 枚钝齿，掌节外侧上半部有些邻状隆起，可动指基部具短毛，不动指内侧中部有一束短毛，两指内缘各具 4 枚大钝齿。步足扁平，各节背缘均锋锐，前节后缘的末端各具一束短毛，指节也均密具短毛。雄性腹部分 5 节，第 3 ~ 5 节愈合，但节缝仍可分辨。雌性腹部分 7 节（图 7-3-84）。

图 7-3-84 正直爱洁蟹

3）活额寄居蟹科（Diogenidae）

左钳比较右钳大。

兔足真寄居蟹（*Dardanus lagopodes*） 真寄居蟹属。潮间带常见（图 7-3-85）。

图 7-3-85 兔足真寄居蟹

精致硬壳寄居蟹（*Calcinus gaimardii*） 硬壳寄居蟹属。也称盖氏硬指寄居蟹，眼柄前端呈宝蓝色，触须颜色跟眼柄相近，没有其他明显的鉴别特点（图 7-3-86），栖息于珊瑚礁、沙质、岩岸等潮间带至 20 m 浅海中，多居于芋螺、蝾螺、风螺、马蹄螺等的螺壳中，潮间带很常见。

美丽硬壳寄居蟹（*Calcinus pulcher*）　硬壳寄居蟹属。潮间带很常见（图 7-3-87）。

图 7-3-86　精致硬壳寄居蟹

图 7-3-87　美丽硬壳寄居蟹

4）方蟹科（Grapsidae）

头胸甲略呈方形或方圆形。额缘宽，眼柄短，口腔方形；第 3 颚足完全覆盖口腔，或有较大的斜方形空隙。

平背蜞（*Gaetice depressus*）　蜞属。头胸甲扁平，表面光滑，长约 2 cm，宽 2.5 cm。中胃区与心区以 1 条横沟分开。近第四对步足的基部有 1 条短的颗粒隆线。壳的前侧缘包括外眼窝齿在内共有 3 枚齿，第一齿宽大，第三齿很小，各齿边缘均具颗粒。螯足通常对称，雄性比雌性大，长节短，外侧面具微细颗粒，内侧面具稀少的绒毛，腹面光滑。腕节的内末角钝圆。指节较掌节为长，掌节光滑，外侧面的下半部具 1 条光滑隆线，延伸至不动指的末端，两指间的空隙较大，雌性者较窄（图 7-3-88）。潮间带很常见。

图 7-3-88　平背蜞

白纹方蟹（*Grapsus albolineatus*）　方蟹属。头胸甲呈暗绿色，其上密布白点和白色条纹以及红褐色、黄色的花纹，长满尖刺的脚爪上花纹最多最密集。背甲中心长有一个蝴蝶结状的褐黄色花纹，背壳的边缘同样长满了白边（图 7-3-89）。礁石区常见。

图 7-3-89　白纹方蟹

长足长方蟹（*Metaplax longipes*）　长方蟹属。头胸甲呈横长方形，长约 1.2 cm，宽约 1.6 cm。鳃区具 2 条横沟，胃区具“H”形细沟，肠区两侧亦具细沟。额宽、前缘中部稍凹。眼窝腹下缘具 9 ~ 10 枚突起。侧缘具 5 枚齿，最后 2 枚隐约可见。螯足长节的背缘及腹内缘均

图 7-3-90　长足长方蟹

具锯齿，腕、掌节光滑，两指内缘具锯齿，可动指内缘基半部的锯齿较为突出。步足瘦长，第 2、3 两对腕、前节密具短绒毛，第 1、4 两对步足较小，腕、前节仅具少数绒毛（图 7-3-90）。滩涂上很常见。

5）相手蟹科（Sesarmidae）

从方蟹科分出来的。在中国闽南地区俗称蟛蜞。某些属的物种是陆生的，繁殖时无需返回水中。

双齿近相手蟹（*Perisesarma bidens*） 近相手蟹属。头胸甲前半部稍宽，表面平坦，有细毛（图 7-3-91）。潮间带很常见。

6）沙蟹科（Ocypodidae）

头胸甲形态多样，头胸甲的前后侧缘界限不清。背面隆起，通常光滑或具沟。眼窝横长，口腔大，第 3 颚足通常可以完全覆盖口腔。步足指节具众多硬刚毛。雄性腹部窄。雌雄生殖孔均位于腹胸甲。极具特色的“招潮蟹”，大多数都是沙蟹科的成员。营群集穴居生活。

角眼切腹蟹（*Tmethypocoelis ceratophora*） 近切腹蟹属。滩涂上常见（图 7-3-92）。

图 7-3-91 双齿近相手蟹

图 7-3-92 角眼切腹蟹

粗腿绿眼招潮蟹（*Uca crassipes*） 招潮蟹属。背甲和步足的颜色为胭脂红、宝蓝、黄、绿、黑、褐不同程度的混合色。有的个体全身是鲜艳的红色，所以又被称为红豆招潮蟹，有的背甲呈现绿色与蓝绿色云斑状花纹，雌性雄性颜色有时差异很大。朱红色的大螯掌节平滑，眼柄为黄绿色（图 7-3-93）。滩涂上常见。

图 7-3-93 粗腿绿眼招潮蟹

弧边招潮蟹（*Uca arcuata*） 招潮蟹属。头胸甲长约 2 cm，前缘宽约 3.5 cm，后缘宽约 1.5 cm，表面光滑。额小，呈圆形，眼柄细长。雄螯极不对称，大螯长节背缘隆起，内腹缘具锯齿，腕节背面观呈长方形，与掌节背面均具粗糙颗粒，两指间的空隙很大，两指侧扁。小螯长节除腹缘外，边缘均具颗粒，两指间距离小，内缘具细齿，

图 7-3-94 弧边招潮蟹

末端内弯，呈匙形。雌螯小而对称，与雄性的小螯相似。各对步足的长节宽壮，前缘具细锯齿，腕节前面有 2 条平行的颗粒隆线。第四对仅前缘具微细颗粒，前节隆线与腕节相似，指节扁平。雄性腹部略呈长方形，雌性腹部圆大（图 7-3-94）。滩涂上常见。

北方凹指招潮蟹（*Uca borealis*）　招潮蟹属。背甲呈灰白色至土褐色，甲面隆起光滑，中央有“H”形明显沟痕。大螯整体呈土黄色，外侧密布珠状颗粒；可动指为白色或略带淡紫色，不可动指有明显弧形凹陷，体型越大，凹陷越明显，大螯整体似老虎钳状。步足呈灰白色到深褐色。雌蟹两螯皆小，体色多变化。垂直式挥动螯足，动作缓慢，举到最高处时身体会随着抬起来（图 7-3-95）。滩涂上常见。

图 7-3-95　北方凹指招潮蟹

清白招潮蟹（*Uca lacteus*）　招潮蟹属。体常为白色。头胸甲呈横圆柱形，长约 1 cm，宽约 1.7 cm。额窄，眼眶宽，眼柄细长。雄性大螯长节的内缘具细齿，尤以末端较锐，腕节内末角具 1 枚小齿，掌节背缘有颗粒，外侧面光滑，内侧面有 2 条颗粒隆线，1 条靠近末缘，延续到不动指的内缘，另 1 条斜行于较下面的中部，两指侧扁，合并时中间有一大空隙，内缘通常无齿，但有时在中部各具 1 枚齿，在此齿之后各具 1 列细齿，在不动指内缘的末部有时凸起。小螯极小，用以取食。雌性的两螯均相当小且对称，指节匙形，均为取食螯。如果雄体失去大螯，则原处长出一个小螯，而原来的小螯则长成大螯，以代替失去的大螯。雄性的颜色较雌性洁白鲜明（图 7-3-96）。滩涂上常见。

图 7-3-96　清白招潮蟹

7）瓷蟹科（Porcellanidae）

通常只有 1 ~ 2cm 长。有 1 对非常长的触角。只有 3 对步足，而第 4 对步足则隐藏在甲壳底下。钳没有腕节。瓷蟹的腹部细长且多褶皱，当受到威胁时，会利用腹部的活动来迅速逃离。

哈氏岩瓷蟹（*Petrolisthes haswelli*）　岩瓷蟹属。体扁平，头胸甲长约 2 cm，胃区和前鳃区有很多明显的短条纹。触角长，第二触角柄有明显的前叶。身体大多呈棕褐色，螯足背面有时为黄绿色，散布数百个不规则的紫褐色至红褐色的网点，腹部呈暗红色。螯足宽且厚，背面有很多明显的短条纹和小而扁的结节，前缘有毛，腕节前缘有 4 ~ 6 枚锐齿，近端齿最大，掌部外缘

图 7-3-97　哈氏岩瓷蟹

无刺棘也无刚毛，指尖和边缘红色。步足有很多短毛，长节无刺，腕节、前节和指节呈红褐色至紫褐色，有两段白色带，趾尖为红褐色（图 7-3-97）。礁石区常见。

三、肢口纲（Merostomata）

肢口纲是螯肢亚门（Chelicerata）中的一个古老类群，包括现存的鲎和已灭绝的广翅鲎。身体分为头胸部和腹部，头胸部由 6 对附肢组成，其中第一对为螯肢，用于捕食，后 5 对为步足，用于行走。腹部具有 6 对扁平的附肢，最后一对常特化为尾剑或尾叉，用于平衡或防御。头胸部背面覆盖一块坚硬的头胸甲，腹部则分为多个体节，末端具尾节。肢口纲生物通常生活在海洋或淡水环境中，现存种类较少，以鲎为代表，具有“活化石”之称。

剑尾目（Xiphosurida）

身体分为头胸部、腹部和尾剑三部分，覆盖坚硬的深褐色或青灰色外骨骼。头胸部两侧有一对复眼，中间有一对单眼。头胸部有 6 对附肢，第一对为螯肢，第二对为须肢，其后四对为步足。腹部有 6 对附肢。

鲎科（Limulidae）

体近似瓢形，头胸甲宽广，呈半月形，有 6 对附肢。腹甲较小，略呈六角形，两侧有若干锐棘，有 6 对片状游泳肢，在后 5 对上面各有一对鳃，用来进行呼吸；尾呈剑状。体为棕褐色。平时钻入海沙内生活，退潮时在沙滩上缓缓步行，雌雄成体常在一起。

中国鲎（*Tachypleus tridentatus*） 亚洲鲎属。又称中华鲎、小海鲎或东方鲎。用鳃呼吸，剑状尾，全身呈黄褐色（图 7-3-98）。主要分布在我国华南沿海，尤其是北部湾。中华鲎目前是国家二级保护动物。鲎是一类古老的动物，早在 3 亿多年前的泥盆纪就生活在地球上，至今仍保持其形态，因此有“活化石”之称。现存的鲎种类仅存 4 种，除了中华鲎外，还有美洲鲎、南方鲎（巨鲎）和圆尾鲎。鲎的血液中含的是血蓝蛋白（含铜离子）。这种蓝色血液的提取物——鲎试剂，可以在制药和食品工业中用于对细菌毒素污染的监测。

图 7-3-98 中国鲎

棘皮动物门（Echinodermata）

棘皮动物的内骨骼常突出于体表形成刺或棘，故称棘皮动物。棘皮动物为后口动物，是无脊椎动物中最高等的动物类群。棘皮动物全部生活于海洋中，营底栖生活。

棘皮动物门的主要特征为：没有头部和体部等构造，成体呈辐射对称（或五的倍数辐射对称），幼虫却是两侧对称。整个体表都覆盖着纤毛上皮，其下有中胚层形成的内骨骼。次生体腔发达。除围绕内部器官的围脏腔外，体腔的一部分形成独有的水管系统，另一部分形成围血系统。为后口动物。受精卵行辐射卵裂，以肠腔法形成中胚层和真体腔。无神经节和中枢神经系统。具有很强的再生能力。

棘皮动物现存6000多种，根据身体形态、有无柄和腕、筛板的位置和管足结构等，分为有柄亚门（Pelmatozoa）和游移亚门（Eleutherozoa）。有柄亚门只有海百合纲（Crinoidea），游移亚门有海星纲（Asteroidea）、蛇尾纲（Ophiuroidea）、海胆纲（Echinoidea）和海参纲（Holothuroldea）。

有柄亚门动物营固着或附着生活，在某个生活史中具固着用的柄。是棘皮动物门最原始的一类，用柄营固着生活（海百合），也有无柄营自由生活（海羽星）。现存600余种。

游移亚门动物营自由生活，生活史中没有固着用的柄。

一、海星纲（Asteroidea）

身体呈星形，中央盘与5个腕之间的界限与海尾蛇相比不明显。腕的口面有步带沟，步带沟中有2 ~ 4排管足。

瓣棘海星目（Valvatida）

飞白枫海星科（Archasteridae）

飞白枫海星（*Archaster typicus*）　飞白枫海星属。身体背面呈灰白色或棕色，具有黑褐色的横向斑纹，腕足的边缘颜色较淡，腹面为白色。背面的骨板接近平行排列，肛门在身体正中央。腕数一般为5个，少数个体3、4或6个。筛板1个。上缘板呈长方形。下缘板密生许多鳞状扁棘。步带棘大多3个一组。步带沟明显，管足2列，细长，末端有吸盘。口板明显。口棘成列围在口板前方及两侧（图7-3-99）。

图7-3-99　飞白枫海星

二、蛇尾纲（Ophiuroidea）

也称“阳遂足纲”，因腕的外观和运动似蛇尾而得名。体盘小，与腕之间有明显的界限；腕或细长不分支，只能做水平屈曲运动（如蛇尾目），或有分支，兼能做垂直运动（如蔓蛇尾目）；无步带沟，缺肛门；管足较退化，营触觉和呼吸作用。种类很多。产于世界各海洋，吃小动物。

真蛇尾目（Ophiurida）

腕不分支，中央盘及腕常覆盖有骨板。

1）刺蛇尾科（Ophiotrichidae）

腕棘大向外突出，几个齿分化为成簇的齿棘，没有口棘。

图 7-3-100　马氏刺蛇尾

马氏刺蛇尾（*Ophiothrix marenzelleri*）　刺蛇尾属。体呈暗绿色、蓝色、褐色等。体盘呈五叶状，直径 1 ~ 1.5 cm。腕长 4 ~ 6 cm，腕上常有深浅不同的斑纹。体背面密生小刺，辐楯大，呈三角形，外缘凹进，彼此分开。口楯为菱形，侧口板呈三角形，彼此不相接。背腕板为菱形或稍呈六角形。栖息于岩石下、海藻间、石缝内和贝壳中（图 7-3-100）。深圳潮间带很常见。

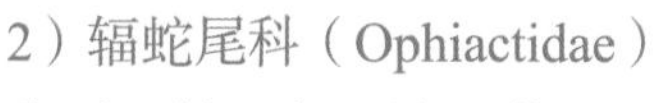

2）辐蛇尾科（Ophiactidae）

齿下口棘 1 个，呈心形。

图 7-3-101　沙氏辐蛇尾

沙氏辐蛇尾（*Ophiactis savignyi*）　辐蛇尾属。体背面为灰绿色，腕上有深色横带。体盘直径一般为 0.3 cm，腕长约 1 cm，最大者体盘直径可达 0.8 cm，腕长可达 3.5 cm。盘上有圆形或椭圆形小鳞片，上生稀疏的小棘。辐楯大，近半月形。口楯近圆形。侧口板大，内端相接，在辐侧和侧口板也相接。薄片状口棘 2 个。腹面间辐部大半裸出，仅边缘上有少数鳞片和小棘。背腕板大，前后相接，外缘凸出成圆形。腹腕板长宽大致相等，外缘圆。侧腕板上、下都不相接。腕棘 5 ~ 7 个。触手鳞 1 个（图 7-3-101）。深圳潮间带很常见。

3）皮蛇尾科（Ophiodermatidae）

图 7-3-102　绿蛛蛇尾

绿蛛蛇尾（*Ophiarachnella gorgonia*）　珠蛇尾属。体背面呈褐绿色，并有红色斑块。口盘为圆形，盘直径可达 2 cm，腕长达 8 cm。口面及反口面的间辐部布满鳞片。辐楯呈卵圆形，凹陷。腕背上有 6 ~ 8 块深褐色斑块，腕棘 12 个。背腕板发达，长约为宽的 2 倍，腹腕板近方形，侧腕板发达且明显。触手鳞 2 个，一长一短。口楯大而明显，由两片联合而成卵圆形，侧口板 2 个，呈三角形。口棘 7 个排列紧密（图 7-3-102）。深圳潮间带常见。

三、海胆纲（Echinoidea）

体呈球形、盘形或心脏形，无腕。内骨骼愈合形成 1 个坚固的壳。体表长有可以活动的刺。现存约 900 种。

拱齿目（Camarodonta）

壳坚硬，呈规则的弧形。步带板为复合板，最下面的初级板最大。大棘不具外层，平滑，不中空。齿内侧具脊。生殖板和筛板位于间步带中央。

长海胆科（Echinometridae）

紫海胆（*Anthocidaris crassispina*）　紫海胆属。紫海胆整体黑紫色（低龄海胆的棘常灰褐色或灰绿色、紫色、紫红色），口面的棘常带斑纹，光壳暗绿色，大疣和中疣的顶端呈淡紫色。壳厚而低，为半球形，口面平坦。一般壳直径 6 ~ 7 cm，高 2.2 ~ 3 cm。大棘强大，末端尖锐，长度约等于壳的直径。步带到围口部边缘比间步带到围口部边缘略低，步带和间步带各有大疣（大疣是大棘的着生处）两纵行，其两侧各有中疣（中疣是中棘的着生处）1 纵行，沿步带和间步带的中线，有交错排列的中疣 1 纵行。步带的管足 7 ~ 8 对，排列成弧状，管足内有弓形骨片（图 7-3-103）。深圳潮间带很常见。

图 7-3-103　紫海胆

四、海参纲（Holothuroidea）

体呈蠕虫状，两侧对称，无腕。骨片微小，体表没有棘。现存约 1100 种。

楯手目（Aspidochirotida）

触手楯状，15 ~ 30 条，常为 20 条。每条辐肌常分为平行的 2 条，呼吸树 1 对，很发达。管足多。体壁大多厚而柔韧，结缔组织特别发达。经济价值最大，主要的食用海参均属本目。

海参科（Holothuriidae）

身体呈长圆筒形或蠕虫状，柔软且富有弹性。口位于体前端，周围有触手 10 ~ 30 条，肛门位于体后端，部分种类具呼吸树与之相连。体表面常覆盖细小的疣足（乳突）或小刺，部分种类体表光滑或具黏液。体色多样，常见棕色、黑色、绿色或红色。

玉足海参(*Holothuria leucospilota*）　海参属。体长 20 ~ 30 cm，直径 4 ~ 50 cm。体呈圆筒状，后端较粗或两端较细。全体为黑褐色或紫褐色，腹面色泽较浅。口偏于腹面，具 20 个触手。背面散布少数排列不规则疣足，腹面较多排列不规则管足。体壁骨片为桌形体和扣状体（图 7-3-104）。深圳潮间带常见。

图 7-3-104　玉足海参

棕环海参（*Holothuria fuscocinerea*）　海参

属。体长一般为 20 cm，直径 4 ~ 5 cm。体呈圆筒状。体背面呈暗绿色，腹面为灰白色。口偏于腹面，具 20 个黄色触手。肛门呈黑褐色，周围有 5 组成放射状排列的细疣。背面散布排列无规则疣足，腹面有许多排列无规则的管足。疣足和管足的基部均围有一黑褐色环。体壁内骨片为桌形体和扣状体（图 7-3-105）。深圳大鹏等海域珊瑚礁区常见。

图 7-3-105　棕环海参

参考文献

[1] 蔡邦华 . 昆虫分类学（修订版）[M]. 北京 : 化学工业出版社 , 2017.

[2] 张巍巍 . 昆虫家谱 : 世界昆虫 410 科野外鉴别指南 [M]. 重庆 : 重庆大学出版社 , 2014.

[3] 张巍巍 , 李元胜 . 中国昆虫生态大图鉴 [M]. 重庆 : 重庆大学出版社 , 2011.

[4] 渔农自然护理署 . 香港蜻蜓 [M]. 香港 : 天地图书有限公司 , 2011.

[5] 朱笑愚 , 袁勤 , 吴超 . 中国螳螂 [M]. 北京 : 西苑出版社 , 2012.

[6] 李法圣 . 中国 (虫齿) 目志 [M]. 北京 : 科学出版社 , 2002.

[7] 彩万志 , 庞雄飞 , 花保祯 , 等 . 普通昆虫学 [M]. 北京 : 中国农业大学出版社 , 2001.

[8] 张浩淼 . 中国蜻蜓生态大图鉴 [M]. 重庆 : 重庆大学出版社 , 2018.

[9] 张浩淼 . 从水中诞生的空中芭蕾 : 蜻蜓 [M]. 福州 : 海峡书局 , 2020.

[10] 周善义 , 陈志林 . 中国习见蚂蚁图鉴 [M]. 郑州 : 河南科学技术出版社 , 2020.

[11] 何维俊 . 香港的竹节虫 [M]. 香港 : 香港昆虫学会 , 2013.

[12] 饶戈 , 叶朝霞 , 植兆麟 . 香港螳螂 [M]. 香港 : 香港昆虫学会 , 2013.

[13] 方宏达 , 时小军 . 南沙群岛珊瑚图鉴 [M]. 青岛 : 中国海洋大学出版社，2019.

[14] 深圳市渔业服务与水产技术推广总站 . 深圳珊瑚图集 [M]. 深圳 : 深圳报业集团出版社，2015.

[15] 蔡英亚 , 谢绍河 . 广东的海贝（修订版）[M]. 汕头 : 汕头大学出版社 , 2006.

[16] 陈锤 . 紫海胆的生物学与养殖 [J]. 海洋与渔业 , 2007(7): 32.

[17] 刘阳 , 陈水华 . 中国鸟类观察手册 [M], 长沙 : 湖南科学技术出版社 , 2021.

[18] 约翰·马敬能 . 中国鸟类野外手册 [M]. 北京 : 商务印书馆 , 2022.

[19] 中国观鸟年报编辑 . 中国观鸟年报 - 中国鸟类名录 12.0 版 . 2024

[20] GILL F, DDONSKER & P RASMUSSEN (EDS). IOC World Bird List (v15.1), 2025.

[21] 费梁 , 叶昌媛 , 江建平 , 等 . 中国两栖动物检索及图解 [M]. 成都 : 四川科学技术出版社 , 2005.

[22] ZHAO E M, ADLER K K Herpetology of China. Contributions to Herpetology[M]. Oxford: Ohio, 1993.

[23] 王英永，郭强，李玉龙 , 等 . 深圳市陆域脊椎动物多样性与保护研究 [M]. 北京 : 科学出版社，2020.

[24] 赵会宏 , 邓利 , 刘全儒 , 等 . 东江流域鱼类图志 [M]. 北京 : 科学出版社 , 2017.

[25] 伍汉霖 , 钟俊生 . 中国海洋及河口鱼类系统检索 [M]. 北京 : 中国农业出版社 , 2021.

致 谢

本书在编写的过程中，来自动物学领域的专家以及自然观察爱好者提供了大量支持，其中有图片和视频的提供者，也有为本书的编写提供宝贵修改意见的专家学者。特此一并表示感谢!

第二章：包宇、卜云、陈旭隆、傅凡、高皓然、蒋卓衡、穆鹏旭、彭煺、邱鹭、宋海天、王吉申、张煜龙、周丹阳

第三章：符益健、王炳、吴坤华、周行

第四章和第五章：齐硕、刘美娇

第六章：崔文浩、董江天、胡伟、黎双飞、刘美娇、南兆旭、田穗兴、严晋洋、杨洁琦、曾红梅、张高峰、周海超

第七章：王炳、张煜

校稿：陈子杨、黄蓉、彭晨、宋羽茜、杨娜、曾馨

教学视频录制：彭晨、宋羽茜

（以上排名按姓氏拼音排序）